R Data Analysis

深入浅出R语言数据分析

米 霖——编著

清華大學出版社
北 京

内 容 简 介

本书首先介绍数据分析的方法论，然后介绍数据分析的相关模型方法，并进一步通过数据分析案例，讲解数据分析的思维、方法及模型实现过程。本书重点介绍 R 语言在数据分析方面的应用，让读者能够快速地使用 R 语言进行数据分析、构建模型。

本书分为 17 章，内容包括：使用 R 语言获取数据、数据分析中的数据处理与数据探索、生存分析、主成分分析、多维缩放、线性回归模型、逻辑回归模型、聚类模型、关联规则、随机森林、支持向量机、神经网络、文本挖掘、社交网络分析，以及 H2O 机器学习和 R 语言爬虫这两个关于 R 语言数据分析的两个延伸内容。

本书内容通俗易懂，案例丰富，实用性强，特别适合 R 语言的入门读者和进阶读者阅读，也适合数据分析人员、数据挖掘人员等其他数据科学从业者。另外，本书也适合统计学、计算机、机器学习、数学等相关专业的本科生、研究生使用。

图书在版编目(CIP)数据

深入浅出 R 语言数据分析 / 米霖编著 . —北京：清华大学出版社，2020.9 (2023.11重印)
（新时代 • 技术新未来）
ISBN 978-7-302-54388-6

Ⅰ . ①深…　Ⅱ . ①米…　Ⅲ . ①程序语言－程序设计　Ⅳ . ① TP312

中国版本图书馆 CIP 数据核字 (2019) 第 264533 号

责任编辑：刘　洋
封面设计：徐　超
版式设计：方加青
责任校对：宋玉莲
责任印制：丛怀宇

出版发行：清华大学出版社
　　网　　址：https://www.tup.com.cn，https://www.wqxuetang.com
　　地　　址：北京清华大学学研大厦 A 座　　**邮　　编**：100084
　　社 总 机：010-83470000　　**邮　　购**：010-62786544
　　投稿与读者服务：010-62776969，c-service@tup.tsinghua.edu.cn
　　质 量 反 馈：010-62772015，zhiliang@tup.tsinghua.edu.cn
印 装 者：三河市铭诚印务有限公司
经　　销：全国新华书店
开　　本：187mm×235mm　　**印　　张**：17　　**字　　数**：296 千字
版　　次：2020 年 9 月第 1 版　　**印　　次**：2023 年 11 月第 3 次印刷
定　　价：69.00 元

产品编号：085733-01

前　言

R 语言由统计学家设计，专门用于统计计算。随着技术的进步，数据公司或研究机构的数据收集工作变得越来越复杂，许多人已经采用 R 语言作为分析数据的首选语言。R 语言非常适合机器学习、数据可视化、数据分析及科学计算。R 语言因其特定主题的软件包及其通信基础设施的深入而非常适合业务。R 语言包含主题广泛的软件包，如计量经济学、金融学和时间序列；拥有一流的可视化、报告和交互性工具，这些工具在科学计算领域同样重要。因此，R 语言非常适合科学家、工程师和商业专业人士使用。

随着数据分析在帮助企业了解客户、提升运营效率等方面越来越重要，R 语言也变得越来越重要。

正如 R 语言分析师们在一篇文章中讲到，R 语言是 Microsoft 数据科学家的首选工具，他们将机器学习应用于 Bing、Azure、Office 及销售、营销和财务部门的数据。除 Google、Facebook 和 Microsoft 等科技巨头外，R 语言还广泛应用于包括美国银行、福特、TechCrunch、Uber 和 Trulia 在内的其他公司。

R 语言不仅仅是工业工具，它在学术科学家和研究人员中也非常受欢迎。R 语言在学术界的受欢迎程度非常高，因为它创造了一个为行业提供支持的人才库。换句话说，如果最优秀和最聪明的人在大学接受过 R 语言培训，那么这将增加 R 语言在工业中的重要性。离开学术界进行商业活动的学者、博士和研究人员将吸引更多的人使用 R 语言进行数据科学研究。

笔者的使用体会

笔者以 R 语言为工具进行数据分析、统计建模、机器学习等数据科学的工作已经很多年了，对 R 语言的原理、应用等各个方面有着比较全面的认识。R 语言有着非常突出的优点。

第一，R 语言是开源的，可以完成 SAS 所能完成的几乎所有的工作，SAS 非常昂贵，但是 R 语言完全免费。个人或者公司可以自由地安装、使用、更新、修改 R 语言程序，或者转售R语言程序，这是一个巨大的优势。

第二，R语言是跨平台的，可以在Windows、Mac OS和Linux上运行，可以从各种数据源导入数据。

第三，R语言有着非常强大的社区，其提供了非常丰富的数据科学、统计相关的资源，可以使得每一个R语言用户受益。正是这些资源，可以让一个非常复杂的问题得到快速解决。

第四，R语言提供了强大的数据可视化功能，可以生成高质量的图形，如条形图、直方图、散点图、动态图形、数学符号，甚至是自己设计的全新图形，通常只需很少的代码。

第五，R语言的文档资源相当丰富，并且质量非常高，这对于学习R语言及在工作中使用R语言有着非常大的帮助。因为R语言涉及很多领域的应用，从生物、金融到贝叶斯统计、网络分析，可以沿着R语言资源的脉络了解其他领域的知识。

第六，R语言同样可以用来处理PB级别的业务数据。使用R语言处理大量数据时，系统可能会耗尽内存，但有几种商业版本的R语言可以轻松处理大量业务数据，而不会有任何麻烦。

使用R语言存在一些挑战。R语言的学习曲线比较陡峭，虽然R语言的语法比较简单，入门比较快；R语言的强大在于其丰富的资源，掌握这些资源并加以利用并不是一件容易的事情；另外，解决数据分析、数据科学方面的问题，仅仅了解R语言是远远不够的，统计理论、机器学习方面的知识同样是解决问题的门槛；并且，更重要的是掌握数据科学、数据分析问题的思维方式及流程，而这些也不是短时间内就能掌握的。

但是，只要坚持学习下来，就会发现，R语言提供的大量地应用于数据科学、数据分析方面的资源都能够为我们所用，而我们也能游刃有余地解决数据分析相关的问题。

本书的特色

- 本书不需要太多的预备知识，只需要很少的数学统计知识。
- 本书含有大量的图表，通过示例讲解数据分析，不拘泥于理论，能够帮助读者快速掌握数据分析方法。
- 本书案例丰富，很好地平衡了理论与应用，有着非常高的理论与实用价值，是学习R语言与数据分析不可多得的书籍。
- 本书将重点放在如何用实现数据分析方法及数据分析方法的应用方面，这也是本书与许多其他同类图书的不同之处。

本书的主要内容

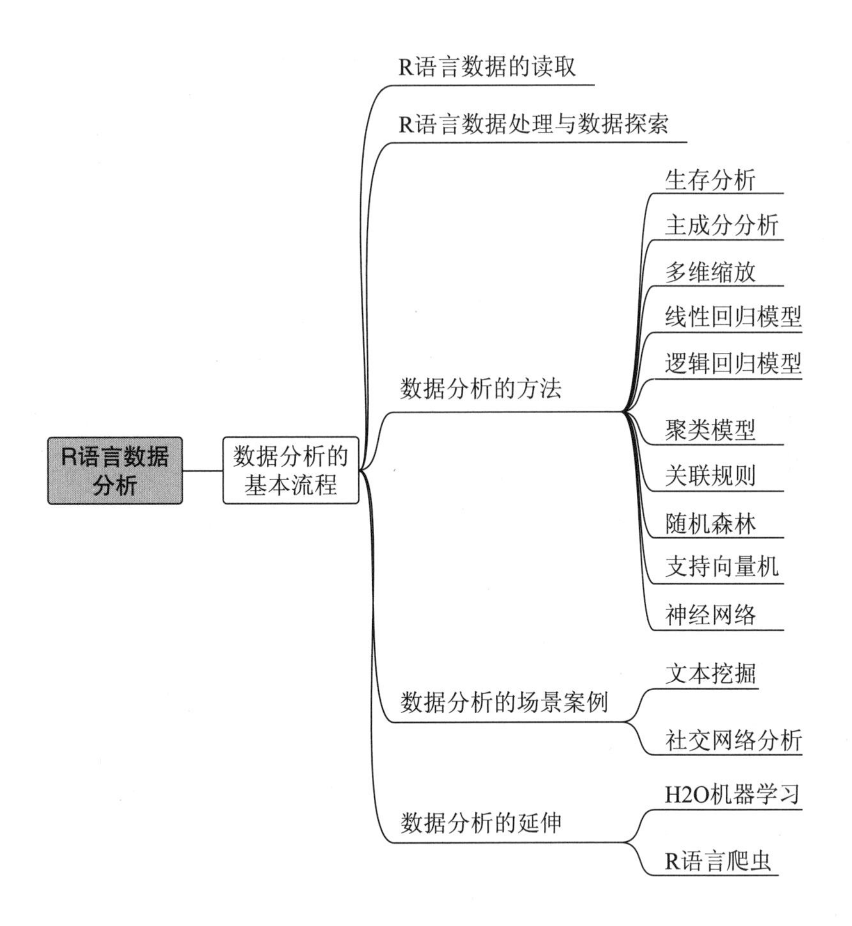

读者对象

- 数据分析的从业人员；
- 统计、数学、经济学、计算机、财经等学科的本科生、研究生；
- 互联网从业人员，如产品经理；
- R 语言、数据分析新手；
- 有一定 R 语言经验的人；
- 转行进入数据分析行业的人；
- 其他任何感兴趣的人群。

目录

第1章 数据分析项目的流程

第2章 数据的读取

第3章 数据探索

第4章 生存分析

第5章 主成分分析

第6章 多维缩放

第 7 章　线性回归模型

第 8 章　逻辑回归模型

第 9 章　聚类模型

第 10 章　关联规则

第 11 章 随机森林

第 12 章 支持向量机

第 13 章 神经网络

第 14 章 文本挖掘

第 15 章 社交网络分析

第 16 章 H2O 机器学习

第 17 章 R 语言爬虫

第1章　数据分析项目的流程

本章主要介绍进行数据分析项目时，项目的人员分配、如何定义问题、数据分析的流程等。

通过对本章的学习，掌握数据分析项目的整个流程，了解数据分析项目成员的各种角色和职责、数据分析项目的各个阶段、数据分析项目的目标定义及数据分析项目的预期设定。

一个数据分析项目有一个负责人，对项目全程负责，有时候这个负责人被称为数据科学家。一个数据分析项目的成功，靠的是有清晰、定量的目标，有良好的方法论，有跨越学科的交流合作，以及一套可以重复的工作流程。

1.1　数据分析项目中的角色

1. 出资方

一个数据分析项目最重要的角色是出资方。出资方是数据分析项目负责人要负责的对象，也是想得到数据分析结果的人。通常而言，数据分析项目的成功与失败是由出资方来认定的。如果出资方对数据分析项目的结果满意，则可以认定项目是成功的。因此，让出资方满意是数据分析项目的一个重要目标。

要让出资方满意，必须要做的一件事是保持出资方对项目的了解和介入，这一点至关重要。根据出资方对数据分析项目的理解程度，为他们介绍项目的计划、目前的进展、阶段性的成功及目前遇到的困难，这样做的一大好处是容易获得出资方的支持。如果只是自己闷头做，很容易造成出资方的误解，甚至导致项目失败。

为了确保出资方对项目满意，必须和出资方讨论数据分析项目的目标，直至目标清晰。需要注意的是，一定要用量化的语言来描述出资方的目标。这样做的好处是，精确的目标有助于检查该目标是否能够满足目前的商业意图，是否有足够的资源，是否有高质量的数据与工具去完成这个目标，以及是否有能力衡量目标是否完成。

2. 数据科学家

数据科学家是数据分析项目中很重要的角色，其负责数据分析项目的各个流程，包括设定项目战略，保证出资方了解项目进展。数据科学家需要设计数据分析项目的流程，挑选数据分析项目的数据源及使用工具。数据科学家需要挑选并尝试使用各种技术，所以其必须要精通统计学和机器学习。另外，数据科学家也负责对项目进行监控。

在技术层面，数据科学家要检查数据，进行统计检验，构建统计模型、机器学习模型，评价模型结果。

3. 数据仓库负责人

数据仓库负责人负责所有的数据及数据的存储。这个角色往往由数据分析项目团队之外的人来担任，如公司的数据库管理员或者架构师。该角色负责解决项目中与数据有关的问题。

4. 业务负责人

业务负责人在获取数据和提交最终结果的过程中是非常关键的项目角色，通常负责数据科学团队之外的操作。例如，当应用数据分析结果、构建好模型分析这个结果或者模型会对业务有什么影响时，业务负责人在决定如何进行应用数据分析时有比较大的发言权。这个人会给出响应时间、编程语言和数据大小等方面的约束。

1.2 数据分析项目的阶段

在一个比较理想的数据分析项目中，数据科学家需要与所有的其他利益方进行不断的交流反馈。也就是说，数据分析项目并不是一个线性的过程，而是一个不断往复的过程，如图 1.1 所示。

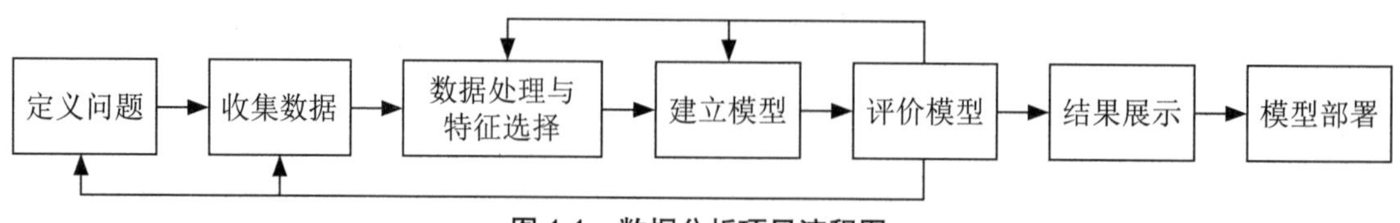

图 1.1 数据分析项目流程图

尽管一个数据分析项目的生命周期被划分成了不同的阶段，但是现实项目中各个阶段之间的边界并不是固定的，一个阶段的活动经常与另一个阶段的活动重叠在一起。

下面以一个银行问题为例子——银行目前有很多的不良贷款，想要降低贷款的违约率。基于这个目的，首先需要制定一个目标。

1.2.1 制定目标

制定一个可以衡量、可以量化的目标是数据分析项目的第一个任务，也是非常重要的一个任务。所以，在这个阶段，需要尽可能多地了解项目的背景与相关信息，例如：

- 为什么需要对这个项目做研究？出资方缺少了什么及需要什么？
- 出资方有何办法来解决问题？是否做得足够好？
- 这个数据分析项目需要什么资源？有多少数据可用？是否需要领域专家的合作？
- 这个数据分析项目有哪些约束条件？

回到上文提到的银行贷款违约的例子，这个例子的商业目标是减少银行的不良贷款，减少贷款损失。这就需要一个方法来判断贷款人的违约概率，对贷款人进行打分。一旦和项目的出资方及其他相关的利益方对关于这个项目的各种问题有了一个基本答案，就需要和他们一起制定数据分析项目的精确目标。该目标应该是具体的、可以衡量的。

例如，将不良贷款率降低 1 个百分点。通过项目具体目标得出该项目的具体约束条件和接受条件。目标越不具体，数据分析项目就越没有边界。若我们不知道想要达到的目标是什么，就不知道什么时候可以结束，什么时候停止尝试，最终项目会由于时间过期或者资源耗尽而不得不结束，这个时候每个人都不会对结果满意。

这并不是说不需要对数据分析项目进行一些探索，而是说要定义好目标，然后做和目标相关的事情，目标告诉了我们探索的方向。一旦定义好了目标，就需要收集数据，尽可能地去实现这些目标。

1.2.2 收集数据

在定义好数据分析项目的目标之后，需要识别出需要的数据。这个阶段是处理过程中最耗时的过程，也是非常重要的过程，需要探讨的问题如下：

- 什么数据可以用？

- 这些数据是否有用？
- 数据是否足够多？
- 数据的质量是否足够好？

当我们搜集到了所有我们能够搜集到的数据，需要将数据有组织地储存起来，接下来需要对数据进行一些处理和分析。

1.2.3 数据处理和分析

在这个阶段，我们需要对数据进行初始的探索和可视化，并且还需要对数据进行清洗，修复数据的错误，对数据进行必要的转换。在探索和清洗数据的过程中，有些数据可能无法使用，有些数据可能不太适合，这个时候有些问题是需要我们去解决的。有时我们会发现数据的结论和我们的常识判断是不一样的，这个时候我们就会发现一些常识不一定是对的。

在这个过程中要观察数据的分布、数据是否有偏、数据是否来自单一的分布，哪些特征有比较好的预测效果，这些问题都是这个过程中要探讨的。不断地发现问题及一些有意思的点，有助于我们和其他的项目利益方去精化项目目标。通常而言，数据探索并不仅仅发生在这个过程，在这个阶段之前及这个阶段之后，也常常会反复进行。

在这个过程中，我们会使用各种统计图形来展示数据，图形可以很好地帮助我们了解数据，帮助我们在数据分析中产生洞见。在这里先使用一组数据集来做演示，这个数据集是德国的一家银行的信用评分数据集，这个数据集被封装在一个 R 包中——scorecard 包，加载这个包之后即可使用这个数据集。在下面的代码中，library( ) 函数用于加载一个包，data( ) 函数用于获取包中的数据集，dim( ) 函数用于查看数据集的维度。

```
library(scorecard)
data("germancredit")
dim(germancredit)
## [1] 1000   21
```

这个数据集一共有 1000 条数据、21 个特征，每一条数据代表一个用户，而数据集的最后一个特征 creditability 记录了这个用户的逾期情况，good 代表好客户，bad 代表坏客户。对于这份数据集，我们首先要做的是尽可能地去了解其信息。

例如，我们想要了解数据中人群的分布，那么我们可以计算一些关于年龄的统计量，如均值、方差、中位数等，在 R 语言中使用 summary( ) 函数可以很方便地获取这些信息。

```
summary(germancredit[,13])
##     Min. 1st Qu.  Median    Mean 3rd Qu.    Max.
##    19.00   27.00   33.00   35.55   42.00   75.00
```

从这里可以了解到，最小的客户只有 19 岁，而最大的客户有 75 岁，这个客户群体的平均年龄为 33 岁。另外，我们可以绘制一个直方图，以更加直观地观察数据的分布。关于年龄的直方图分布如图 1.2 所示。绘图使用了 ggplot2 包，ggplot2 包可以快速地绘制美观的统计图形。

```
library(ggplot2)
ggplot(data = germancredit,aes(x = age.in.years))+geom_histogram(aes(y
= ..density..),binwidth = 0.5,color = "black" , fill = "white") +geom_
density(alpha = 0.2)
```

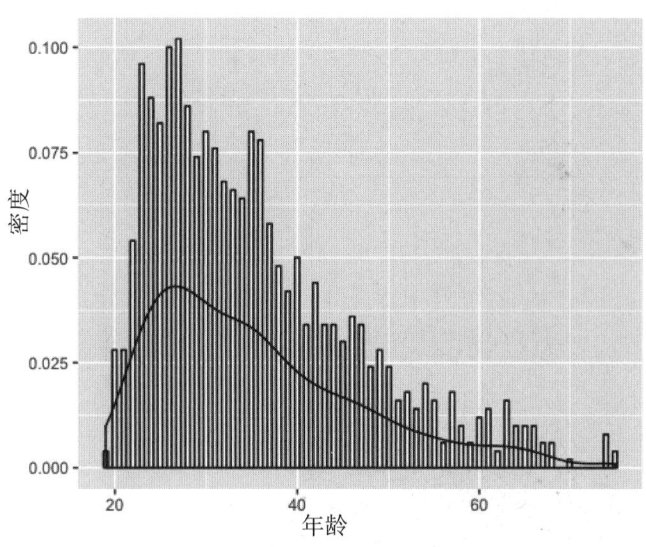

图 1.2　关于年龄的直方图分布

从关于年龄的直方图可以看出，年龄的分布是左偏的分布，年龄集中在 20 ～ 40 岁这个年龄段。这样我们就可以很清楚地了解这个数据集中关于年龄的信息。

进一步，我们可能想知道不同年龄的客户中的好坏客户是否不一样，换句话说，好坏客户的年龄分布是不是不一样。基于这个想法，我们可以针对好坏客户分别绘制直方图，观察二者的分布，如图 1.3 所示。

```
library(ggplot2)
ggplot(data=germancredit,aes(x=age.in.years,color=creditability))+ge
om_histogram(aes(y = ..density..),binwidth = 0.5) +geom_density(alpha =
0.2)
```

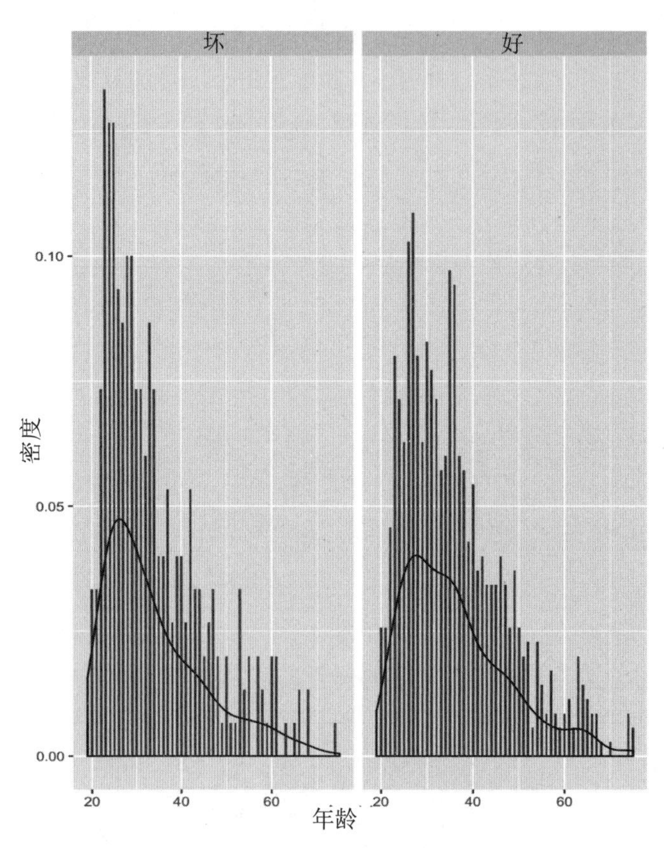

图 1.3　好坏客户的年龄直方图分布

从图 1.3 中可以看出，坏客户的分布比好客户的分布更靠左，这就意味着年轻人更有可能是坏客户。这个结论也符合常理，年轻人的经济状况不如中年人，而且大多数没有形成比较好的经济理念，容易超前消费，同时容易发生信贷逾期的情况。

按同样的方法，不断地探索数据，发现数据之间的规律，找到那些关键的信息，然后进入构建模型的步骤。

1.2.4 构建模型

在对数据进行了充分的探索之后，可以尝试去构建模型，用统计模型和机器学习模型去解决项目面临的问题。模型可以表达数据中的复杂关系，帮助我们去理解和领悟数据中的信息。有些统计模型会有关于数据的各种假设，因此，在构建模型之前的数据探索环节，我们需要去验证各种假设和条件，当然，也有一些模型对于数据没有任何假设。总而言之，数据探索和构建模型之间的关系并没有严格的界限，二者之间往往会有重叠和反复。

一般而言，机器学习的任务有两大类，即有监督的问题和无监督的问题。其中，有监督的问题往往包括以下三方面。

- 分类问题：将不同的样本归属于不同的类别。
- 回归问题：模型会去预测一个数值，如房价。
- 排名问题：类似于回归问题，但是与回归问题的不同之处在于排名问题的目的是对数据进行排序。

无监督的问题包括以下两方面。

- 聚类：用于识别数据中相似的组。
- 关联规则：用于找出数据中潜在的关系。

一旦我们识别出了项目面临的问题属于哪一类，就可以应用多种方法来解决这个问题。例如，上文所使用的数据集，其本质上是要预测用户的违约情况——违约或者不违约，因此这个问题属于二分类的问题。对于二分类的问题，可用的方法有很多，最常用的方法是逻辑回归模型。可以使用的机器学习模型还包括决策树、随机森林、神经网络模型等。这里使用 iris 数据集构建一个随机森林模型，这个数据集是 R 语言自带的数据集，因此可以直接使用。这里使用 randomForest 包中的 randomForest( ) 函数构建随机森林模型。使用 randomForest( ) 构建随机森林模型所使用的基础参数包括两个：第一个参数是模型的公式，“Species ~ .,”表示以 Species 为因变量，数据集中所有的其他变量为自变量；第二个参数是所用到的数据集。其他参数默认，运行即可构建出随机森林模型。

```
library(randomForest)
## randomForest 4.6-14
## Type rfNews() to see new features/changes/bug fixes.
##
## Attaching package: 'randomForest'
## The following object is masked from 'package:ggplot2':
```

```
##
##     margin
ran <- randomForest(Species~.,data = iris)
ran
##
## Call:
##  randomForest(formula = Species ~ ., data = iris)
##                Type of random forest: classification
##                      Number of trees: 500
## No. of variables tried at each split: 2
##
##         OOB estimate of  error rate: 4%
## Confusion matrix:
##             setosa versicolor virginica class.error
## setosa         50          0         0        0.00
## versicolor      0         47         3        0.06
## virginica       0          3        47        0.06
```

这样就构建好了一个随机森林模型。从结果中可以看到，构建的模型是随机森林的分类模型，一共生成了500棵决策树，OOB estimate of error rate（包外估计误差）是4%，误差比较小。结果还给出了训练数据的混淆矩阵（confusion matrix），从混淆矩阵中可以发现，3个virginica被模型错判为versicolor，3个versicolor被模型错判为virgincicn。构建好模型之后，就需要对模型进行评估，以判断模型的优劣。

1.2.5 评估模型

当构建好模型之后，我们需要知道这个模型的效果如何，以及我们建立的模型是否能够达到我们的目标。

评估模型需要评估以下几个方面。

- 模型的预测效果。如果一个模型的预测效果与抛硬币相差无几，这意味着我们的模型可有可无。我们可以设置一个基本模型，这个模型是最简单、最基本的，我们建立好的模型必须比这个基本模型要好。例如，我们可以认为抛硬币是一个基本模型，这个模型预测正确的概率为0.5，则新模型必须比抛硬币模型要好。基础模型可以指定为我们能够实现的最简单模型。
- 模型的简洁性。奥卡姆剃刀准则指出，正确的答案往往是较简单的那个答案。这就意味着模型必须尽可能地简单。模型过于复杂，意味着需要对其进行调整。

● 模型的可解释性。模型的结果是否能够对我们的问题有解释，我们尽可能地希望模型是有含义的，是可以理解的，而不是一个黑箱。

重新构建我们在上文构建的随机森林模型：

```
library(randomForest)
set.seed(1)
ran <- randomForest(Species~.,data = iris)
ran
##
## Call:
##  randomForest(formula = Species ~ ., data = iris)
##                Type of random forest: classification
##                      Number of trees: 500
## No. of variables tried at each split: 2
##
##         OOB estimate of  error rate: 4.67%
## Confusion matrix:
##            setosa versicolor virginica class.error
## setosa         50          0         0        0.00
## versicolor      0         47         3        0.06
## virginica       0          4        46        0.08
```

可以看到，模型的误差为4.67%，这意味着模型有一个比较好的预测效果。观察混淆矩阵，发现 4 个 versicolor 被错分类为 virginica，3 个 virginica 被错分类为 versicolor。接着可以去查看这些分类的变量为什么会被分类错，并对其进行优化。

另外，模型的可解释性和模型的简洁性都不是很好，这是由模型本身决定的。

因此，有时候我们同样面临取舍，是使用可解释性较差而预测能力较高的模型（如深度学习），还是使用解释性比较好而预测能力一般的模型（如决策树、逻辑回归）。这取决于具体的业务目的。另外，需要注意使用训练集来评价的模型对数据集的拟合程度。使用测试集来评价模型的泛化能力，也就是当有一个新的数据时，通过新数据来预测模型是否能够预测准确。一般期望模型对新的数据有很好的预测能力，即要求模型的泛化能力要好。模型在训练集上表现得很好，并不一定在测试集同样表现好，因为模型可能会过拟合。因此没有必要在训练集中要求模型有非常高的预测精度。

1.2.6 展示结果

对数据有了充分的了解及建立起令人满意的模型后，需要将我们的成果分享给大家，分享的对象包括这个模型所涉及的各种人员，如出资方。

另外，需要将数据分析项目整个过程的文档进行归类分组与总结，确保数据分析项目的结果有可重复性。然后编制模型文档，以供相关人员使用，并为运行和维护模型提供支撑。

需要注意的是，对于不同的人员需要展示不同的信息。对于出资方，需要展示这个数据分析结果的业务效果，这个模型能带来什么，例如，使用这个模型能提高50%的销售额，让出资方确切地知道这个模型的价值。对于同行，则需要探讨技术性的东西，如这个项目遇到的挑战、所用到的一些创新性方法。

这个步骤很重要，好的展现效果有助于用户获取更多的资源，以在未来更好地开展工作。

1.2.7 部署与维护模型

模型构建完成并不意味着数据分析项目的结束，还需要将模型应用于现实的环境。在现实环境中使用模型，往往会碰到很多意想不到的问题，有些问题通过简单的修正就可以解决，有些问题可能会造成很严重的后果。这个时候需要对模型进行监控，及时地发现和解决问题，避免产生灾难性的后果。

随着现实环境的变化，模型可能不再适用，这个时候需要对模型进行更新，构造一个更适合当前环境的模型。所以，一个数据分析项目的完成往往意味着一个新项目的开始。

1.3 总　　结

数据分析项目存在大量的反复工作，整个项目的流程并不是线性的，而是在不断地反复中进行的。在项目进行的过程中，会遇到很多的障碍和意外，在克服这些障碍的同时，需要注意让所有的利益相关方了解项目发展情况、所遇阻碍，因为这可以帮助你在解决问题的时候获取更多支持，并且在项目完成之后，所有人不会对项目的结果感到意外。本章介绍了数据分析的基本流程，包括定义问题、收集数据、数据处理与特征选择、建立模型、评价模型、结果展示、模型部署与维护等过程。这些过程并不是线性的关系，而是不断往复的。

第 2 章 数据的读取

数据的读取是进行数据分析的最基本的步骤，在进行数据分析时需要将各种各样数据源的数据加载到 R 语言环境中进行处理、分析、建模。数据源可能是 R 语言自带的数据格式 RData，也有可能是 .csv 文件、.xlsx 文件或者 .spss、.sas 文件。有时候还需要从关系数据库中获取数据，这时要使用 R 语言操作关系数据库。本章主要探讨各种读取 / 写出数据的方法，并进行总结，在 R 语言中灵活地导入 / 导出数据。

2.1 RData 数据

RData 是 R 语言的文件对象，可以储存 R 语言中的各种数据结构，包括向量数据框、列表等。在 R 语言中生成的各种结果都是 R 对象，都可以通过 RData 文件格式进行储存，储存的方式是通过 save 函数进行存储。

这里使用 R 语言自带的 iris 数据集做演示，在演示中将数据储存为 RData 格式，并且加载储存好的 RData 数据。其中，ls( ) 函数用于查看工作环境中存在哪些变量，首先使用 save( ) 函数将 iris 储存成 iris.RData 数据集，然后通过 load( ) 函数对数据进行加载。Save( ) 函数的第一个参数是需要存储的对象，第二个参数是存储文件的路径；load( ) 函数的第一个参数是文件读取的路径。

```
ls()
## character(0)
data(iris)
head(iris)
## Sepal.Length Sepal.Width Petal.Length Petal.Width Species
## 1   5.1   3.5   1.4   0.2  setosa
## 2   4.9   3.0   1.4   0.2  setosa
## 3   4.7   3.2   1.3   0.2  setosa
## 4   4.6   3.1   1.5   0.2  setosa
## 5   5.0   3.6   1.4   0.2  setosa
## 6   5.4   3.9   1.7   0.4  setosa
```

```
ls()
## [1] "iris"
```

使用 ls( ) 函数查看工作环境中有哪些数据，然后使用 save( ) 函数对 iris 数据进行储存：

```
save(iris,file = "iris.RData")
rm(list = ls())
ls()
## character(0)
```

存储的文件名为 iris.RData，然后清理数据框，这时工作环境没有任何数据。RData 格式的数据可以通过 load( ) 函数进行加载。

```
load("/iris.RData")
ls()
## [1] "iris"  "iris1"
```

可以看到，工作环境中又出现了 iris 数据集，这说明数据加载成功了。

上文将一个数据集储存为 RData 数据格式，但是在现实的数据分析问题中，需要处理的数据集会有很多，当多个数据集需要储存的时候，方法之一是将每一个数据集储存成一个 RData 文件，但是，这并不是一个好的方式。一个好的方式是将多个数据集同时储存为 RData 文件，实现的方式是将需要储存的多个数据集名称传递到 save( )，这样就将多个数据集同时储存为一个 RData 文件。下面构建了一个新的数据集 iris1，然后同时存储 iris1 和 iris：

```
iris1 <- iris
ls()
## [1] "iris"  "iris1"
save(iris1,iris,file = "iris.RData")
rm(list = ls())
ls()
## character(0)
# 这里我们将两个数据集储存起来了，然后清理了工作空间，接下来加载储存起来的RData数据
load("/Users/milin/Downloads/R语言数据分析/iris.RData")
ls()
## [1] "iris"  "iris1"
```

使用 Rstudio，可以用鼠标单击的方法实现数据存储。如果想要保存工作空间中的所有数据集，只需要单击保存按钮，如图 2.1 所示。

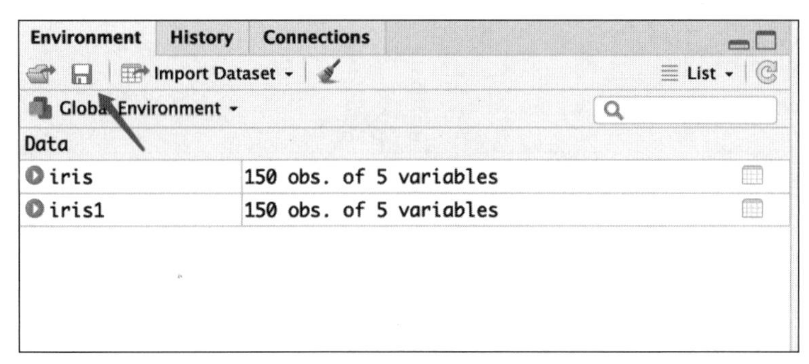

图 2.1　数据保存

单击保存按钮之后，输入想要保存的变量名字，然后单击确认按钮即可。

2.2　readr 高效读取数据

readr 包是与数据输入 / 输出相关的包。这个包是由 Hadley Wickham 等人开发的，提供了快速、友好的方式来读取矩阵数据，即 .csv、.tsv 等数据格式的数据。

想要使用这个包，首先需要下载这个包，可以通过如下方式进行下载：

```
install.packages("readr")
```

install.packages( ) 函数用于下载指定包，将需要下载的包传递到这个函数，即可以下载所需要的包。

readr 包中的主要函数如表 2.1 所示。

表 2.1　readr 包中的主要函数

函　数　名	读取的文件格式
read_csv( )	读取以逗号分隔的文件，如 .csv 文件、.tsv 文件
read_csv2( )	导入以分号分隔符的 .csv 文件
read_delim( )	与 read_csv 类似，但是其可以读取以任意符分隔的文件，通过 delim 参数指定分隔符号
read_tsv( )	读取以制表符为分隔符的文件
read_table( )	读取以空格为分隔符的文件

需要注意的是，只有 read_delim( ) 函数需要指定分隔符来读取对应分隔符的数据，其

他函数只能读取指定分隔符的数据。总体来说，这些函数的使用方式相似，并有共同的参数，如表 2.2 所示。

表 2.2　参数解释

参　数　名	参数解释
col_names	这个参数的值可以是 FALSE、TRUE 或者一个字符向量，默认是 TRUE。参数设置为 TRUE 表示读取第一行作为列名，参数设置为字符向量，表示将字符向量作为数据集的列名字
skip	一个数值，表示读取数据时跳过多少条数据
n_max	一个数值，表示最多读取多少条数据

注：n_max 和 skip 这两个参数在只需要读取一部分数据的时候会用到。

关于 readr 包的优点，最重要的一点是，readr 包读取数据的速度比 R 语言自带的读取数据函数要快很多。R 语言自带的读取数据函数如表 2.3 所示。

表 2.3　R 语言自带的读取数据函数

函　数　名	读取文件的格式
read.csv( )	读取以逗号为分隔符的数据
read.table( )	读取以空格为分隔符的数据
read.delim( )	读取以换行符为分隔符的数据

下面比较一下 readr 包与 R 语言自带的数据读取函数，这里用到了 readr 包提供的数据集，这些数据集可以通过 readr_example() 进行查看：

```
library(readr)
readr_example()
## [1] "challenge.csv"     "epa78.txt"          "example.log"
## [4] "fwf-sample.txt"    "massey-rating.txt" "mtcars.csv"
## [7] "mtcars.csv.bz2"    "mtcars.csv.zip"
```

readr_example( ) 输出了 readr 包所提供的数据集名称，可以看到，readr 包提供了 8 组数据集。进一步通过 readr_example( ) 加上对应的数据集获取数据的路径：

```
readr_example("challenge.csv")
## [1] "/Library/Frameworks/R.framework/Versions/3.5/Resources/library/
readr/extdata/challenge.csv"
```

这样就获取到了 readr 包提供的数据集所在计算机中的链接，然后通过这里面的数据集来比较 readr 包与 R 自带的数据读取函数的效率。

（1）使用 read.csv( ) 函数来读取数据所花费的时间：

```
system.time(read.csv(readr_example("challenge.csv")))
##     user  system elapsed
##    0.007   0.001   0.009
```

代码中的 system.time( ) 函数用于获取代码的运行时间。可以看到，read.csv( ) 函数读取数据的时间大约为 0.01 秒。

（2）使用 read_csv( ) 函数读取数据，分析读取时间：

```
system.time(read_csv(readr_example("challenge.csv")))
##     user  system elapsed
##    0.016   0.006   0.024
```

可以看到，read_csv( ) 函数读取此数据所花费的时间约为 0.03 秒，read_csv( ) 函数比 read.csv( ) 函数稍微慢了一些。这是因为数据集太小了，体现不出两者的差异。因此，在读取小样本的时候，readr 包读取数据的速度并没有优势。

下面选取一个更大的数据集来比较两者的读取速度，这个数据集来自 R 语言的一个绘图包 ggplot 所提供的 diamonds 数据集，这个数据集包含 5 万多条数据。

首先将数据集保存为 .csv 格式的文件，使用 write_csv( ) 函数将数据储存下来，write_csv( ) 函数的第一个参数是数据集，第二个参数是数据要保存的路径。

```
require(ggplot2)
write_csv(diamonds,path = "diamond.csv")
```

（1）使用 read.csv( ) 函数读取 diamonds 大样本数据集：

```
system.time(read.csv("diamond.csv"))
##     user  system elapsed
##    0.137   0.009   0.146
```

可以看到，其所花费的时间约为 0.15 秒。

（2）使用 read_csv( ) 函数读取 diamonds 大样本数据集：

```
system.time(read_csv("diamond.csv"))
##     user  system elapsed
##    0.057   0.003   0.060
```

可以看到，其所花费的时间约为0.06秒，read_csv( )函数读取数据的速度比read.csv( )函数读取数据的速度快了一倍以上。数据集越大，二者之间效率的差异也就越大。

另外，需要注意的是，使用readr包读取数据，最后获取的数据格式为tibble。

```
dia <- read_csv("diamond.csv")
class(dia)
## [1] "spec_tbl_df" "tbl_df"    "tbl"       "data.frame"
```

tibble本质上也是数据框的结构，本质上和data.frame数据结构是一样的，但是其有比data.frame更好的使用体验。data.frame如果直接在输入框输出，则会输出所有的结果，在数据比较多的时候会造成刷屏的现象，解决方案是使用head控制输出的行数。然而，tibble数据在输出的时候会自动调用head控制输出的行数，不会刷屏。

2.3 读取Excel数据

读取Excel数据可以使用readxl包，这个包的作者也是Hadley Wickham等人，这个包提供了高效读取Excel数据的方式，主要函数如下：

- read_excel( )
- read_xls( )
- read_xlsx( )

read_excel ( )函数会自动判断文件的扩展名是xls，还是xlsx，如果明确知道文件扩展名是xls或者是xlsx，则可直接指定参数，以表明使用xls或者xlsx文件会更合适一些。

关于这个读取Excel数据的函数，几个重要参数如下：

- 数据文件的路径。
- Excel的Sheet，默认会读取Excel中第一个Sheet的数据。

```
datasets <- readxl_example("datasets.xlsx")
read_excel(datasets)
## # A tibble: 150 x 5
##    Sepal.Length Sepal.Width Petal.Length Petal.Width Species
##           <dbl>       <dbl>        <dbl>       <dbl> <chr>
##  1          5.1         3.5          1.4         0.2 setosa
##  2          4.9         3            1.4         0.2 setosa
```

```
## 3            4.7          3.2          1.3          0.2 setosa
## # … with 140 more rows
read_excel(datasets,2)
## # A tibble: 32 x 11
##      mpg   cyl  disp    hp  drat    wt  qsec    vs    am  gear  carb
##    <dbl> <dbl> <dbl> <dbl> <dbl> <dbl> <dbl> <dbl> <dbl> <dbl> <dbl>
## 1  21        6  160    110  3.9   2.62  16.5     0     1     4     4
## 2  21        6  160    110  3.9   2.88  17.0     0     1     4     4
## 3  22.8      4  108     93  3.85  2.32  18.6     1     1     4     1
```

read_excel(datasets) 读取的是 datasets 这个 Excel 文件中第一个 Sheet 的数据，read_excel(datasets，2), 读取的是 datasets 这个 Excel 文件中第二个 Sheet 的数据。

需要注意的是，如果 Excel 中的 Sheet 有名称，也可以通过 Sheet 名称来指定，例如：

```
read_excel(datasets,sheet = "chickwts")
## # A tibble: 71 x 2
##    weight feed
##     <dbl> <chr>
## 1     179 horsebean
## 2     160 horsebean
## 3     136 horsebean
```

2.4 读取 SPSS、SAS、STATA 数据

在做统计分析的时候，往往可能还会涉及其他统计软件，如 SAS、SPSS。不同软件储存数据的格式不一样，这时需要一个工具对不同格式的数据进行操作。在 R 语言中可以使用 haven 包，这个包用于读取其他统计软件的数据，如 SAS 的 sas7bdat 格式数据、SPSS 的 sav 格式数据。

1. 读取 SAS 数据：read_sas( )

使用 system.file 来获取 haven 包中的 iris.sas7bdat 数据集的路径，然后通过 read_sas( ) 函数来读取 sas 格式的数据：

```
path <- system.file("examples", "iris.sas7bdat", package = "haven")
path
## [1] "/Library/Frameworks/R.framework/Versions/3.5/Resources/library/
haven/examples/iris.sas7bdat"
read_sas(path)
## # A tibble: 150 x 5
```

```
##    Sepal_Length Sepal_Width Petal_Length Petal_Width Species
##           <dbl>       <dbl>        <dbl>       <dbl> <chr>
##  1          5.1         3.5          1.4         0.2 setosa
##  2          4.9         3            1.4         0.2 setosa
##  3          4.7         3.2          1.3         0.2 setosa
```

2. 读取 SPSS 数据：read_sav( )

使用 system.file 来获取 haven 包中的 SPSS 格式的数据集（iris.sav 数据集），然后使用 read_sav( ) 函数读取数据：

```
path <- system.file("examples", "iris.sav", package = "haven")
path
## [1] "/Library/Frameworks/R.framework/Versions/3.5/Resources/library/
haven/examples/iris.sav"
read_sav(path)
## # A tibble: 150 x 5
##    Sepal.Length Sepal.Width Petal.Length Petal.Width    Species
##           <dbl>       <dbl>        <dbl>       <dbl> <dbl+lbl>
##  1          5.1         3.5          1.4         0.2 1 [setosa]
##  2          4.9         3            1.4         0.2 1 [setosa]
##  3          4.7         3.2          1.3         0.2 1 [setosa]
```

3. 读取 STATA 数据：read_dta( )

先获取 STATA 格式的数据集（iris.dta 数据集），然后使用 read_dta( ) 读取数据：

```
path <- system.file("examples", "iris.dta", package = "haven")
path
## [1] "/Library/Frameworks/R.framework/Versions/3.5/Resources/library/
haven/examples/iris.dta"
read_dta(path)
## # A tibble: 150 x 5
##    sepallength sepalwidth petallength petalwidth species
##          <dbl>      <dbl>       <dbl>      <dbl> <chr>
##  1        5.10       3.5         1.40      0.200 setosa
##  2        4.90       3           1.40      0.200 setosa
##  3        4.70       3.20        1.30      0.200 setosa
```

另外，将 R 语言环境中的数据转变为 SAS、SPSS、STATA 的数据，可以通过如下函数实现。

（1）write_sas( )：write_sas( ) 的第一个参数是源数据集，第二个参数是数据保存的路径。

```
write_sas(data = mtcars,path = "mtcar.sas7bdat")
```

（2）write_sav( )：write_sav( )的第一个参数是源数据集，第二个参数是数据保存的路径。

```
write_sav(data = mtcars,path = "mtcar.sav")
```

（3）write_dta( )：write_dta( )的第一个参数是源数据集，第二个参数是数据保存的路径和文件名。

```
write_dta(data = mtcars,path = "mtcar.dta")
```

2.5 R语言操作数据库

在实际的工作中，数据往往集中存储在数据库中，因此需要对数据库进行读取操作。R语言可以与市面上的所有数据集进行链接、操作，本节将介绍如何链接数据库，并进行操作。下面列举R语言操作各类数据库的相关资料链接。

- RODBC：R中ODBC数据库范围。官网网址为http://cran.r-project.org/web/packages/RODBC/。
- DBI：在R和数据库管理系统之间定义一个公共的接口。官网网址为https://github.com/rstats-db/DBI。
- Elastic：Elasticsearch HTTP API的包装器。官网网址为https://github.com/ropensci/elastic。
- Mongolite：R中Mongo客户端。官网网址为https://github.com/jeroenooms/mongolite。
- RMySQL：R语言的MySQL数据库接口。官网网址为http://cran.r-project.org/web/packages/RMySQL/。
- ROracle：R中Oracle数据库的接口。官网网址为http://cran.r-project.org/web/packages/ROracle/index.html。
- RPostgreSQL：R语言的PostgreSQL数据库系统接口。官网网址为https://code.google.com/p/rpostgresql/。
- RSQLite：R语言SQLite数据库接口。官网网址为http://cran.r-project.org/web/packages/RSQLite/。
- RJDBC：通过JDBC接口访问数据库。官网网址为http://cran.r-project.org/web/packages/

RJDBC/。

- RMongoDB：R 中 MongoDB 驱动。官网网址为 https://github.com/mongosoup/rmongodb。
- RRedis：R 中 Redis 驱动。官网网址为 http://cran.r-project.org/web/packages/rredis/。
- RCassandra：Apache Cassandra 直接接口（不是 Java），提供了最多的基本功能。官网网址为 http://cran.r-project.org/web/packages/RCassandra/index.html。
- RHive：通过 Apache Hive 的 R 扩展促进分布式计算。官网网址为 https://github.com/nexr/RHive。
- RNeo4j：Neo4j 图形数据库驱动。官网网址为 https://github.com/nicolewhite/Rneo4j。

本章节以 Redshift 数据库为例，使用两种方法进行链接。

1. RJDBC

下面介绍使用 RJDBC 包来对数据库进行链接。下面的代码就是使用 RJDBC 包来链接 Redshift 数据库的。只需要修改对应的数据库链接、数据库的账号密码、端口号等内容，运行即可链接对应的数据库。首先，通过 install.packages("RJDBC") 下载对应包；然后，通过 library 加载需要的包。第一步是下载亚马逊 Redshift 的 JDBC 驱动，使用 download.file 进行下载。下载完成之后运行驱动（使用 JDBC 函数，传入之前下载好的驱动的路径作为参数）。完成之后，输入数据库的地址、端口、数据库名、用户名、密码。将这些信息按照对应的格式赋值给一个字符串，然后就可以链接数据库了（使用 dbConnect( ) 函数，这个函数的第一个参数是 JDBC 的返回值，另一个参数是之前生成的关于数据库地址、账号、密码等信息的字符串）。

```
install.packages("RJDBC")
library(RJDBC)
# 下载亚马逊 Redshift JDBC 的驱动
download.file('http://s3.amazonaws.com/redshift-downloads/drivers/
RedshiftJDBC41-1.1.9.1009.jar','RedshiftJDBC41-1.1.9.1009.jar')

# 链接亚马逊Redshift
driver <- JDBC("com.amazon.redshift.jdbc41.Driver",
"RedshiftJDBC41-1.1.9.1009.jar", identifier.quote="`")
# # url <- "<JDBCURL>:<PORT>/<DBNAME>?user=<USER>&password=<PW>
# url <- "jdbc:redshift://demo.ckffhmu2rolb.eu-west-1.redshift.
amazonaws.com

url <- "<JDBCURL>:<PORT>/<DBNAME>?user=<USER>&password=<PW>
:5439/demo?user=XXX&password=XXX"
conn <- dbConnect(driver, url)
```

本章节的代码都可以直接运行，其中，需要修改URL，输入所使用的数据库的名称、端口、用户名和密码，然后通过 dbConnect 进行链接，链接好后即可对数据进行操作。操作数据库用到的函数是 dbGetTables( )。使用 dbGetTables( ) 传入链接的数据库，会显示数据库里面的所有表格名称。通过 SQL 代码操作数据同样使用 dbGetTables( ) 函数，dbGetTables( ) 函数在传入链接的数据库之后，第二个参数可以是一个 SQL 代码，返回结果就是 SQL 代码的运行结果。最后使用 dbDisconnect( ) 函数来关闭数据库。

```
# 显示所有的表格
dbGetTables(conn)
dbGetQuery(conn, "SELECT table_name FROM information_schema.tables
WHERE table_schema = 'public'") # 通过SQL代码获取数据
# 关闭数据库链接
dbDisconnect(conn)
```

需要注意的是，dbGetQuery( ) 会将 SQL 代码的结果全部返回给 R，并且以数据框的方式进行保存，如果数据量比较大，则这种方式会很慢，因此最好不要轻易地将结果返回给 R，最好的方式是用 SQL 进行数据操作，然后将最终的结果返回给 R，这样效率会更高一些。

2. dplyr

dplyr 是一个用于数据分析的包，这个包依然可以用于操作数据库，使用这个包的好处是可以像处理 R 的数据一样，去处理数据库中的数据。这意味着并不需要写 SQL 去操作数据，因为 dplyr 可以将 R 函数直接转化成 SQL 代码，然后在数据库中运行。首先还是下载相应的包，然后需要加载 dplyr 和 RPostgreSQL 包，最后要链接数据库。使用 dplyr 链接数据库的方法与 RJDBC 不一样。dplyr 使用 src_postgres( ) 函数链接数据库，函数的第一个参数是数据库的名称，第二个参数 host 是数据库的链接，第三个参数 port 是数据库对应的端口，第四个参数 user 是数据的用户名，第五个参数 password 是用户名对应的密码。运行 src_postgres( ) 即可链接数据库。

```
install.packages("dplyr") # 安装
library(dplyr)
library(RPostgreSQL)

myRedshift <- src_postgres('demo', # 数据库的名称
host = 'redshiftdemo.ckffhmu2rolb.eu-west-1.redshift.amazonaws.com', #
数据库的链接
```

```
    port = 5439,                          # 数据库的端口
    user = "markus",                      # 用户名
    password = "XXX")                     # 用户密码
```

在上面的代码中，修改 src_postgres( ) 函数中的数据库名称、数据库链接、端口号、用户名、用户名密码，就可以创建数据库的链接。链接数据库之后，即可对数据库进行数据操作（通过 tbl( ) 函数进行操作，操作的方式很多，可以直接通过表名调用数据，也可以通过 SQL 代码调用数据。如果 tbl( ) 直接传入链接好的数据库，则会返回数据库中的所有表名称。使用 tbl( ) 传入链接好的数据库和对应的表名，则会返回对应表名称的数据）。同样地，也可以通过 SQL 操作数据，这个时候需要使用 dplyr 中的 SQL 函数。

```
# 创建对一个表的链接
flights <- tbl(myRedshift, "mytable1")
# 或者
tbl(con, dbplyr::in_schema("abc", "mytable1"))
# 或者
remote_df = tbl(sc,from = "abc.mytable1") # 定义数据源表
# 或者
remote_df = tbl(sc,from = sql("select * from abc.mytable1 "))

# 这4种方式都可以创建对一个表的链接
remote_df # 查看这个表的部分数据
remote_df %>% select(var1,var2)     # 选取部分的数据
remote_df <- collect(remote_df)     # 将数据库的结果下载到R环境
```

创建好数据库的链接之后，需要获取表的数据（可以采用上面 4 种方式获取数据）。将获取的结果在 R 的终端进行输出，会返回数据库中数据的结果，但这并不意味着数据库的结果已经保存在 R 环境中了，返回的数据只是输出的这张表的部分结果，并没有保存到 R 环境中，因此，速度比较快。如果想将数据库中的结果保存到 R 环境，则需要主动地指定这样的操作，使用 collect( ) 函数将数据保存到 R 环境中。需要注意的是，这样的操作会很耗费时间，因此有必要避免返回大量的结果，只将最终的结果返回到 R 环境。

remote_df %>% select(var1,var2) 的作用是选取 abc.mytable1 这张表中的两行数据，这样的写法完全是 R 的数据操作的写法。其背后的原理是，这行代码会被翻译成 SQL 代码：

```
select var1,var2 from abc.mytable1
```

同样，其他的数据操作也会被转变成 SQL 代码，然后传递到数据库进行操作，最后将结果返回给终端。

2.6 总　　结

通过对本章的学习，大家已经了解了 R 中绝大部分的获取数据的方式、读取分隔符的文件、读取其他统计软件格式的文件，以及数据库操作。

这一步很重要，毕竟任何一个项目都是从获取数据开始的。

另外，还有一种很重要的数据获取方式，即从网络中获取数据。这一部分属于爬虫相关的内容，将会在另一个章节谈到。

第3章 数据探索

数据探索是数据分析项目中非常重要的步骤，用于对数据进行全面了解，进而从数据中发现有价值的信息。数据探索的内容包括数据的清洗、缺失值的识别与转换、极端值的识别与处理、数据的分布、数据之间的关系分析。

3.1 缺失值的识别与处理

缺失值是在进行数据分析任务时较常遇见的问题之一。产生缺失值的原因很多，如数据在存储的过程中出现了错误，或者在获取数据的时候没有获取到数据，从而产生了空值。

处理缺失值问题的第一步是识别数据中的缺失值，包括哪些字段有缺失值，不同字段缺失值的比例是多少。然后需要对缺失值进行处理，处理方式有很多种，包括：直接删除包含缺失值的行，这种处理方法的前提是缺失值的占比不能太高；对缺失值进行填补，填补方式也有很多种，如用均值进行填补、用插值的方式进行填补，还可以用回归、聚类、决策树等方法进行填补。

R 提供了很多处理缺失值的工具，下列这些包都可以用于解决缺失值问题。

（1）VIM：提供了一系列的缺失值的可视化方法及缺失值的填补方法。

（2）naniar：提供了更加高效的汇总与处理 R 缺失值的方法。

（3）missMDA：提供了多变量的缺失值处理方法。

（4）Amelia：提供了 bootstrap+EM 算法处理缺失值。

（5）mice：提供了多种对缺失值进行填补的方法，如回归树、随机森林、逻辑回归。

（6）missForest：提供了一种使用随机森林填补缺失值的方法。

这些包都可以用来处理缺失值。处理缺失值的基本思路是，首先需要了解数据中缺失值的情况，然后选择合适的方法对缺失值进行处理。

本节主要介绍 VIM 包，使用 VIM 包对数据的缺失值进行可视化，然后进行填补。用到的数据来自 VIM 包，叫作 sleep 数据集，这个数据集一共有 262 个观测值、9 个特征，获取方式如下：

```
# install.packages("VIM")  如果电脑没有安装VIM包，则需要先安装
library(VIM)
data(sleep)
head(sleep,n = 3)
##    BodyWgt BrainWgt NonD Dream Sleep Span Gest Pred Exp Danger
## 1 6654.000   5712.0   NA    NA   3.3 38.6  645    3   5      3
## 2    1.000      6.6  6.3     2   8.3  4.5   42    3   1      3
## 3    3.385     44.5   NA    NA  12.5 14.0   60    1   1      1
```

3.1.1 缺失值的识别与描述性统计

在 R 中，缺失值一般是以 NA 的形式出现的，并且可以通过 is.na 判断向量中是否包含缺失值：

```
tmp <- c(1,2,NA,3)
is.na(tmp)
## [1] FALSE FALSE  TRUE FALSE
```

这里生成了一个向量 tmp，向量中的第三个元素是缺失值，然后通过 is.na( ) 函数进行检验。从结果中可以发现，在 is.na( ) 返回的结果中，第三个元素的值是 TRUE，表明原数据中的第三个元素为 NA。

同样可以使用 is.na( ) 来检测数据框中是否存在缺失值，这个函数会对数据框中的所有元素进行判断：

```
head(is.na(sleep),n = 3)
##      BodyWgt BrainWgt  NonD Dream Sleep  Span  Gest  Pred   Exp Danger
## [1,]   FALSE    FALSE  TRUE  TRUE FALSE FALSE FALSE FALSE FALSE  FALSE
## [2,]   FALSE    FALSE FALSE FALSE FALSE FALSE FALSE FALSE FALSE  FALSE
## [3,]   FALSE    FALSE  TRUE  TRUE FALSE FALSE FALSE FALSE FALSE  FALSE
```

如果想知道有多少行数据是完整的，可以使用 complete.cases( ) 函数。这个函数会判断每一行是否存在缺失值，如果某一行存在缺失值，则其返回 FALSE，否则返回 TRUE。sleep 数据集一共有 262 个观测值、9 个特征，通过 complete.cases( ) 函数可以查看有多少行的数据没有缺失值：

```
sum((complete.cases(sleep)))
## [1] 42
```

从结果中可以发现，有42行的数据是不包含缺失值的。

3.1.2 缺失值的可视化展示

对缺失值的可视化展示可以更好地帮助我们去了解数据的缺失情况，包括数据的整体缺失情况、数据中不同特征的缺失情况。可以使用VIM包的aggr( )函数对数据集进行可视化展示，如图3.1所示。

```
a <- aggr(sleep)
a
##  Missings in variables:
##  Variable Count
##      NonD    14
##     Dream    12
##     Sleep     4
##      Span     4
##      Gest     4
```

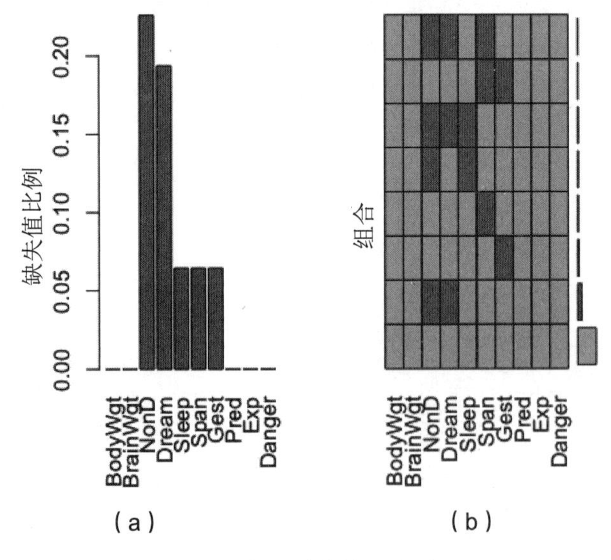

图3.1 数据缺失情况（1）

图 3.1（a）展示了每一个特征的缺失值比例，可以看到，每一个特征的缺失值比例是不一样的。图 3.1（b）不仅显示了数据中每一个特征的缺失值情况，而且显示了数据中缺失值的分布情况，可以看到，有一些特征的缺失值比较集中，如 Sleep，有一些特征的缺失值比较分散，如 NonD。

aggr( ) 函数返回了一个结果，返回的结果给出了每一个变量缺失值的具体情况。通过这样的方式，可以对整个数据集的缺失值有一个整体的了解。

对数据集整体的缺失值情况有一定的了解之后，需要了解不同变量之间的缺失值是否存在某些关系。假设有两个字段——age 和 gender，其中 age 存在缺失值。通过 age 和 gender 的缺失值分析，可能存在的情况是只有男性的 age 存在缺失值，女性的不存在。那么，这就是一个很有意思的结论，可以帮助我们进一步去了解缺失值产生的原因。

可以通过 barMiss 去分析某一个特征在另一个特征不同取值的情况下的缺失值情况，因此 barMiss 只能传递包含最多两个特征的数据集。下面的代码首先选取了 sleep 数据集中的 Exp 和 Sleep 两个特征，然后用 barMiss 分析 Exp 与 Sleep 这两个特征的关系。数据缺失情况如图 3.2 所示。

```
x <- sleep[, c("Exp", "Sleep")] # 选取两个特征
barMiss(x) #
```

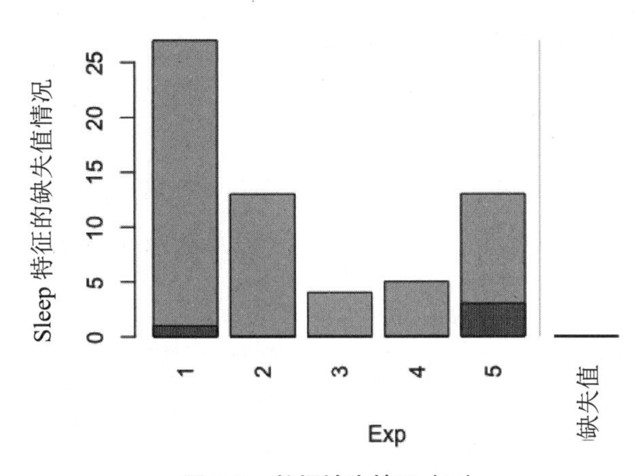

图 3.2　数据缺失情况（2）

Exp 一共有 5 个取值，即 1 到 5。从图 3.2 中可以看到，Sleep 特征的缺失值只存在于 Exp 取值为 1 和 5 时，特别是当 Exp 为 5 时，Sleep 有比较多的缺失值。在实际项目中，通

过这种方式，可以很方便地了解两个变量之间的缺失值情况，进一步分析产生缺失值的原因。

3.1.3 缺失值的处理方法

对数据集的缺失值情况有一定的了解之后，需要对数据集的缺失值进行处理，处理方式包括直接删除、用统计量（均值、中位数、众数）填补、用模型的方法填补、使用回归模型填补、使用KNN填补等。

1.直接删除缺失值

直接删除缺失值是最简便的一种处理缺失值的方式，可以直接删除包含缺失值的行或者包含缺失值的列。但并不是所有的情况都可以采用这种方式。直接删除缺失值需要满足以下条件。

- 缺失值的占比比较小。
- 删除缺失值之后的数据集依然是整体的一个充分抽样。

第一点的意思是，缺失值比较少，其删除不会影响特征的分布。第二点的意思是，缺失值在数据集中是分散的，不是聚集起来的。如果缺失值是聚集起来的，那么直接删除其会影响数据的分布。之前有一个例子提到两个字段——age和gender，通过age和gender的缺失值分析，可能存在的情况是只有男性的age存在缺失值，女性的不存在。这个时候如果直接删除缺失值，那么男性样本就会减少很多，则gender这个特征的分布就会产生变化。

当满足以上两个条件的时候，可以直接删除缺失值。另外，对于特征而言，如果某一个特征的缺失值占比太高（70%～80%），则也可以直接删除此特征。在R中，可以直接使用na.omit( )对数据集中的缺失值进行删除。

```
head(anyNA(na.omit(sleep)))
## [1] FALSE
anyNA(na.omit(sleep)
)
## [1] FALSE
```

从结果中可以看出，数据集中的缺失值已经被删除了。

2.使用均值、中位数填补缺失值

另一种处理缺失值最直观的方式就是使用均值与中位数填补缺失值。使用均值和中位数填补缺失值是一种非常容易理解的方式。这种方式非常简单，并且在某些情况下填补效果也很不错。在有些情况使用均值填补缺失值可能不是很合适，例如，数据的范围非常大，这个时候就并不是很适合使用均值填补缺失值。

在 R 中可以直接用数据的均值、中位数直接替换掉缺失值；也可以使用 naniar 包中的 impute_mean_all( ) 或者 impute_median_all( ) 用于对数据集进行填补，直接将需要填补的数据集传入 impute_mean_all( ) 或者 impute_median_all( )，其返回结果就是处理完缺失值的数据集。下面的代码是对 sleep 数据集进行缺失值填补。

```
library(naniar)
impute_mean_all(sleep)  %>% head(3)
##     BodyWgt BrainWgt      NonD Dream Sleep Span Gest Pred Exp Danger
## 1 6654.000   5712.0 8.672917 1.972   3.3 38.6  645    3   5      3
## 2    1.000      6.6 6.300000 2.000   8.3  4.5   42    3   1      3
## 3    3.385     44.5 8.672917 1.972  12.5 14.0   60    1   1      1
any_na(impute_mean_all(sleep))
## [1] FALSE
impute_median_all(sleep) %>% head(3)
##     BodyWgt BrainWgt NonD Dream Sleep Span Gest Pred Exp Danger
## 1 6654.000   5712.0 8.35   1.8   3.3 38.6  645    3   5      3
## 2    1.000      6.6 6.30   2.0   8.3  4.5   42    3   1      3
## 3    3.385     44.5 8.35   1.8  12.5 14.0   60    1   1      1
any_na(impute_median_all(sleep))
## [1] FALSE
```

3. 使用 KNN 填补缺失值

使用 KNN 填补缺失值的基本思想是，对于每一个存在缺失值的行，去寻找与这一行最相似的 *K* 行，然后取这 *K* 行数据的平均值或者加权平均值对缺失的数据进行填补。VIM 包提供了 KNN 的缺失值的处理方法，KNN( ) 函数的使用方式很简单，只需要将需要处理的数据集传入 KNN( ) 函数，返回的结果是使用 *K* 均值填补缺失值之后的数据集。

```
library(VIM)
kNN(sleep) %>% head(3)
## BodyWgt BrainWgt NonD Dream Sleep Span Gest Pred Exp Danger BodyWgt_imp
## 1 6654.000 5712.0       3.2  0.8   3.3   38.6 645 3 5 3    FALSE
## 2  1.000   6.6          6.3  2.0   8.3   4.5   42  3    1    3    FALSE
## 3  3.385   44.5  12.8   2.4  12.5  14.0 60    1    1    1    FALSE
## BrainWgt_imp NonD_imp Dream_imp Sleep_imp Span_imp Gest_imp Pred_imp
```

```
## 1      FALSE     TRUE      TRUE     FALSE    FALSE    FALSE    FALSE
## 2      FALSE    FALSE     FALSE     FALSE    FALSE    FALSE    FALSE
## 3      FALSE     TRUE      TRUE     FALSE    FALSE    FALSE    FALSE
##    Exp_imp Danger_imp
## 1   FALSE      FALSE
## 2   FALSE      FALSE
## 3   FALSE      FALSE
```

KNN 算法的优点很多，其基于数据之间的相似性，使用相似的数据值填补缺失值，这样的做法比直接用均值或者中位数进行填补更加合理、准确。使用 KNN 填补缺失值，不仅可以对数值型的变量进行填补，而且可以对离散型数据进行填补。KNN 算法的关键点之一是选择合适的距离计算方法，这里可以使用 3 种距离，即欧氏距离（euclidean）、曼哈顿距离（manhattan）和 gower 距离。

需要注意的是，欧氏距离和曼哈顿距离主要计算连续变量之间的距离，如果数据包含离散变量，或者既包含连续变量又包含离散变量，就需要使用 gower 距离。

4. 使用回归模型填补缺失值

使用回归模型填补缺失值是基于数据之间的相关性的，如果数据之间没有关系，那么无法使用回归模型填补缺失值。利用回归模型填补缺失值首先要建立以缺失值为因变量的回归模型，构建好回归模型之后，利用有缺失值的数据的自变量进行预测，将预测的结果填补为缺失值。这里使用 regressionImp( ) 进行缺失值的填补，第一个参数是回归模型的公式，左边是回归模型的因变量，右边是回归模型的自变量（通过“~”隔开），其中因变量是有缺失值需要处理的特征；第二个参数是需要处理的数据集。需要注意的是，与 lm( ) 函数构建回归模型不同的是，regressionImp( ) 函数中模型公式的左边可以包含多个因变量，这时会对每个因变量建立回归模型填补缺失值。

```
sleepImp2 <- regressionImp(Sleep+Gest+Span+Dream+NonD~BodyWgt+BrainWgt,
data=sleep)
head(sleepImp2,n = 3)
##   BodyWgt BrainWgt       NonD      Dream Sleep Span Gest Pred Exp Danger
## 1 6654.000   5712.0 -11.732867 -0.6897314   3.3 38.6  645   3   5      3
## 2 1.000   6.6    6.300000  2.0000000   8.3  4.5   42   3   1      3
## 3 3.385   44.5    8.987353  2.0132372  12.5 14.0   60   1   1      1
##   Sleep_imp Gest_imp Span_imp Dream_imp NonD_imp
## 1     FALSE    FALSE    FALSE      TRUE     TRUE
## 2     FALSE    FALSE    FALSE     FALSE    FALSE
## 3     FALSE    FALSE    FALSE      TRUE     TRUE
```

使用 regressionImp( ) 填补缺失值，函数的第一个参数是回归模型的参数，~左边是需要填补的特征，右边是用于建立回归模型的特征。如果数据中的缺失值比较多，则可以使用 robust 回归，能够有更好的效果，使用 robust 回归的方式是在函数中添加一个参数，即 robust==TRUE。

```
sleepImp3 <- regressionImp(Sleep+Gest+Span+Dream+NonD~BodyWgt+BrainWgt,
data=sleep,robust = TRUE)
head(sleepImp3,n = 3)
##   BodyWgt BrainWgt     NonD     Dream Sleep Span Gest Pred Exp Danger
## 1 6654.000   5712.0 -85.884951 -15.135927  3.3 38.6  645    3   5      3
## 2 1.000      6.6    6.300000   2.000000   8.3  4.5   42    3   1      3
## 3 3.385     44.5    9.263638   1.869753  12.5 14.0   60    1   1      1
##   Sleep_imp Gest_imp Span_imp Dream_imp NonD_imp
## 1     FALSE    FALSE    FALSE      TRUE     TRUE
## 2     FALSE    FALSE    FALSE     FALSE    FALSE
## 3     FALSE    FALSE    FALSE      TRUE     TRUE
```

5.使用随机森林模型填补缺失值

随机森林模型是集成机器学习模型，通过许多决策树共同构成。随机森林处理缺失值的原理是，首先给缺失值预先设定一下，连续变量用均值或者中位数预设，离散的特征使用众数预设；然后使用所有数据构建随机森林模型，这时会记录每一组数据在决策树中每一步的分类路径，进而判断哪一组数据与缺失值的分类路径最接近。通过这种方式构建了数据之间的相似度，然后根据相似度，对连续数据使用加权平均的方式填补缺失值，对离散变量使用加权投票的方式填补缺失值。

总而言之，其本质上也是寻找相似的数据，用相似的数据来填补缺失值。下面使用随机森林模型对缺失值进行填补，使用的是 mice 包中的 mice( ) 函数，函数的第一个参数是需要处理的数据集，第二个参数 method 是缺失值填补的方法，如果指定其为 rf，则表示使用随机森林进行缺失值填补。

```
library(mice)
## Loading required package: lattice
##
## Attaching package: 'mice'
## The following objects are masked from 'package:base':
##
##     cbind, rbind
rf <- mice(sleep,method = "rf",printFlag=F)

complete(rf) %>% head(n=3)
##    BodyWgt BrainWgt NonD Dream Sleep Span Gest Pred Exp Danger
```

```
## 1 6654.000   5712.0  5.2   1.8   3.3 38.6  645    3   5     3
## 2    1.000      6.6  6.3   2.0   8.3  4.5   42    3   1     3
## 3    3.385     44.5 10.4   2.4  12.5 14.0   60    1   1     1
```

这里指定了缺失值的填补的方法（method）为rf，意味着指定使用随机森林模型进行填补。mice包用于填补缺失值的方法还有很多，例如：

- ppm——预测均值匹配。
- midastouch——带权的预测均值匹配。
- sample——随机抽样填补。
- cart——使用分类树和回归树填补缺失值。
- mean——使用均值填补缺失值。
- norm——使用贝叶斯线性模型填补缺失值。
- norm.nob——使用忽略模型误差的回归模型填补缺失值。
- norm.boot bootstrap——使用回归模型填补缺失值。
- quadratic——使用二次项填补缺失值
- logreg——使用逻辑回归填补缺失值。
- logreg.boot——使用bootstrap逻辑回归填补缺失值。
- polyreg——使用多项式模型填补缺失值。
- lad——使用线性判别模型填补缺失值。

需要使用某方法，只需要在模型中改变相应的method即可。需要注意的一点是，有些缺失值的填补方法只能应用于连续变量，如mean；有些则只能应用于分类变量，如logreg。

6.基于降维的缺失值处理方法

在R中，使用降维的方法可以非常高效地对缺失数据进行处理，missMDA包可以对连续变量、离散变量和混合变量进行缺失值的处理。

对连续变量的数据处理的基本过程是，首先建立含有缺失值的PCA模型，确定好主成分的数量，然后通过构建好的主成分模型进行插值。

一般而言，使用多重对应分析（MCA）方法处理分类变量数据，使用混合数据因子分析（FAMD）方法处理混合变量的数据。首先进行主成分分析，使用estim_ncpPCA( )函数对数据进行主成分分析，获取最优的主成分个数。

```
library(missMDA)
library(FactoMineR)
nb <- estim_ncpPCA(sleep,method.cv = "Kfold", verbose = FALSE)
nb$ncp
## [1] 5
```

这里通过带缺失值的主成分分析，可知需要选取 5 个主成分，然后进行插值：

```
res.comp <- imputePCA(sleep, ncp = nb$ncp) # iterativePCA algorithm
res.comp$completeObs %>% head(3)
##    BodyWgt BrainWgt     NonD     Dream Sleep Span Gest Pred Exp Danger
## [1,] 6654.000 5712.0 -2.946424 8.119706   3.3 38.6  645  3   5     3
## [2,] 1.000    6.6   6.300000 2.000000   8.3  4.5   42   3   1     3
## [3,] 3.385     44.5  9.741947 3.087066  12.5 14.0  60   1   1     1
```

这样，就完成了数据填补。到这里，本节介绍了缺失值的数据探索方法、可视化的方法及缺失值的填补方法。缺失值的处理是数据探索过程中的一个非常重要的环节，接下来介绍数据探索的其他部分。

3.2 异 常 值

异常值对模型有非常重要的影响，因为其会极大地改变模型的拟合和预测。因此，处理异常值是为了能够拟合一个更加真实的模型。为了更加清晰地理解异常值的含义，这里举一个简单的例子，用于说明缺失值是如何影响模型的，使用到的数据集是 R 自带的 cars 数据集。

首先生成一个带有异常值的数据集，然后进行绘图，选取 cars 数据集的前 30 条数据，然后随机添加一些数据作为异常数据，如图 3.3 所示。

```
require(ggplot2)
cars_outlier  <-  rbind(cars[1:30,],data.frame(speed=c(18,19,20,20),dist
= c(186,190,210,220)))

p <- ggplot(data = cars_outlier,aes(x= speed,y = dist))+geom_point()

p+geom_smooth(method = "lm")+xlim(0,28)+ylim(1,230)
```

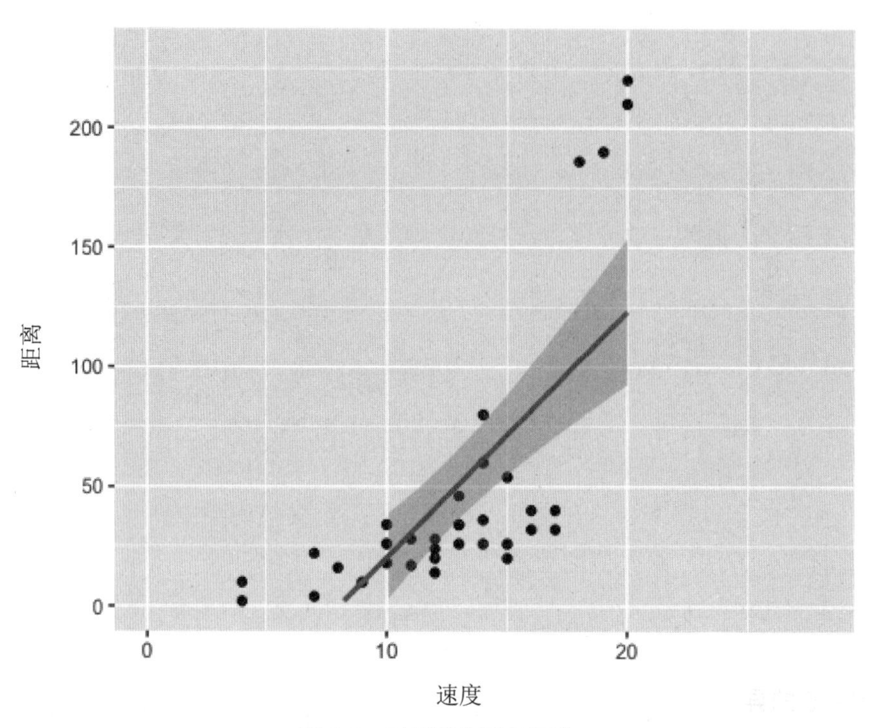

图 3.3 异常值的回归模型

这里首先选取了 cars 数据集的前 30 条数据，然后添加了 4 个异常点，绘制散点图，最后拟合一条线性曲线。观察图 3.3 可以发现，拟合的线性模型因为异常值的存在，曲线的角度偏向上方。接下来绘制没有添加异常值的散点图，如图 3.4 所示。

```
cars1 <- cars[1:30,]

p <- ggplot(data = cars1,aes(x= speed,y = dist))+geom_point()

p+geom_smooth(method = "lm")+xlim(0,28)+ylim(1,230)
```

观察图 3.3 和图 3.4，比较去除异常值之后两者斜率的变化，之前训练的模型斜率比较大，这是因为模型受到了异常值的影响。异常值的识别方法有很多，下面对异常值进行简单的介绍。

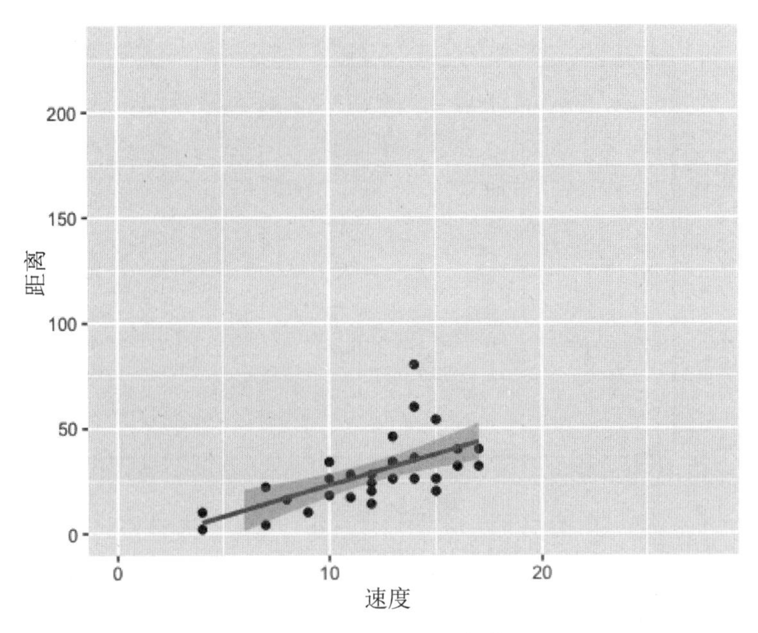

图 3.4 无异常值的回归模型

1. 单变量的异常值识别

异常值的识别有很多方法，最常见的一种是使用三倍标准差原则。三倍标准差原则指的是，如果数据服从正态分布，那么数据中在均值的三倍标准差之外的数据则可能是异常值。但是，数据不一定满足正态分布，因此这个判断标准不一定合适。另一个判断标准是，均值 +1.5IQR 至均值 -1.5IQR 这个范围之外的数据为异常值，IQR 指的是四分位数间距，具体为 75 分位数与 25 分位数之间的距离。这里生成一个向量，取值 1 ～ 100，然后添加一个异常值 200 。使用 boxplot_stats( ) 函数识别异常值，并使用 boxplot( ) 函数绘制箱线图。如图 3.5 所示，游离在箱线之外的是异常值。

```
inputData <- c(1:100,200)
outlier_values <- boxplot.stats(inputData)$out  # outlier values.

outlier_values
## [1] 200
boxplot(inputData, main="Pressure Height", boxwex=0.1)
```

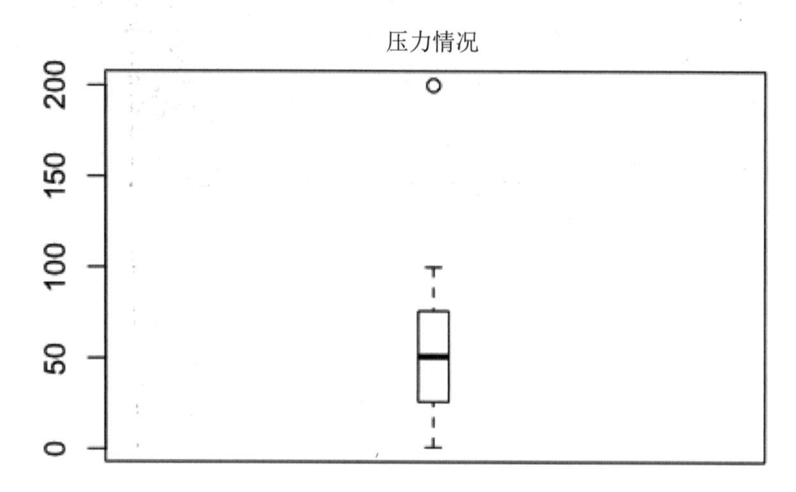

图 3.5 箱线图

从输出结果可以看到，其已经识别出 200 为异常值。

2. 多变量的模型方法

使用某单一的标准来划分异常值，可能会带来一些问题。对于回归问题，可以使用 cook 距离来分析异常值，cook 距离是针对回归模型计算的度量，其表示数据对预测结果的影响。cook 距离的公式如下：

$$D_i = \frac{\sum_{j=1}^{n}\left(\hat{Y}_j - \hat{Y}_{j(i)}\right)^2}{p \times \mathrm{MSE}}$$

式中，$\hat{Y}_j$ 是第 j 条数据的预测，包含这个模型中的所有数据；$\hat{Y}_{j(i)}$ 是第 j 条数据的预测，这个时候模型中不包含第 i 条数据；MSE 是模型的均方误差；p 是回归模型中的系数个数。

这里用到的数据集是 R 自带的 mycars 数据集，首先使用 lm( ) 构建回归模型，因变量为 mpg。构建好模型之后，使用 cooks.distance( ) 计算模型的 cook 距离。

```
l <- lm(mpg~.,data = mtcars)
cooksd <- cooks.distance(l)
head(cooksd,3)
##     Mazda RX4 Mazda RX4 Wag    Datsun 710
##   0.020590976   0.009218355   0.063524113
```

一般而言，cook 距离大于平均值的 4 倍，可能被归类为异常值，如图 3.6 所示。

```
plot(cooksd, pch="*", cex=2, main="Influential Obs by cooks distance")
# 绘制cook距离
abline(h = 4*mean(cooksd, na.rm=T), col="red")  # 添加分界线
text(x=1:length(cooksd)+1, y=cooksd, labels=ifelse(cooksd>4*mean(cook
sd, na.rm=T),names(cooksd),""), col="red")  # 添加标签
```

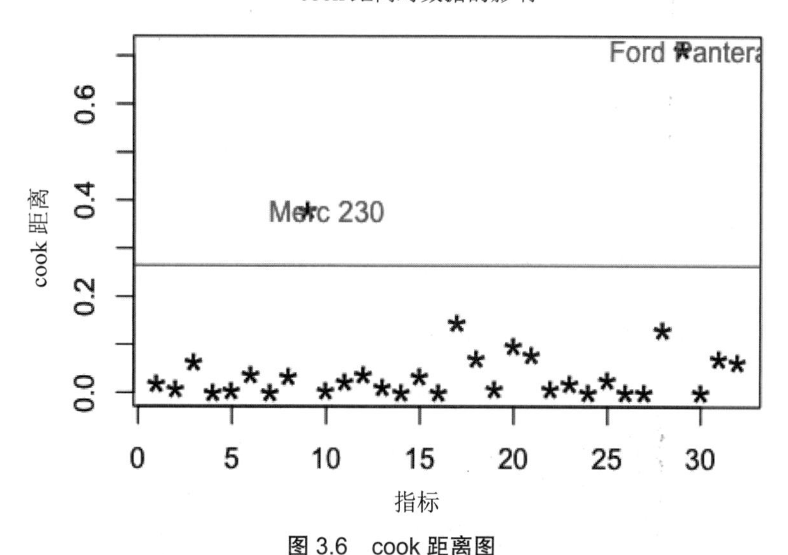

图 3.6　cook 距离图

现在找出那些有问题的行。

```
influential <- (names(cooksd)[(cooksd > 4*mean(cooksd, na.rm=T))])  #
influential row numbers
head(mtcars[influential, ])
##                  mpg  cyl disp  hp  drat  wt   qsec vs  am  gear  carb
## Merc 230        22.8  4   140.8 95  3.92  3.15 22.9 1   0   4     2
## Ford Pantera L 15.8  8   351.0 264 4.22  3.17 14.5 0   1   5     4
```

结合原始数据集的分布情况，可以发现，第一条数据的 qsec 在数据集中是最大值。第二条数据的 cyl 太小了。

另外，car 包中的 outlierTest 可以从模型中直接给出异常值结果：

```
car::outlierTest(l)
## No Studentized residuals with Bonferoni p < 0.05
## Largest |rstudent|:
##         rstudent      unadjusted    p-value      Bonferonni    p
## Ford Pantera        L             -2.164273    0.042719      NA
```

结果指出，Ford Pantera L 这一行为异常值。

3.3 dlookr数据处理包

dlookr 提供了一系列的数据诊断方法，并能够自动生成数据诊断报告，可以对数据进行探索性分析，并对异常值与缺失值进行处理，进行数据转换。

dlookr 包常用的诊断函数有以下 5 个。

diagnose( )：提供变量的基本诊断信息。

diagnose_category( )：提供分类变量的详细诊断信息。

diagnose_numeric( )：提供数值变量的详细诊断信息。

diagnose_outlier( ) 和 plot_outlier( )：提供对异常值的诊断与可视化。

diagnose_report( )：生成数据诊断报告。

3.3.1 所有变量的一般性诊断

使用 diagnose( ) 函数可以对一个数据集的所有特征进行基础诊断。这里以 nycflights13 包中的 flights 数据集为例，这个数据集描述了 2013 年从纽约起飞的航班数据。首先对这个数据集的所有数据进行一般性诊断，将数据传入 diagnose( ) 函数，即可生成所有数据的一般性诊断结果。

```
library(dlookr)
## Warning in fun(libname, pkgname): couldn't connect to display ":0"
##
## Attaching package: 'dlookr'
## The following object is masked from 'package:base':
##
```

```
##      transform
library(nycflights13)
diagnose(flights) %>% head(3)
## # A tibble: 3 x 6
## variables types missing_count missing_percent unique_count unique_rate
##    <chr>   <chr>      <int> <dbl> <int> <dbl>
## 1 year     integer    0      0      1       0.00000297
## 2 month    integer    0      0      12      0.0000356
## 3 day      integer    0      0      31      0.0000920
```

从结果中可以看到，输出内容包括变量的名称、变量的数据类型、变量的缺失值计数、变量的缺失比例、变量中唯一值的计数、变量中唯一值的占比。通过从这个结果，我们对数据有了一个初步的了解。

3.3.2 数值型变量的诊断

使用 diagnose_numeric( ) 对数值型变量进行诊断，可以得出更多的信息。如果在调用 diagnose_numeric( ) 函数的时候，数据集中依然有分类变量，这个函数会忽略分类变量，只对数值型变量进行分析。对数值型变量进行诊断的方法很简单，将数值型数据集传入 diagnose_numeric( ) 函数即可生成分析结果。

```
diagnose_numeric(flights) %>% head(3)
## # A tibble: 3 x 10
##   variables min Q1 mean median Q3 max zero minus outlier
##   <chr> <dbl> <dbl> <dbl> <dbl> <dbl> <dbl> <int> <int>  <int>
## 1 year  2013  2013  2013  2013  2013  2013  0     0      0
## 2 month 1     4     6.55  7     10    12    0     0      0
## 3 day   1     8     15.7  16    23    31    0     0      0
```

从结果中可以发现，输出内容包括变量名称、变量的最小值、变量的 25% 分位数、变量的平均值、变量的 75% 分位数、变量的最大值、变量中 0 的计数、变量中最小值的计数、变量中异常值的数量。这样，可以对数值型变量的信息有一个比较全面的了解。

3.3.3 分类变量的诊断

diagnose_category( ) 函数可对分类变量进行数据诊断，从这个函数中可以得出分类变量的详细分析结果，同样，数据集中的数值型变量则会忽略掉。

```
diagnose_category(flights) %>% head(3)
## # A tibble: 3 x 6
##   variables levels      N  freq ratio  rank
##   <chr>     <chr>   <int> <int> <dbl> <int>
## 1 carrier   UA     336776 58665  17.4     1
## 2 carrier   B6     336776 54635  16.2     2
## 3 carrier   EV     336776 54173  16.1     3
```

从数据结果中可以看出，输出内容包括变量名字、分类变量中的每一个类别、变量的计数、某一个分类类别的计数、此类别的占比及变量类别的排名。从这里可以得出分类变量的详细信息。

3.3.4 异常值的诊断

diagnose_outlier( ) 提供了异常值诊断方法，plot_outlier( ) 用于异常值的可视化。

```
diagnose_outlier(flights) %>% tail(3)
## # A tibble: 3 x 6
##   variables outliers_cnt outliers_ratio outliers_mean with_mean
##   <chr>            <int>          <dbl>         <dbl>     <dbl>
## 1 distance           715          0.212         4955.     1040.
## 2 hour                 0          0             NaN         13.2
## 3 minute               0          0             NaN         26.2
## # … with 1 more variable: without_mean <dbl>
```

从数据结果中可以看出，输出内容包括变量名、异常值的数量、异常值的占比、异常值的平均值、所有数据的平均值、剔除了异常值的平均值。

plot_outlier( ) 用于对异常值进行可视化，调用此函数需要传递一个数据集，以及需要异常值诊断的变量。异常值可视化结果如图 3.7 所示。

```
dlookr::plot_outlier(.data = flights,distance)
```

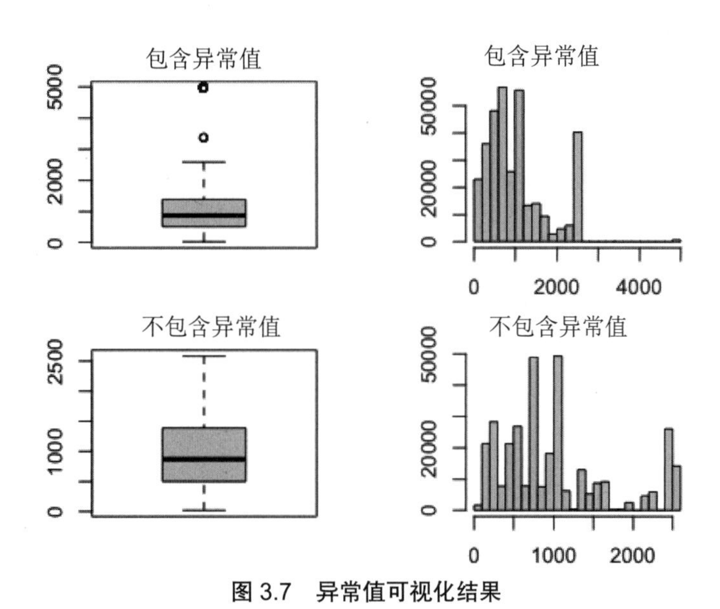

图 3.7 异常值可视化结果

这幅图包含 4 个子图，左上那幅子图是包含异常值的箱线图，右上那幅子图是带有异常值的直方图。下面两幅子图分别是不带异常值的箱线图和不带异常值的直方图。观察图 3.7，这里分别给出了包含异常值的箱线图与直方图、不包含异常值的箱线图与直方图。如果不指定对某一个变量进行异常值可视化，则只需要传递一个数据集即可，函数会绘制所有变量的图形。

3.3.5 创建诊断报告

diagnose_report( ) 函数可以对数据集生成一个诊断报告，报告可以以 PDF，或者 HTML 的形式展出。通过这个函数，我们可以快速地了解数据。创建 PDF 报告只需要在 diagnose_report( ) 中传入一个数据集即可，创建 HTML 格式的报告只需要以下的命令，下面代码中的 output_format 用于指定报告以什么形式给出，可以是 Word，PDF 或者 HTML 的形式。诊断报告如图 3.8 所示。

```
diagnose_report(flights,output_format = "html")
```

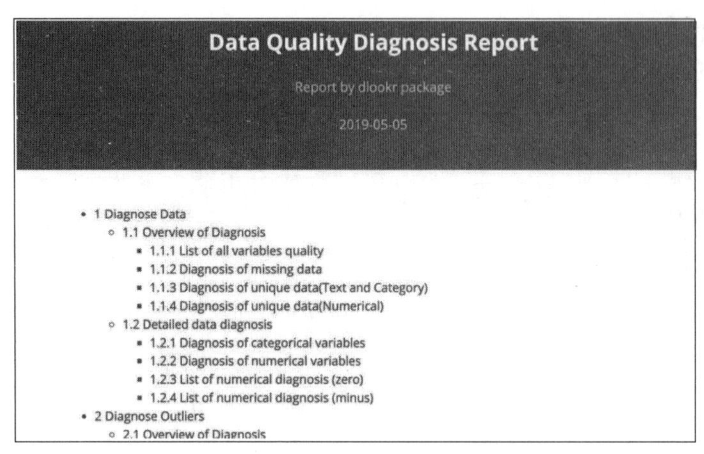

图 3.8 诊断报告

图 3.8 所示为最终创建出来的报告，包含的内容非常丰富，通过这份报告可以对数据集有一个充分的了解。通过这个报告，可以快速地对数据进行数据探索、数据诊断，并进行展示分享。

3.3.6 数据处理

在对数据进行一系列诊断之后，dlookr 提供了一系列的数据处理工具（包括缺失值、异常值的处理工具），还提供了数据变换方法。dlookr 提供的一系列数据处理函数如下。

- find_na( ) : 可以找到数据集中的缺失值，并且可以使用 imputate_na 填补缺失值。
- find_outliers( ): 可以找到数据集中的异常值，并且可以使用 imputate_outlier 填补异常值。
- summary.imputation( ): 可以对数据集中的数据填补情况进行统计，使用 plot.imputation 可以对数据集中的数据填补情况进行可视化。
- transform( ): 用于对数据进行转换。
- binning 和 binning_by( ): 用于对数据进行分箱，然后可以使用 print.bins( ) 和 summary.bins( ).plot.bins( ): 查看分箱的结果并对其进行可视化。
- find_skewness( ): 用于找到有偏的变量。
- transformation_report( ): 用于生成数据处理报告。

3.3.7 缺失值处理

imputate_na( ) 用于对缺失值进行处理，同时支持对数值型变量和字符型变量进行处理。可用于填补缺失值的方法很多，修改 imputate_na( ) 中的 method 参数就可以使用不同的方法进行缺失值的填补，下面做一个总结。

- mean：使用均值进行填补。
- median：使用中位数进行填补。
- mode：使用众数进行填补。
- knn：使用 K 近邻进行填补。
- rpart：使用决策树进行填补。
- mice：使用链式方程进行填补。

其中，mode、rpart、mice 可以同时处理数值型变量与字符型变量。需要注意的是，rpart 和 mice 需要指定目标变量，并且 mice 还需要指定随机种子。这里用到的数据集是 VIM 包中的 sleep 数据集，inputate_na( ) 的第一个参数是需要处理的数据集，第二个参数 xvar 是需要进行缺失值填补的特征，第三个参数 yvar 是数据集中的目标变量，method 用于指定所使用的方法。图 3.9 显示了数据处理前后的分布。

```
library(dlookr)
output <- imputate_na(sleep,xvar = NonD,yvar = Danger,method = "rpart")
## [1] "imputation" "numeric"
summary(output) %>% head(3)
## * Impute missing values based on Recursive Partitioning and Regression
Trees
##  - method : rpart
##
## * Information of Imputation (before vs after)
##              Original              Imputation
## n          48.0000000              62.0000000
## na         14.0000000              0.0000000
## mean        8.6729167              8.6909140
## sd          3.6664517              3.7300642
## se_mean     0.5292067              0.4737186
## IQR         4.7500000              6.1000000
## skewness    0.2982486              0.1544946
## kurtosis   -0.2357548              -0.7083672
## p00         2.1000000              2.1000000
## p01         2.1000000              2.1000000
```

```
## p05       3.2000000             3.2050000
##          Original           Imputation
## n        48.000000          62.000000
## na       14.000000          0.000000
## mean     8.672917           8.690914
plot(output)
```

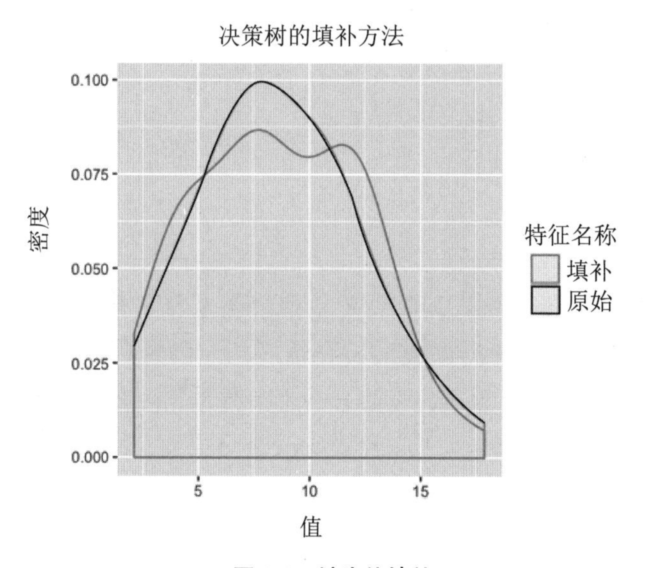

图 3.9　缺失值填补

如图 3.9 所示，这里使用了决策树的方法对 sleep 数据集中的 NonD 变量进行填补，决策树的目标变量为 Danger。output 是数据集填补的结果，summary(output) 这一行代码对原始数据与填补之后的数据的统计量进行了一个对比，plot(output) 则对原始数据与缺失值填补之后的数据分布进行了可视化。

3.3.8　异常值处理

imputate_outlier( ) 用于对异常值进行检测，其可对异常值的变量进行处理，处理方式包括如下几种。

- mean：用均值进行处理。
- median：用中位数进行处理。
- mode：用众数进行处理。

- capping：将在 5% 分位数与 95% 分位数之外的数据用 5% 分位数和 95% 分位数进行填补。

这里使用 sleep 数据集的 BodyWgt 变量进行异常值的处理，处理的方法是 capping，异常值处理前后数据的分布如图 3.10 所示。

```
iout <- imputate_outlier(sleep,BodyWgt,method = "capping")
iout
##[1]518.200   1.000   3.385  0.920   518.200  10.550   0.02351  8.200
##[9]3.300     52.160  0.425  518.200 0.55051  8.200    0.075    3.000
##[17]0.785    0.200   1.410  60.000  518.2002 7.660    0.120   518.200
##[25]85.000   36.330  0.101  1.040   518.200  100.000  35.000   0.005
##[33]0.010    62.000  0.122  1.350   0.023    0.048    1.700    3.500
##[41]518.200  0.4801  0.000  1.620   518.200  2.500    4.288    0.280
##[49]4.235    6.800   0.750  3.6001  4.830    55.500   1.400    0.060
##[57]0.900    2.000   0.104  4.190   3.500    4.050
## attr(,"method")
## [1] "capping"
## attr(,"var_type")
## [1] "numerical"
## attr(,"outlier_pos")
## [1]  1  5  8 12 14 21 24 29 41 45
## attr(,"outliers")
## [1] 6654.0 2547.0 160.0 465.0 187.1 529.0 207.0 521.0  250.0  192.0
## attr(,"type")
## [1] "outliers"
## attr(,"class")
## [1] "imputation" "numeric"
summary(iout)
## Impute outliers with capping
##
## * Information of Imputation (before vs after)
##              Original Imputation
## n           62.000000  62.000000
## na           0.000000   0.000000
## mean       198.789984  93.465790
## sd         899.158011 188.962362
## se_mean    114.193182  23.998244
## IQR         47.602500  47.602500
## skewness     6.563608   1.839467
## kurtosis    45.741020   1.506775
## p00          0.005000   0.005000
## p01          0.008050   0.008050
## p05          0.024250   0.024250
## p10          0.077600   0.077600
```

```
## p20          0.309000    0.309000
## p25          0.600000    0.600000
## p30          0.906000    0.906000
## p40          1.494000    1.494000
## p50          3.342500    3.342500
## p60          4.217000    4.217000
## p70         23.811000   23.811000
## p75         48.202500   48.202500
## p80         61.600000   61.600000
## p90        205.500000  518.200000
## p95        518.200000  518.200000
## p99       4148.730000  518.200000
## p100      6654.000000  518.200000
plot(iout)
```

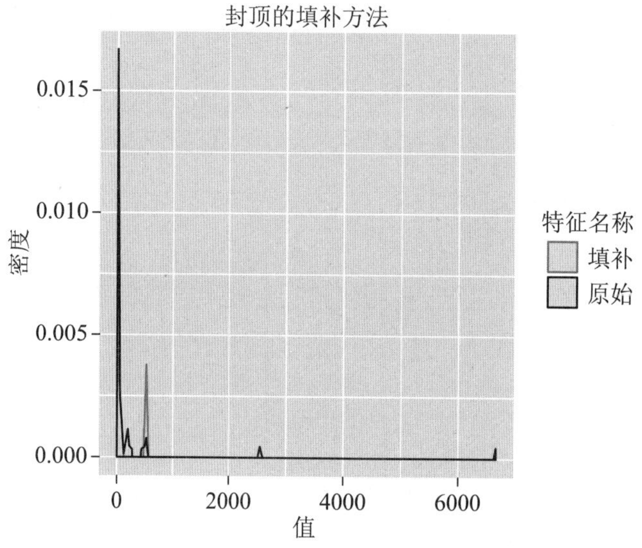

图 3.10　异常值处理前后数据的分布

在输出的结果中，iout 是 sleep 数据集中 BodyWgt 变量进行异常值填补之后的结果，summary(iout) 对原始数据和处理之后的数据进行了对比，plot(iout) 则对数据处理前后的分布情况进行了可视化，如图 3.10 所示。

3.3.9　数据转换

在数据处理的过程中，很多时候需要对数据进行转换，最基本的转换就是数据的标准化，其目的之一是消除数据之间量纲的影响。在 dlookr 包中，transform( ) 函数提供了一系列的数据转换的方法，包括以下几种。

- zscore：zscore 转换，其转换公式为（*x*-mu）/ sigma。
- minmax：标准化转换，其转换公式为（*x* - min）/（max - min）。
- log：log 转换。
- log+1：log 转换。
- sqrt：平方根转换。
- 1/*x*：倒数转换。
- x^2：平方转换。
- x^3：立方转换。

数据转换过程中经常遇到的一个问题是数据是有偏的。要进行数据转换，首先需要识别出数据是否存在有偏现象，然后需要对有偏的数据进行处理。dlookr 中的 find_skewness( ) 可以计算出变量的偏态值。需要注意的是，想要计算变量的偏态情况，这里需要先对数据的缺失值情况进行处理，否则计算出的偏态值为 NA。

```
find_skewness(.data = sleep,value = T)
##   BodyWgt BrainWgt      NonD     Dream     Sleep      Span      Gest
##     6.404    4.948        NA        NA        NA        NA        NA
```

从结果中可以看出，BodyWgt、BrainWgt 都存在左偏现象，后面几个因为有缺失值，所以都是 NA。可以对 BodyWgt 绘制密度曲线图，观察其分布，如图 3.11 所示。

```
plot(density(sleep$BodyWgt))
```

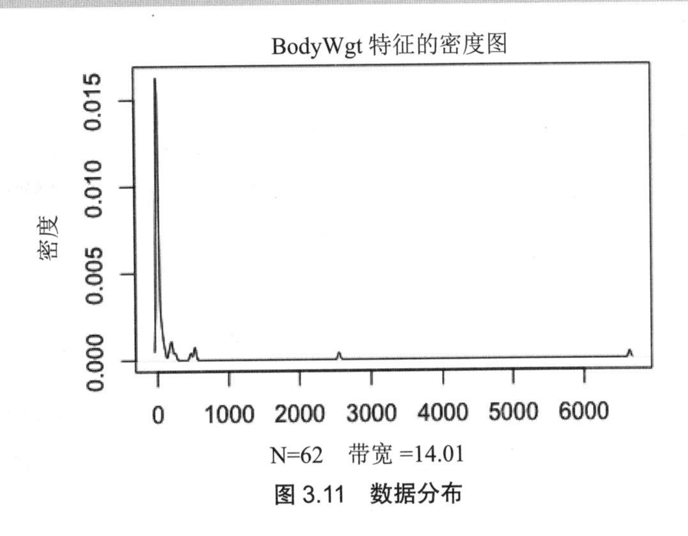

图 3.11 数据分布

从图 3.11 中可以看到，数据的分布非常靠左。接下来对数据进行对数转换，数据转换所使用的函数是 transform( )，第一个参数是需要进行转换的数据，第二个参数是 method，用于指定进行何种转换。转换之后观察数据的分布。箱线图如图 3.12 所示。

```
BodyWgt <- transform(x = sleep$BodyWgt,method = "log")
summary(BodyWgt) %>% head(3)
## * Resolving Skewness with log
##
## * Information of Transformation (before vs after)
##                   Original          Transformation
## n               62.000000           62.00000000
## na               0.000000            0.00000000
## mean           198.789984            1.33753897
## sd             899.158011            3.12312766
## se_mean        114.193182            0.39663761
## IQR             47.602500            4.38419617
## skewness         6.563608            0.15266760
## kurtosis        45.741020           -0.37579027
## p00              0.005000           -5.29831737
## p01              0.008050           -4.87549759
## p05              0.024250           -3.73547572
## p10              0.077600           -2.56050393
## p20              0.309000           -1.18950576
## p25              0.600000           -0.52029827
## p30              0.906000           -0.09876684
## p40              1.494000            0.39912428
## p50              3.342500            1.20663819
## p60              4.217000            1.43911029
## p70             23.811000            3.13298678
## p75             48.202500            3.86389790
## p80             61.600000            4.12057642
## p90            205.500000            5.32519645
## p95            518.200000            6.25006441
## p99           4148.730000            8.21718925
## p100          6654.000000            8.80297346
##                   Original          Transformation
## n                62.00              62.000000
## na                0.00               0.000000
## mean            198.79               1.337539
plot(BodyWgt)
```

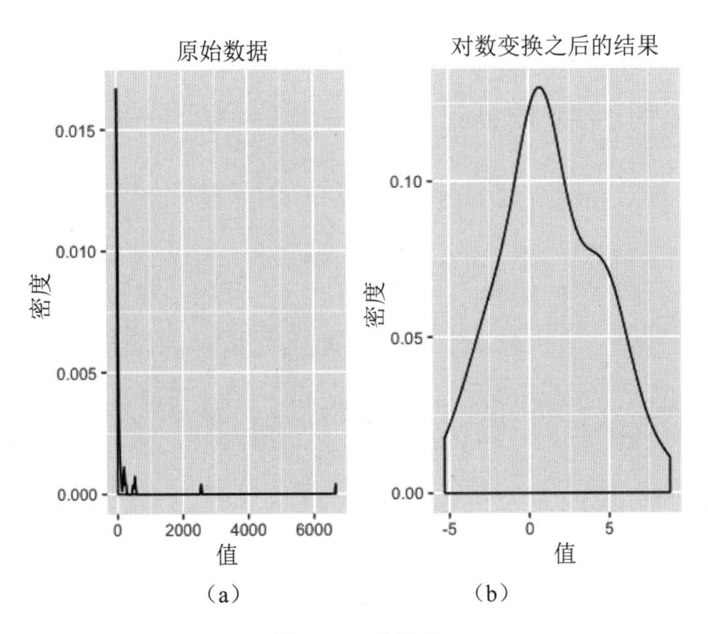

（a） （b）

图 3.12 箱线图

从图 3.12 中可以看到，经过转换之后的数据非常接近正态分布。log 变换是一种常常用于解决数据有偏问题的方法。

3.3.10 数据分箱

数据分箱是对连续数据进行的转化，即将连续数据划分为不同的间隔，从而将连续数据转变为分类数据。这样做的好处是可以减小数据中的噪声，从而让数据的分布趋势更加明显。在信用评分卡建模中，数据分箱是连续变量必须要做的数据转换。常用的数据分箱方法很多，如等比分箱、等距分箱。dlookr 包中的 binning( ) 函数提供了很多方法对数据进行分箱，包括以下几种。

- quantile：使用分位数进行分箱。
- equal：等距分箱。
- pretty：等比分箱。
- kmeans：使用 *K* 均值进行分箱。
- bclust：使用层次聚类进行分箱。

这里对 sleep 数据集的 Gest 特征进行分箱，结果如图 3.13 所示。

```
BodyWgt.b <- binning(sleep$Gest,type = "kmeans")
summary(BodyWgt.b)
##       levels freq        rate
## 1    (12,32]       12 0.19354839
## 2    (32,56]       10 0.16129032
## 3   (56,106]        8 0.12903226
## 4 (106,190]        11 0.17741935
## 5 (190,323]         9 0.14516129
## 6 (323,532]         5 0.08064516
## 7 (532,645]         2 0.03225806
## 8        <NA>         5 0.08064516
plot(BodyWgt.b)
```

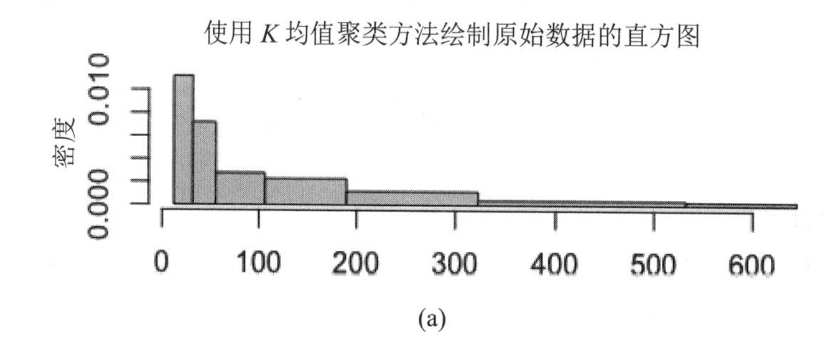

(a)

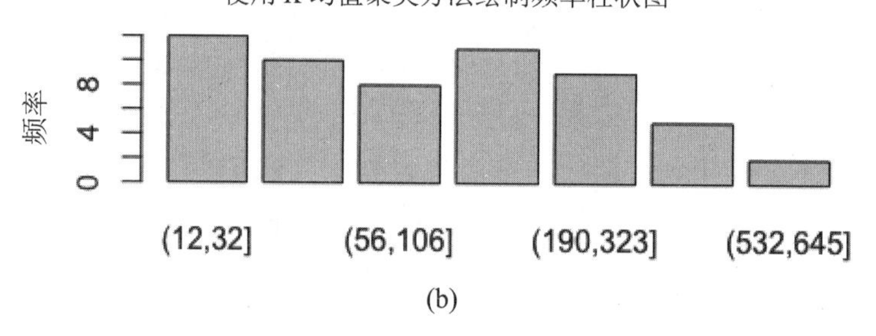

(b)

图 3.13　数据分箱

另外，binning_by( ) 提供了一种最佳的分箱方法，这种方法在信用评分模型中也经常用到，使用这种分箱方法可以让变量有最大的 IV 值（IV 值是衡量变量重要性的一个指标）。这里用到的数据集是 scorecard 的 german 数据集。这个数据集中的 creditability 是目标变量，其有两个取值，即 bad、good，分别表示好坏客户。下面的代码首先加载了 scorecard 包，然后加载所需要的 german 数据集，因为 german 原始的变量名称非常长，因此这里对数据集的第二个特征进行重命名，后续对第二个特征进行分箱。binning_by( ) 的第一个参数是所使用的数据集，这里指定为 germancredit，第二个参数是 y，表示目标变量，第三个参数是 x，表示用于分箱的变量。箱线图如图 3.14 所示。

```
library(scorecard)
data("germancredit")
names(germancredit)[2] <- "duration"
b1 <- binning_by(df = germancredit,y = "creditability",x = "duration")
b1
## binned type: optimal
## number of bins: 3
## x
##   (4,11] (11,33] (33,72]     <NA>
##      174      650      170        6
plot(b1)
```

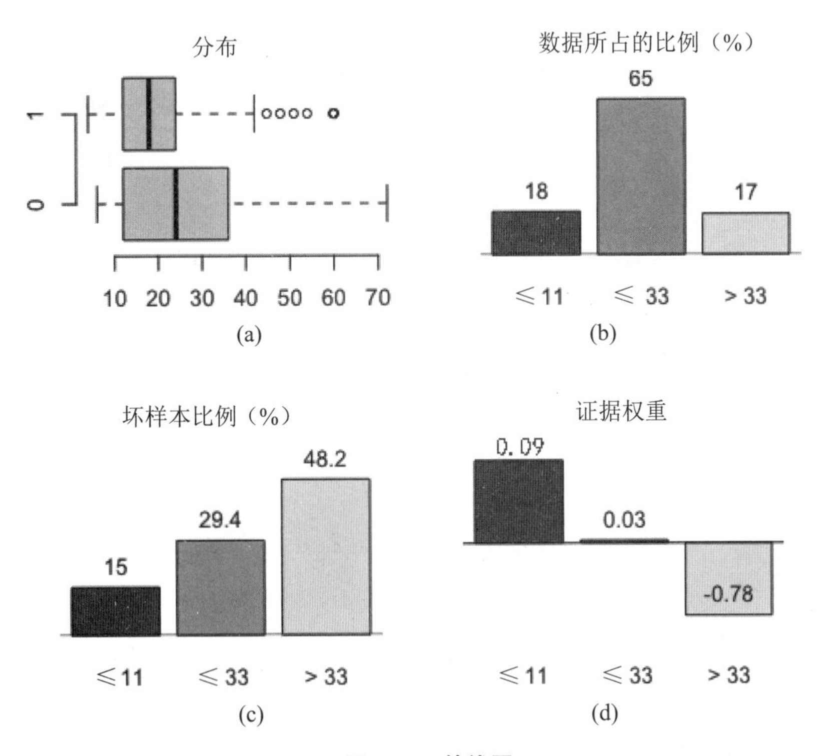

图 3.14　箱线图

需要注意的是，这个函数要求变量名称不能包含“.”。图3.14(a)显示的是数据的分布。图3.14(b)显示不同区间内数据量的占比。图3.14(c)显示不同区间内坏样本的占比。图3.14(d)显示不同区间内证据权重的结果。

可以看出，数据集被划分成了3段：(4,11]、(11,33]、(33,72]。从图3.14中可以看到，图3.14(a)是好坏客户中duration的箱线图。可以发现，当目标变量为1时，存在一些极端值，也就是箱子外面的那些点；当目标变量为0时，Distribution的范围更大。图3.14(b)显示的是不同区间内样本的比例，(11,33]这个区间内的样本量最多。图3.14(c)显示的是不同区间内坏样本的比例，可以看到，坏样本的比例和区间是正相关的。图3.14(d)显示的是不同区间的WoE值。

3.3.11 创建数据转换报告

dlookr可以快速地生成一份数据转换报告，生成报告的函数是transformation_report( )，这里依然使用sleep数据集，使用此数据来生成数据转换报告。生成的数据转换报告如图3.15所示。

```
transformation_report(.data = sleep, output_format = "html")
```

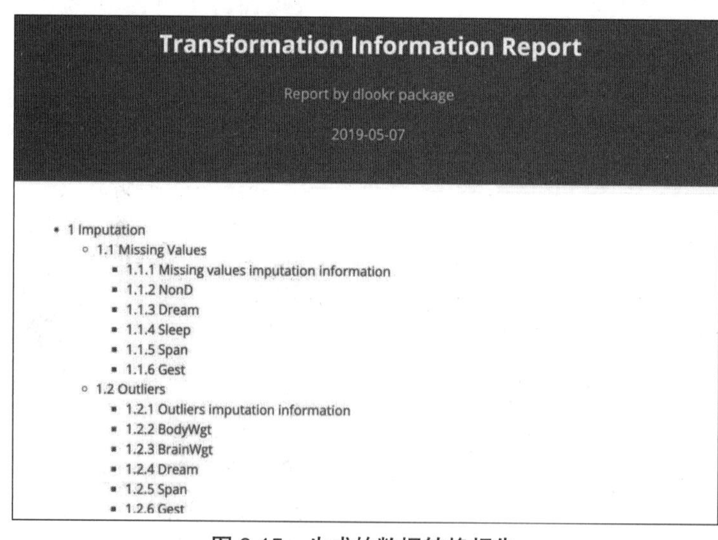

图3.15 生成的数据转换报告

图 3.15 就是一个完整的数据转换报告。最后一部分就是数据的异常值的处理。异常值的处理与缺失值类似，一般有 3 种解决方案。

- 剔除异常值。
- 用一个统计量来替代异常值。
- 用模型来估计异常值。

这些方法与缺失值的处理是类似的。需要注意的是，如果异常值的比例比较高，那么需要考虑的是这并不是异常值了，更有可能是数据本身就来自两个分布，这时就需要对数据进行划分，将数据划分为两个数据集，而不是将异常值当作一个需要解决的问题。

3.4 数据相关性

数据分析的任务之一是分析数据之间的关系，衡量数据之间相关关系的最常用的指标是皮尔森相关系数，其次有 Kendall 相关性系数和斯皮尔曼相关性系数，后两者是基于秩的相关系数。

在 R 中，计算相关系数的函数是 cor( )，进行相关系数检验的函数是 cor.test( )，其使用语法如下。

```
cor(x, y, method = c("pearson", "kendall", "spearman"))
cor.test(x, y, method = c("pearson", "kendall", "spearman"))
```

x 和 y 分别是数值型变量，method 参数用于指定计算的相关系数的种类。这里以 iris 数据集为例，对数据集中的 Sepal.Length 变量和 Sepal.Width 变量进行相关性分析。

```
cor(iris$Sepal.Length,iris$Sepal.Width,method = "pearson")
## [1] -0.1175698
cor(iris$Sepal.Length,iris$Sepal.Width,method = "spearman")
## [1] -0.1667777
cor(iris$Sepal.Length,iris$Sepal.Width,method = "kendall")
## [1] -0.07699679
```

计算出 Sepal.Length 变量和 Sepal.Width 变量之间的相关系数为 0.11，进一步进行相关性检验，以判断二者的相关性是否显著：

```
cor.test(iris$Sepal.Length,iris$Sepal.Width,method = "pearson")
##
##  Pearson's product-moment correlation
##
## data:  iris$Sepal.Length and iris$Sepal.Width
## t = -1.4403, df = 148, p-value = 0.1519
## alternative hypothesis: true correlation is not equal to 0
## 95 percent confidence interval:
##  -0.27269325  0.04351158
## sample estimates:
##        cor
## -0.1175698
```

从相关性检验结果可以看出，p-value是0.1519，不能拒绝原假设，则认为这两个变量的相关性为0。然后进行Kendall相关性检验：

```
cor.test(iris$Sepal.Length,iris$Sepal.Width,method = "kendall")
##
##  Kendall's rank correlation tau
##
## data:  iris$Sepal.Length and iris$Sepal.Width
## z = -1.3318, p-value = 0.1829
## alternative hypothesis: true tau is not equal to 0
## sample estimates:
##         tau
## -0.07699679
```

从相关性检验结果可以看出，p-value是0.1829，不能拒绝原假设，则认为这两个变量的Kendall相关性为0。然后进行斯皮尔曼相关性检验：

```
cor.test(iris$Sepal.Length,iris$Sepal.Width,method = "spearman")
## Warning in cor.test.default(iris$Sepal.Length, iris$Sepal.Width,
method =
## "spearman"): Cannot compute exact p-value with ties
##
##  Spearman's rank correlation rho
##
## data:  iris$Sepal.Length and iris$Sepal.Width
## S = 656280, p-value = 0.04137
## alternative hypothesis: true rho is not equal to 0
## sample estimates:
##        rho
## -0.1667777
```

从相关性检验结果可以看出，p-value 是 0.04137，不能拒绝原假设，则认为这两个变量的斯皮尔曼相关性不为 0。

相关性矩阵显示一个数据集中所有变量之间的相关性。在 R 中，corrplot 提供了相关性矩阵可视化的方法。这里用到的数据集是 mtcars，这个数据集是 R 自带的一个数据集，可以直接使用。corrplot 包中的 corrplot( ) 函数用于绘制相关系数图，在 corrplot( ) 函数中传入一个相关系数矩阵，则会返回对应的相关系数图。相关系数图如图 3.16 所示。

```
library(corrplot)
## corrplot 0.84 loaded
M<-cor(mtcars)
head(round(M,2),3)
##         mpg   cyl    disp  hp     drat  wt     qsec  vs    am     gear
carb
##mpg   1.00  -0.85  -0.85  -0.78  0.68  -0.87  0.42 0.66  0.60  0.48
-0.55
##cyl  -0.85  1.00  0.90    0.83   -0.70 0.78   -0.59 -0.81 -0.52 -0.49
0.53
##disp  -0.85  0.90 1.00    0.79   -0.71 0.89  -0.43 -0.71 -0.59 -0.56
0.39
corrplot(M, method = "circle")
```

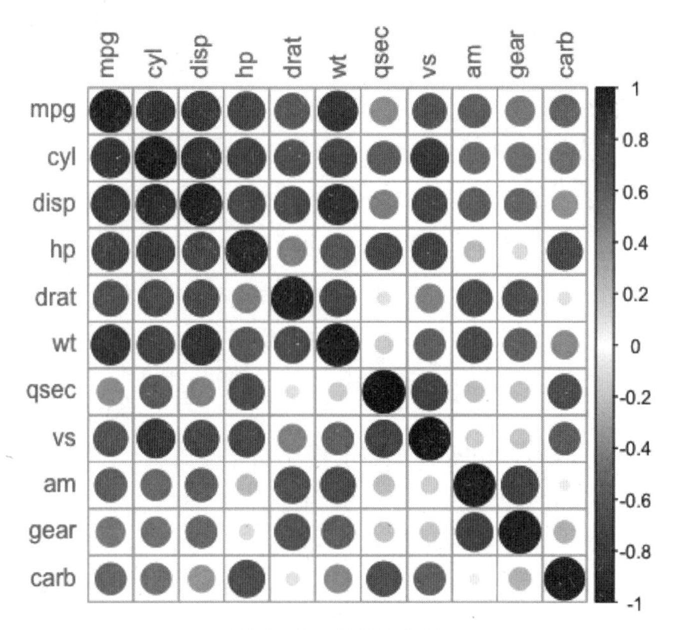

图 3.16 相关系数图

图 3.16 中的每一个格子代表两个变量的相关系数，颜色越深，说明其相关性越强。如果希望相关系数图能够显示具体的相关系数，则只需要修改相应的参数，将 method 设置为 number，则相关系数图如图 3.17 所示。

```
library(corrplot)
M<-cor(mtcars[,c(1,2,3,4)])
head(round(M,2),3)
##       mpg    cyl    disp   hp     drat   wt     qsec   vs     am
gear    carb
## mpg   1.00   -0.85  -0.85  -0.78  0.68   -0.87  0.42   0.66   0.60
0.48    -0.55
## cyl   -0.85  1.00   0.90   0.83   -0.70  0.78   -0.59  -0.81  -0.52
-0.49   0.53
## disp  -0.85  0.90   1.00   0.79   -0.71  0.89   -0.43  -0.71  -0.59
-0.56   0.39
corrplot(M, method = "number")
```

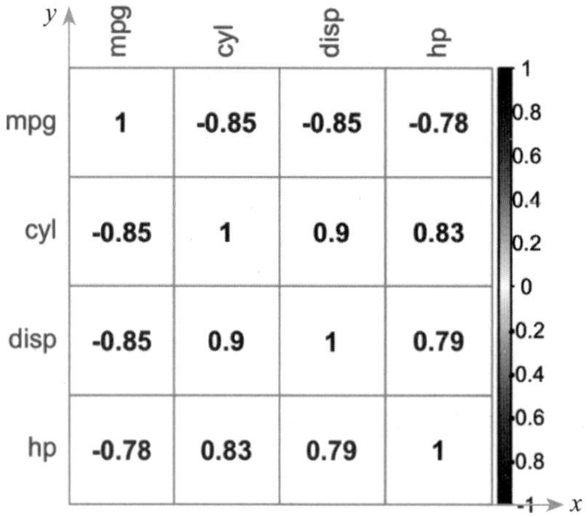

	mpg	cyl	disp	hp
mpg	1	-0.85	-0.85	-0.78
cyl	-0.85	1	0.9	0.83
disp	-0.85	0.9	1	0.79
hp	-0.78	0.83	0.79	1

图 3.17　相关系数图

在图 3.17 所示中，x 轴和 y 轴分别表示不同的特征，并且图中每一个单元表示数据之间的相关系数的具体值，其数字值越大，表示相关性越强。

Performance Analytics 包提供了另外一种对于相关系数矩阵的展现方式，其不仅会绘制变量的相关系数图，而且会分析特征的分布，以及特征之间的散点图。使用 chart.Correlation 进行绘图，第一个参数是需要进行可视化的数据集，第二个参数 histogram 是一个逻辑值，用于表示是否绘制特征的直方图。相关系数矩阵如图 3.18 所示。

```
library(PerformanceAnalytics)

my_data <- mtcars[, c(1,2,3,4,5,6)]
chart.Correlation(my_data, histogram = TRUE, pch = 19)
```

在图 3.18 中，x 轴和 y 轴分别表示不同的特征。从图 3.18 中可以观察到，这种展现方式将图分成了 3 个部分，左下角是数据之间的散点图，对角线是数据之间的直方图，右上角是数据之间的相关系数。这种展现方法展示了数据的更多信息。

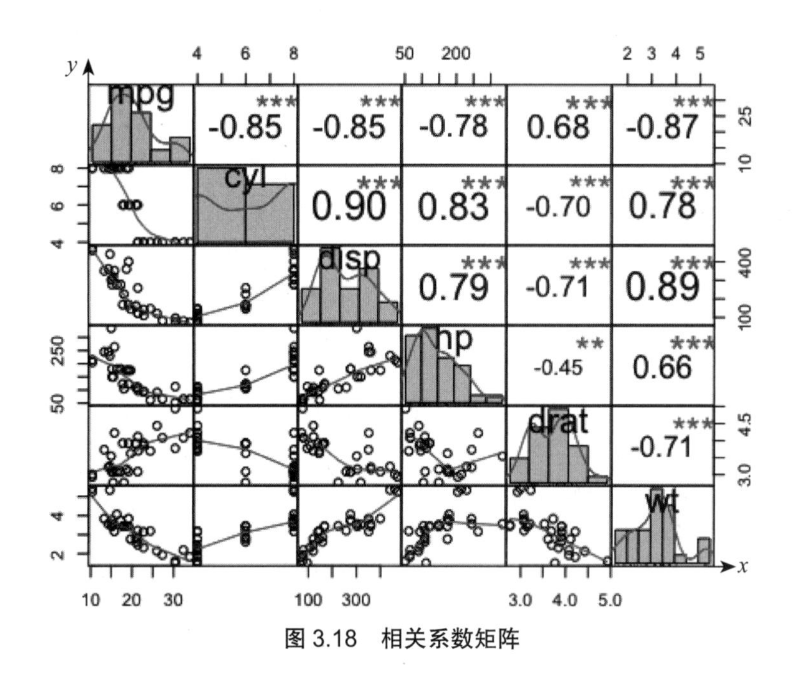

图 3.18　相关系数矩阵

3.5　自动化创建数据探索报告

上文提到了很多数据探索的方法，数据探索是数据分析和模型构建的初始阶段中非常重要的一个过程，因此数据探索是必不可少的，但是数据探索的过程往往非常烦琐。R 中有一个包会自动化地进行数据处理及可视化，更加快捷地进行数据探索过程。这个包是 DataExplorer，第一次使用需要先下载：

```
if (!require(devtools)) install.packages("devtools")
devtools::install_github("boxuancui/DataExplorer", ref = "develop")
```

接下来依然以 sleep 数据集为例，通过 DataExplorer 创建一个数据探索报告，创建报告的函数是 create_report( )，传入需要处理的数据集即可创建报告。

```
create_report(sleep)
```

函数运行完之后，文件中会出现 report.html，此即 sleep 数据集的一个数据探索报告，如图 3.19 所示，当然也可以输出其他格式的报告。

数据探索报告中有 6 个部分，即基本的统计量、数据结构、缺失值分析、单变量分布、数据相关性分析及主成分分析。基本统计量如图 3.20 所示。

Data Profiling Report

- Basic Statistics
  - Raw Counts
  - Percentages
- Data Structure
- Missing Data Profile
- Univariate Distribution
  - Histogram
  - QQ Plot
- Correlation Analysis
- Principal Component Analysis

图 3.19　数据探索报告

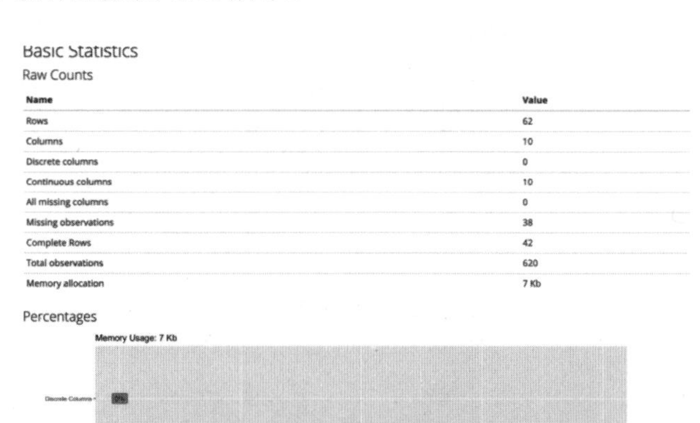

Basic Statistics

Raw Counts

Name	Value
Rows	62
Columns	10
Discrete columns	0
Continuous columns	10
All missing columns	0
Missing observations	38
Complete Rows	42
Total observations	620
Memory allocation	7 Kb

Percentages

图 3.20　基本统计量

结果显示了数据集的一些基本情况，包括数据维度、数据缺失值情况等。数据相关性分析如图 3.21 所示。

还有另一种创建报告的情况，即当数据中存在标签时，可以在创建报告的时候指定好数据的标签，这样报告中还会有关于标签的分析，这里以 iris 为例创建分析报告。报告的结构如图 3.22 所示。

```
create_report(iris,y = "Species")
```

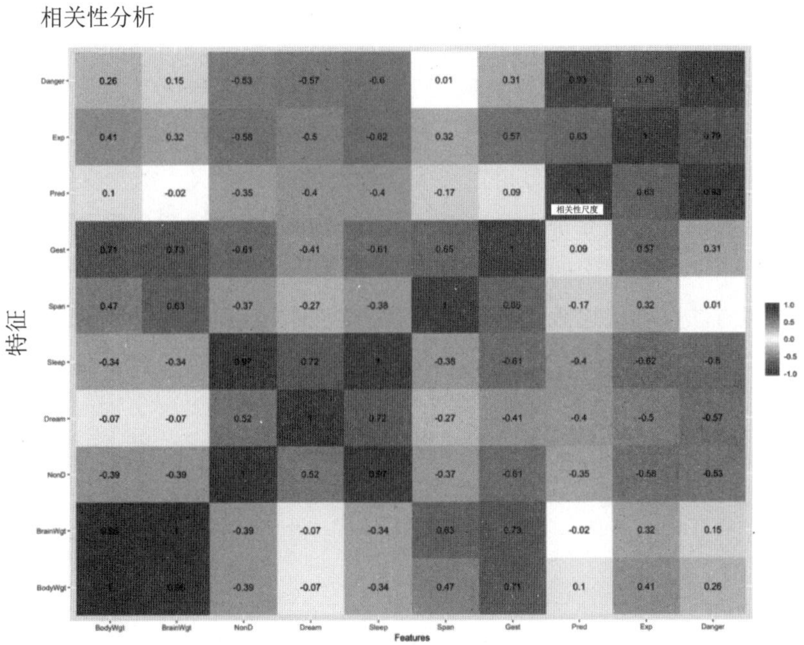

相关性分析

图 3.21　数据相关性分析

Data Profiling Report

- Basic Statistics
  - Raw Counts
  - Percentages
- Data Structure
- Missing Data Profile
- Univariate Distribution
  - Histogram
  - Bar Chart (by frequency)
  - QQ Plot
  - QQ Plot (by Species)
- Correlation Analysis
- Principal Component Analysis
- Bivariate Distribution
  - Boxplot (by Species)
  - Scatterplot (by Species)

图 3.22　报告的结构

报告比较长，这里就不详细对其进行展示了。使用 Data Explorer 创建自动化报告方便、快速，可以让数据分析人员更加专注于分布数据本身所蕴含的信息。

3.6 总　　结

数据探索是一个非常烦琐的过程，并没有标准的处理流程，其不仅要求数据分析人员具有相关专业知识，而且需要数据分析人员了解数据背后的含义。数据探索的目的是充分地了解数据所蕴含的信息，进一步为解决业务问题提供帮助。本章介绍了数据探索的一些基本内容，并且介绍了数据探索的一些R包及工具，最后介绍了自动化生成数据探索报告的方法，利用这种方法可以快速地进行数据探索，让数据分析人员更加专注于分析数据本身所蕴含的信息。

第4章 生存分析

生存分析是统计学一个非常古老的领域，早在1700年之前就开始有相关的研究了。如今生存分析在工程、保险、营销、医学等更多领域发挥了重大的作用。

R语言提供了丰富的生存分析方法，有大量的与生存分析有关的资源可以使用，如图4.1所示。下面这个链接提供了R中所有与生存分析相关的内容：https：//CRAN.R-project.org/view=Survival。

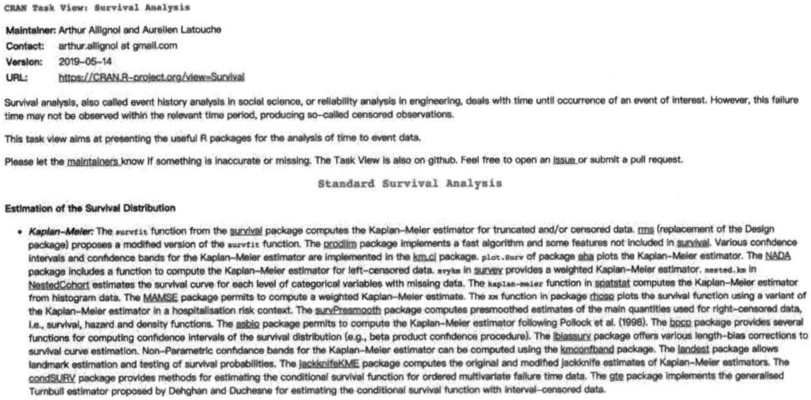

CRAN Task View: Survival Analysis

Maintainer: Arthur Allignol and Aurelien Latouche
Contact: arthur.allignol at gmail.com
Version: 2019-05-14
URL: https://CRAN.R-project.org/view=Survival

Survival analysis, also called event history analysis in social science, or reliability analysis in engineering, deals with time until occurrence of an event of interest. However, this failure time may not be observed within the relevant time period, producing so-called censored observations.

This task view aims at presenting the useful R packages for the analysis of time to event data.

Please let the maintainers know if something is inaccurate or missing. The Task View is also on github. Feel free to open an issue or submit a pull request.

Standard Survival Analysis

Estimation of the Survival Distribution

- ***Kaplan-Meier:*** The `survfit` function from the survival package computes the Kaplan-Meier estimator for truncated and/or censored data. rms (replacement of the Design package) proposes a modified version of the `survfit` function. The prodlim package implements a fast algorithm and some features not included in survival. Various confidence intervals and confidence bands for the Kaplan-Meier estimator are implemented in the km.ci package. `plot.Surv` of package eha plots the Kaplan-Meier estimator. The NADA package includes a function to compute the Kaplan-Meier estimator for left-censored data. `svykm` in survey provides a weighted Kaplan-Meier estimator. `nested.km` in NestedCohort estimates the survival curve for each level of categorical variables with missing data. The `kaplan-meier` function in spatstat computes the Kaplan-Meier estimator from histogram data. The MAMSE package permits to compute a weighted Kaplan-Meier estimate. The `km` function in package rhosp plots the survival function using a variant of the Kaplan-Meier estimator in a hospitalisation risk context. The survPresmooth package computes presmoothed estimates of the main quantities used for right-censored data, i.e., survival, hazard and density functions. The asbio package permits to compute the Kaplan-Meier estimator following Pollock et al. (1998). The bpcp package provides several functions for computing confidence intervals of the survival distribution (e.g., beta product confidence procedure). The lbiassurv package offers various length-bias corrections to survival curve estimation. Non-Parametric confidance bands for the Kaplan-Meier estimator can be computed using the kmconfband package. The landest package allows landmark estimation and testing of survival probabilities. The jackknifeKME package computes the original and modified jackknife estimates of Kaplan-Meier estimators. The condSURV package provides methods for estimating the conditional survival function for ordered multivariate failure time data. The gte package implements the generalised Turnbull estimator proposed by Dehghan and Duchesne for estimating the conditional survival function with interval-censored data.

图4.1 R中生存分析的包总结

这个类目包含了R中有关生存分析的所有内容。无论是学习还是从事研究，都可以从这个类目中获取很大的收获。本章会介绍生存分析的基本概念，并且在R中进行生存分析。

4.1 生存分析的基本内容

生存分析最初应用于研究分析患者被确诊之后多长时间会死亡，因此这种分析方法被称为生存分析。生存分析的目的通常有如下几种。

- 估计：根据样本生存数据估计总体生存率及其他有关指标（如中位生

存期等）。例如，根据脑瘤患者治疗后的生存时间，估计不同时间的生存率，计算生存曲线及中位生存时间等。

- 比较：对不同处理组生存率进行比较。例如，比较不同疗法治疗脑瘤的生存率，以了解哪种治疗方案较优；比较两种版本的产品用户的流失率，分析流失时间是否存在差异，以了解不同版本的优劣。
- 影响因素分析：探索和了解影响生存时间的因素，如研究某个或某些因素对生存率的影响。例如，为改善脑瘤病人病情，应了解影响病人病情的主要因素，包括病人的年龄、性别、病程、治疗方案等。
- 预测：具有不同因素水平的个体生存预测。例如，根据脑瘤病人的年龄、性别、病程、肿瘤分期、治疗方案等预测该病人某年（月）的生存率。

总而言之，生存分析的目的是研究某对象某一时间某一事件的发生的概率，以及影响对象事件发生的因素。

1. 生存分析的应用场景

从本质上讲，生存分析研究的是被观察对象会在何时发生某个事件的问题，任何可以归类为这种问题的场景都可以应用生存分析，这些场景包括以下几种。

- 银行业务：预测客户的流失率和客户的生命周期价值（Life Time Value，LTV）。
- 保险：险种随时间变化的赔付概率。
- 抵押贷款：抵押贷款兑换概率随时间的变化。
- 电子商务：用户下次购买的概率随着时间的变化。
- 零售：食品客户开始购买该食品的时间。
- 制造：某个机器部件的使用寿命。
- 公共部门：某个关键事件的时间间隔。

以上场景都可以使用生存分析方法进行分析。生存分析的问题一般是传统的回归模型无法解决的。例如，回归模型预测的结果范围是涵盖了负数范围的，但是生存分析的时间只能是正数，另外，生存分析存在删失数据。

2. 生存分析的基本概念

生存分析通常被定义为一组用于分析数据的方法，其中结果变量是一个时间点到任何感兴趣事件发生的时间。这个事件可能是死亡、疾病发生、婚姻、离婚等，或者任何与时间相关的事件。使用生存分析的原因是它具备处理删失数据的条件（测量或观察的数据仅部分已知的条件），而其他技术（包括线性回归）不能够很好地解决这类问题。

3. 生存函数的定义

下面简单地介绍一下生存分析相关的基本概念，这些概念是非常重要的。首先，假设 T 为非负数随机变量，代表直到事件发生时的等待时间，定义：$F(t):F(t)=Pr(T<t)$，此为事件发生时间小于 t 的概率。

生存函数（Survival Function）为患者、设备或其他感兴趣对象在任何给定的指定时间内存活的概率的函数。它的定义如下：

$$S(t)=Pr(T\geqslant t)=1-F(t)=\int_t^{\infty}(x)\mathrm{d}x$$

生存函数定义的是在 t 时间内事物没有发生某事件的概率。

风险函数(Hazard Function)描述的是事物能够在某个时间点存活的概率。它的定义如下:

$$\lambda(t)\lim_{\mathrm{d}t\to 0}\left(\frac{Pr(t\leqslant T<t+\mathrm{d}t\,|\,T\geqslant t)}{\mathrm{d}t}\right)$$

以上是生存分析相关的基本定义，包括生存函数，风险函数的定义。这些都是生存分析中最基本的概念，接下来介绍生存分析中的一个特殊问题。

4. 删失数据

删失数据 (Censored Data) 是指在研究某事物的观察过程中，该对象生存时间没有被完全观测到，造成了生存数据不完整的现象。在实际的实验观察中，一般很难准确地观察到对象状态变化的精确时间点，例如，零件在被发现的时候已经损坏了一段时间了，或者患者在被治愈之前就已经停止了治疗，等等。由于观察手段或者被观察对象存在种种限制，因此难免会出现观察数据不完整的情况。

删失数据一般分为 3 种，即左删失、右删失和区间删失。

- 左删失（Left Censored）：指的是事件的发生时间只能确定在某一时间点之前。
- 右删失（Right Censored）：指的是事件的发生时间只能确定在某一时间点之后。
- 区间删失（Interval Censored）：指的是事件的发生时间只能确定在某一时间区间内。

文字定义有一些抽象，图4.2通过可视化的方式展示了生存分析中删失数据的具体含义。

在图 4.2 中，可以更加清晰地理解不同删失数据之间的差别，其中，用点来表示事件发生的真实时间，使用直线来表示对象被研究观察的时间段，使用虚线来表示对象没有被观察到的时间段。从图 4.2 中可以看出，对象 1 的事件发生时间在被整个观察的过程中，因此是没有删失数据的；对象 2 的事件发生时间并不在被观察到的时间段内，只能确定事件发生时间是在某一个时间点之后，因此这种删失数据属于右删失数据；对象 3 的事件发生时间是在某个时间点之前，因此数据属于左删失数据；对象4的事件发生时间在某个可以确定的时间区间之内，因此数据属于区间删失数据。

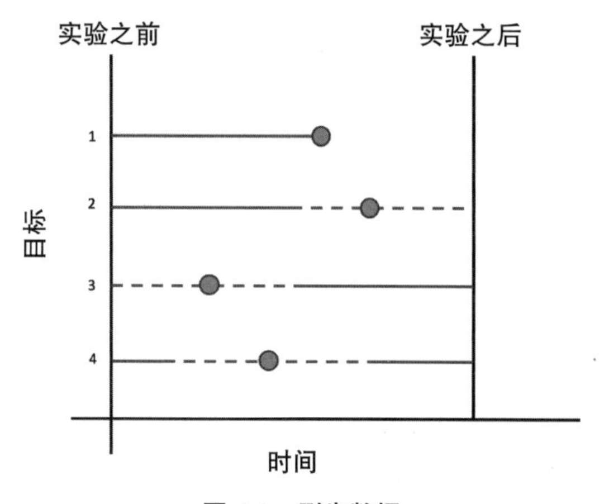

图4.2　删失数据

5. 生存分析方法

生存分析方法通常有3种，包括非参数生存分析方法，半参数生存分析方法及参数生存分析方法。不同的方法有不同的使用条件，如表4.1所示。

表4.1　生存分析方法

生存分析方法	可视化方法	假　　设
无参数	Kaplan-Meier 图	没有假设
半参数	Cox Proportional Hazard 图	有假设
参数	Kaplan-Meier 图	有假设

一般而言，3种模型都会使用到，并且随着技术的发展，机器学习模型同样被应用于生存分析，如随机生存森林模型，接下来介绍如何使用R语言进行生存分析。

4.2　使用R语言进行生存分析

R语言中有大量可以用于解决生存分析问题的工具。通常而言，使用R语言进行生存分析会用到survival包，本章节会用到的包如下。

- survival：使用R语言进行生存分析最常用的一个包，包含生存分析相关的大部分内容。这个包包含了一个数据集——lung 数据集。其是晚期肺癌患者的生存数据，包含了其日常活动的一系列指标，这也是本章节用到的数据集。

- survminer：包含 ggsurvplot( ) 函数，用于绘制生存曲线。
- flexsurv：提供了生存分析的参数模型。
- ranger：随机森林算法的实现包，并且其可以构建随机生存森林模型。
- ggfortify：用于对生存曲线进行可视化。

在这一部分使用 R 语言进行生存分析，包括非参数生存分析方法、参数生存分析方法及半参数生存分析方法。在进行分析之前，首先需要准备好数据，这里使用的数据集是 lung，其已经包含在 survival 包中，因此，当加载好这个包之后，就可以直接使用。这份数据集是癌症治疗组的晚期肺癌患者的生存率，包含各种指标以描述其日常表现。下面代码加载了所需要使用的包、数据集，并且对数据集进行了简单展示：

```
# 相关的包
library(survival)
library(survminer)
## Loading required package: ggplot2
## Loading required package: ggpubr
## Loading required package: magrittr
library(knitr)
library(flexsurv)
library(survminer)

# 所使用的数据
attach(lung)
(head(lung,5))
##      inst  time   status    age   sex  ph. Ecog    ph.karno   pat.karno
meal.cal
wt.loss
## 1    3     306    2         74    1    1      90    100        1175
NA
## 2    3     455    2         68    1    0      90    90         1225
15
## 3    3     1010   1         56    1    0      90    90         NA
15
## 4    5     210    2         57    1    1      90    60         1150
11
## 5    1     883    2         60    1    0      100   90         NA
0
```

以上就是生存分析的数据，下面介绍数据中的字段含义。

- inst：机构的代码。
- time： 生存的时间，单位是天。
- status：1 表示没有死亡，2 表示死亡。
- age：年龄。
- sex：1 表示男性，2 表示女性。
- ph.ecog：一个表现分数。0 表示最好，5 表示最糟。
- ph.karno： 医生评价的 Karnofsky 评价。0 表示最早，100 表示最好。
- pat.karno： 患者评价的 Karnofsky 评价。0 表示最早，100 表示最好。
- meal.cal：用餐时消耗的卡路里。
- wt.loss：最近六个月下降的体重数。

这一份数据集不需要进行进一步的处理，可以直接使用。

4.3 非参数模型

非参数回归是回归分析中的一种，其中预测变量没有预定的形式，而是仅仅从数据中的信息产生的。在这种情况下，不会有任何关于分布的假设，也没有关于危险函数的任何假设。

4.3.1 使用Kaplan-Meier方法拟合数据

Kaplan-Meier 方法在数据量比较小的时候非常有用，但是这种方法只能比较有限的几组样本。在 R 语言中处理非参数生存分析的第一步是构建一个 Survival 对象，用于表示时间及事件是否发生。在 R 语言中，通过 Surv( ) 函数来创建生存对象，此函数包括两个主要参数，即 time、event。time 表示生存时间，event 表示事件的状态。

```
lung$SurvObj <- with(lung, Surv(time = time,event = status))
(head(lung,5))
##   inst time  status age  sex ph.ecog  ph.karno pat.karno   meal.cal
wt.loss
## 1  3   306    2    74   1     1         90       100        1175
NA
```

```
## 2  3   455    2    68   1     0        90        90        1225
15
## 3  3  1010    1    56   1     0        90        90         NA
15
## 4  5   210    2    57   1     1        90        60        1150
11
## 5  1   883    2    60   1     0       100        90         NA
0
##   SurvObj
## 1     306
## 2     455
## 3   1010+
## 4     210
## 5     883
```

Survival 对象本质上表示的是时间，从 SurvObj 这个字段可以看出，有些数字包含“+”，其中“+”表示事件发生了，“-”或者没有符号表示事件没有发生。构建好 Survival 对象之后，就可以开始构建 Kaplan-Meier 模型。在 R 语言中，通过 survival 包中的 survfit( ) 函数进行构建，这个函数与线性回归模型的拟合函数 lm( ) 非常相似，其最主要的区别是模型公式的左边：对于 lm( ) 函数，其是回归模型的因变量；而对于 survfit( ) 函数，其是一个生存分析对象。

```
km.by.sex <- survfit(Surv(time, status) ~ sex, data = lung)
km.as.one <- survfit(Surv(time, status) ~ 1, data = lung)
km.as.one
## Call: survfit(formula = Surv(time, status) ~ 1, data = lung)
##
##       n      events  median 0.95LCL  0.95UCL
##     228     165        310      285       363
```

从 km.as.one 的这个结果中可以看出，这里得出的是事件发生与时间之间的关系。通过 summary( ) 可以得出每一个时间点死亡的概率、误差及区间估计：

```
summary(km.as.one,times = c(1,50,100,200,300*(1:3)))
## Call: survfit(formula = Surv(time, status) ~ 1, data = lung)
##
##  time  n.risk n.event      survival     std.err       lower 95% CI
upper 95% CI
##     1     228       0        1.0000      0.0000    1.0000   1.000
##    50     217      11        0.9518      0.0142    0.9243   0.980
##   100     196      20        0.8640      0.0227    0.8206   0.910
##   200     144      41        0.6803      0.0311    0.6219   0.744
##   300     92       29        0.5306      0.0346    0.4669   0.603
##   600     24       47        0.2136      0.0335    0.1571   0.290
```

```
## 900 3 17 0.0503 0.0228 0.0207 0.123
km.by.sex
## Call: survfit(formula = Surv(time, status) ~ sex, data = lung)
##
##        n   events  median  0.95LCL  0.95UCL
## sex=1 138  112     270     212      310
## sex=2 90   53      426     348      550
```

从km.by.sex结果中可以看出，这里通过性别来划分数据，进一步比较不同性别死亡的概率及死亡发生的时间。

```
summary(km.by.sex,times = c(1,50,100,200,300*(1:3)))
## Call: survfit(formula = Surv(time, status) ~ sex, data = lung)
##
##                 sex=1
##  time  n.risk  n.event  survival  std.err  lower 95% CI  upper95%CI
##     1   138     0       1.0000    0.0000   1.0000         1.000
##    50   128    10       0.9275    0.0221   0.8853         0.972
##   100   114    14       0.8261    0.0323   0.7652         0.892
##   200    78    30       0.6073    0.0417   0.5309         0.695
##   300    49    20       0.4411    0.0439   0.3629         0.536
##   600    13    29       0.1451    0.0353   0.0900         0.234
##   900     2     9       0.0357    0.0216   0.0109         0.117
##
##                 sex=2
##  time n.risk n.event  survival  std.err  lower 95% CI  upper 95% CI
##     1  90     0       1.0000    0.0000   1.0000         1.000
##    50  89     1       0.9889    0.0110   0.9675         1.000
##   100  82     6       0.9221    0.0283   0.8683         0.979
##   200  66    11       0.7946    0.0432   0.7142         0.884
##   300  43     9       0.6742    0.0523   0.5791         0.785
##   600  11    18       0.3433    0.0634   0.2390         0.493
##   900   1     8       0.0832    0.0499   0.0257         0.270
```

从这里可以看出，男性在600天时的存活概率是0.1451，而女性在600天时的存活概率为0.3433；男性在300天时的存活概率为0.4411，而女性在300天时的存活概率为0.6742。从结果可以得出，女性在每一个时间点的存活概率都高于男性。

4.3.2 Kaplan-Meier方法的可视化

通过survminer包的ggsurvplot( )函数可以对Kaplan-Meier方法拟合的结果进行可视化。将构建的生存分析模型传递给ggsurvplot( )函数，即可构建出生存图，如图4.3和图4.4所示。

```
library(survminer)
ggsurvplot(km.as.one)
```

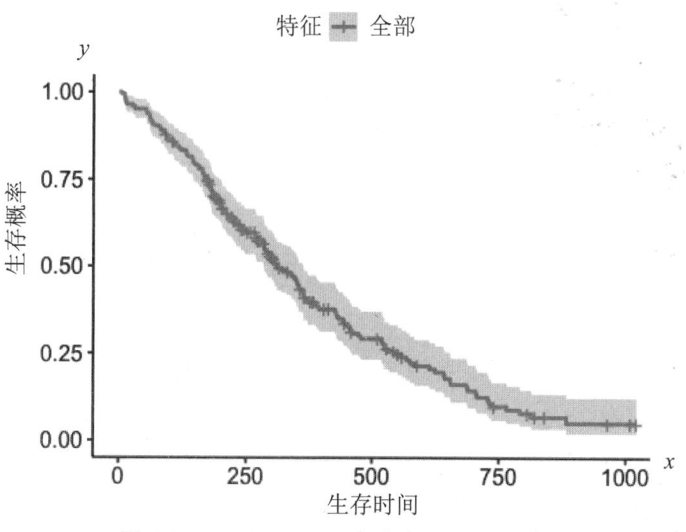

图 4.3　Kaplan-Meier 方法（km.as.one）

```
ggsurvplot(km.by.sex)
```

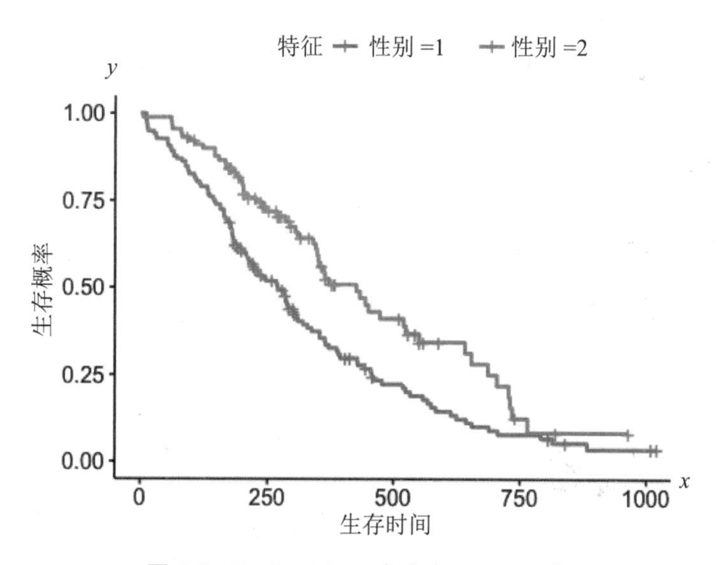

图 4.4　Kaplan-Meier 方法（km.by.sex）

在图 4.3 和图 4.4 中，x 轴表示生存时间，y 轴表示生存概率，其中特征是图例，表示不同生存曲线的含义，性别 =1 表示性别为男性，性别 =2 表示性别为女性。图 4.3 显示的是从 0 到 1000 天患者存活的时间概率，可以发现，到了第 1000 天，患者还是有 5% 的概率存活，或者说 5% 的患者可以存活到 1000 天。图 4.4 显示的是男女不同群体之间的生存曲线其中上方的曲线代表性别 =2，下方的曲线代表性别 =1（1—男性；2—女性），可以看到，女性群体的生存曲线在男性群体的生存曲线之上，这说明女性群体比男性群体有更高的存活概率。

4.4 半参数模型生存分析方法

半参数模型同样不会对生存函数或者危险函数的形式作出任何假设，但是其对于协变量存在一个很强的假设。使用 Cox 模型来解决生存分析问题的时候，这里有两个强假设需要满足，第一个是对数线性假定（模型中的协变量应与对数风险比呈线性关系），第二个是比例风险假定（各危险因素的作用不随时间的变化而变化）。

4.4.1 构建Cox模型

使用 survival 包中的 coxph( ) 构建 Cox 模型，这个函数的使用方法与 survfit( ) 类似，第一个参数是模型的公式，公式的左边需要传入一个生存对象，公式的右边是其他与事件有关的特征。

```
cox <- coxph(Surv(time = time, time2 = status) ~ age + sex +
                ph.karno + wt.loss, data = lung)
cox
## Call:
## coxph(formula = Surv(time = time, time2 = status) ~ age + sex +
##     ph.karno + wt.loss, data = lung)
##
##               coef       exp(coef)     se(coef)   z         p
## age           0.015140   1.015255      0.009837   1.539     0.12379
## sex           -0.513955  0.598125      0.174410   -2.947    0.00321
## ph.karno      -0.012871  0.987211      0.006184   -2.081    0.03741
## wt.loss       -0.002246  0.997757      0.006357   -0.353    0.72389
##
## Likelihood ratio test=18.84  on 4 df, p=0.0008436
```

```
## n= 214, number of events= 152
##    (14 observations deleted due to missingness)
```

结果输出了偏回归系数的点估计值、标准误差、p 值，同时输出了相对危险度、模型整体的 LR 检验、wald 检验及 score 检验。

4.4.2 检查假设

cox.zph 适用于检验 Cox 模型的比例风险假设（Proportional Hazards Assumption）。使用 cox.zph 对构建好的 Cox 模型进行检验，结果分别如图 4.5 ～图 4.8 所示。

```
(res <- cox.zph(cox))
##                 rho       chisq      p
## age        -0.00837       0.0117     0.91381
## sex         0.13137       2.5579     0.10975
## ph.karno    0.23963       8.2624     0.00405
## wt.loss     0.05930       0.5563     0.45575
## GLOBAL           NA       12.0669    0.01686
plot(res)
```

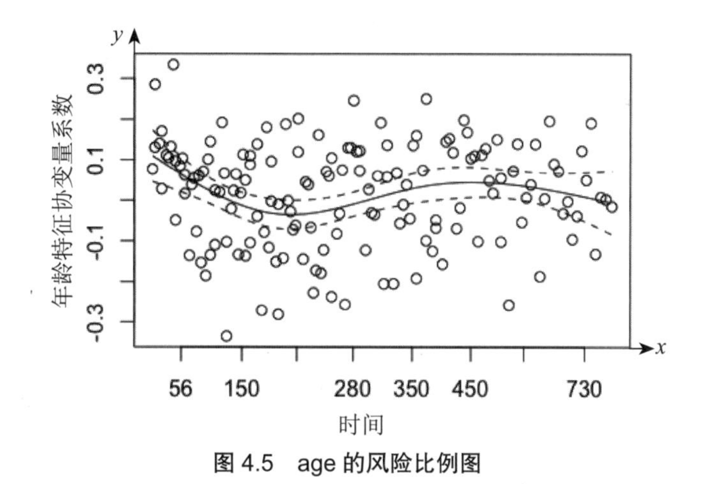

图 4.5　age 的风险比例图

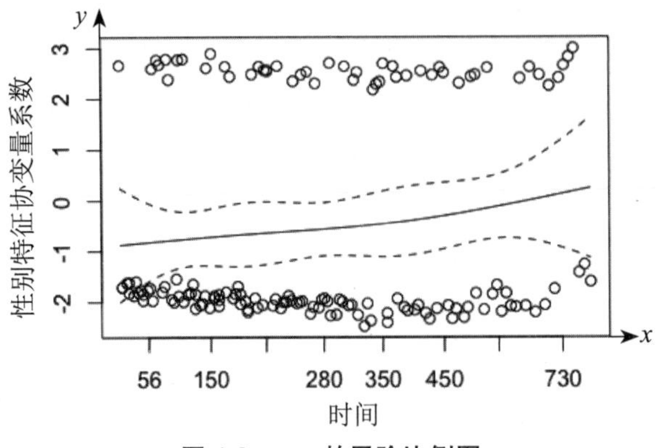

图 4.6 sex 的风险比例图

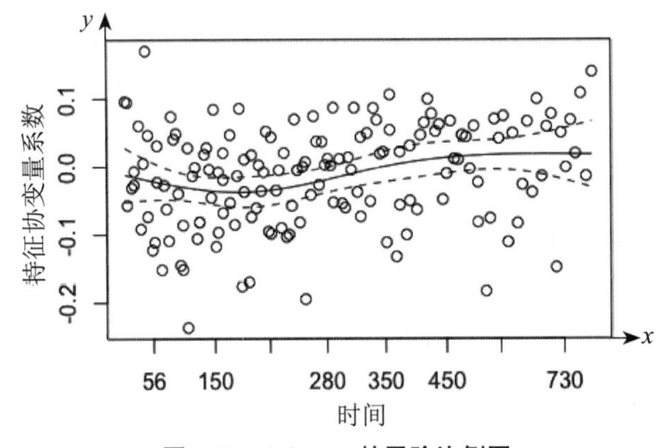

图 4.7 ph.karno 的风险比例图

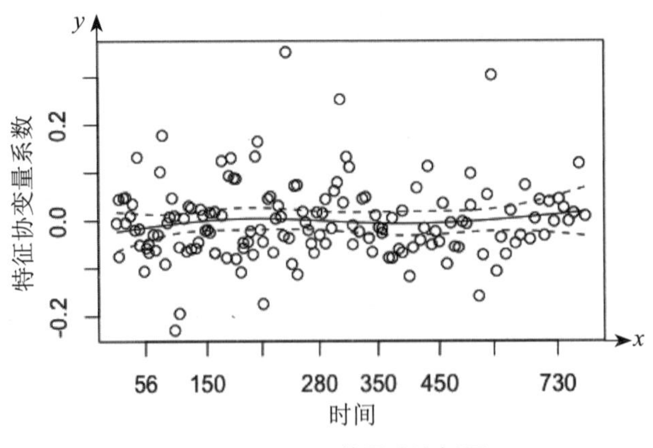

图 4.8 wt.loss 的风险比例图

在图 4.5～图 4.8 中，x 轴表示时间，y 轴表示不同特征的协变量系数。该检验的零假设为协变量的效应（系数）与时间无明显关系，可以看出 4 个变量的 p 值只有 ph.karno 小于 0.05，同时，整体的假设检验结果 P=0.01686<0.05，依据 α=0.05 的检验水准，应该拒绝原假设，认为该 Cox 回归模型不满足比例风险假定。

图 4.5～图 4.8 通过创建与时间的交互图形来检查模型中预测变量的比例。y 轴是风险比，x 轴是时间，因此如果曲线具有正斜率，则意味着随着时间的推移危险具有上升的倾向，因此其具有非比例性。如果曲线是平坦的，则意味着其具有比例性。图 4.5 与图 4.8 显示 age 和 wt.loss 的风险比比较平稳，图 4.6 与图 4.7 显示 ph.karno 和 sex 的风险比存在一定的趋势，因此同样可判断 Cox 回归模型不满足比例风险假定。

4.4.3 Coxph模型可视化

ggfortify 包中的 autoplot( ) 函数可以对 Coxph 模型进行可视化，如图 4.9 所示。

```
library(ggfortify)
autoplot(survfit(cox))
```

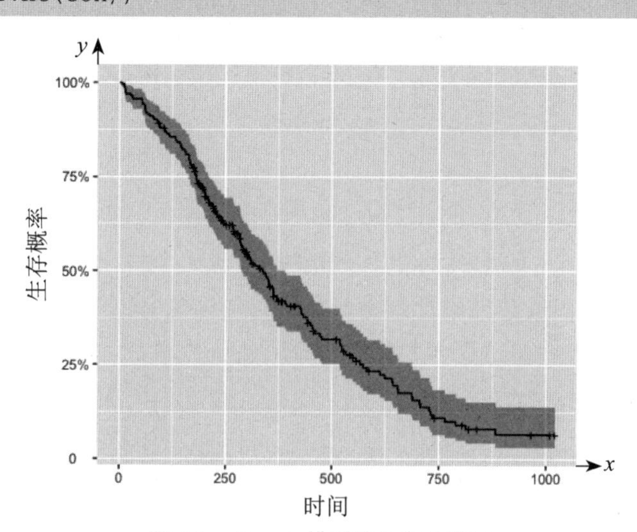

图 4.9　Coxph 模型的生存曲线图

在图 4.9 中，x 轴表示生存时间，y 轴表示生存的概率。可以将 Coxph 模型的生存曲线与非参数模型的生存曲线进行比较，非参数模型的生存曲线同样可以使用 autoplot( ) 进行绘制，如图 4.10 所示。

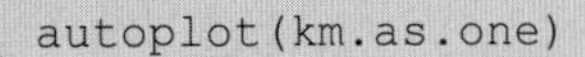

```
autoplot(km.as.one)
```

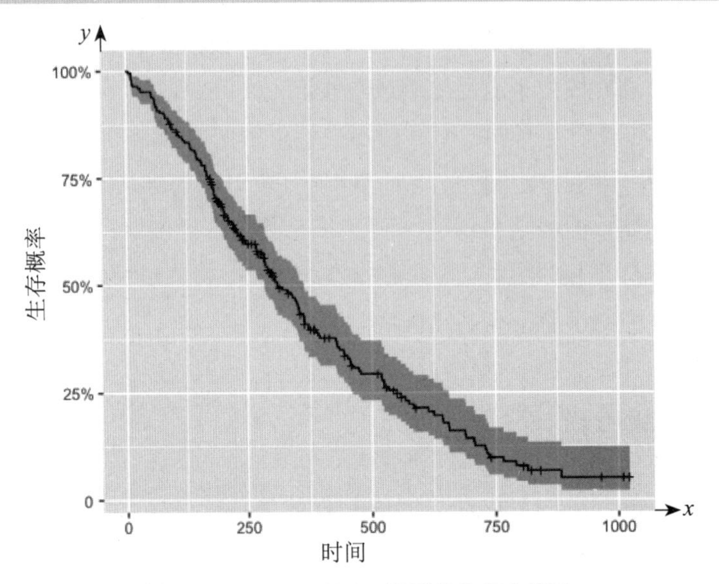

图 4.10　Kaplan-Meier 模型的生存曲线图

在图 4.10 中，x 轴表示生存时间，y 轴表示生存概率。可以发现，两种模型的生存曲线其实差异不大，原因之一是数据量比较小。当数据量比较大时，二者会有比较明显的区别。

4.4.4　预测

当构建好了模型之后，如果有一份新的数据，则可以使用构建好的模型进行预测。这里使用 lung 数据集的第二条数据进行预测，预测其生存概率。使用 survfit( ) 进行预测，第一个参数是构建好的模型，第二个参数是需要预测的新数据。

```
pc <- survfit(cox,newdata = lung[2,])
summary(pc,times = c(1,50,100,200,300*(1:3)))
## Call: survfit(formula = cox, newdata = lung[2, ])
##
##  time  n.risk  n.event  survival  std.err  lower95% CI  upper 95% CI
##     1  214     0        1.000     0.0000   1.0000       1.000
##    50  204     10       0.948     0.0170   0.9147       0.982
##   100  186     17       0.857     0.0291   0.8021       0.916
##   200  140     35       0.667     0.0446   0.5850       0.760
##   300  89      29       0.491     0.0523   0.3984       0.605
```

```
##    600   24      44         0.176      0.0462    0.1053        0.294
##    900   3       17         0.039      0.0229    0.0123        0.123
autoplot(pc)
```

在图 4.11 中，x 轴表示生存时间，y 轴表示生存概率。如图 4.11 所示，会预测出新数据每一天的生存概率。

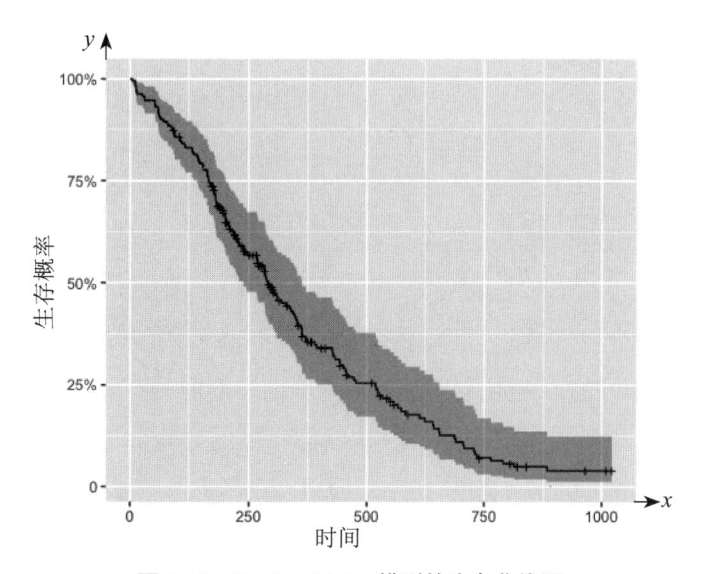

图 4.11 Kaplan-Meier 模型的生存曲线图

4.4.5 分层

如果有分类变量不满足比例风险假定，我们可以使用分层 Cox 回归模型。分层 Cox 回归假定层变量之间存在不同的基线风险。下面的代码以肿瘤大小为层变量，进行分层 Cox 回归。下面使用 ph.karno 进行分层，实现方式是对需要分层的特征调用 strata( ) 函数。

```
cox <- coxph(Surv(time = time, time2 = status) ~ age + sex +
                   strata(ph.karno) + wt.loss, data = lung)
summary(cox)
## Call:
## coxph(formula = Surv(time = time, time2 = status) ~ age + sex +
##     strata(ph.karno) + wt.loss, data = lung)
##
##   n= 214, number of events= 152
```

```
##    (14 observations deleted due to missingness)
##
##              coef      exp(coef)    se(coef)    z         Pr(>|z|)
## age       0.018253     1.018421     0.010021   1.821     0.068536 .
## sex      -0.603327     0.546989     0.180373  -3.345     0.000823 ***
## wt.loss -0.005364     0.994651     0.006693  -0.801     0.422881
## ---
## Signif. codes: 0 '***' 0.001 '**' 0.01 '*' 0.05 '.' 0.1 ' ' 1
##
##          exp(coef)     exp(-coef)  lower .95     upper .95
## age         1.0184      0.9819      0.9986        1.039
## sex         0.5470      1.8282      0.3841        0.779
## wt.loss     0.9947      1.0054      0.9817        1.008
##
## Concordance= 0.615  (se = 0.028 )
## Rsquare= 0.069   (max possible= 0.983 )
## Likelihood ratio test= 15.38  on 3 df,   p=0.002
## Wald test            = 14.58  on 3 df,   p=0.002
## Score (logrank) test = 14.94  on 3 df,   p=0.002
```

注意，分层 Cox 回归是调整层变量因素后得到的，层变量不出现在模型之中。

若想获得分层的 Cox 回归的生存概率预测值，可以为每一层绘制一个生存曲线，如图 4.12 所示。

```
pre <- survfit(cox,newdata = lung[2,])
pre
## Call: survfit(formula = cox, newdata = lung[2, ])
##
##                  n      events   median     0.95LCL    0.95UCL
## ph.karno=50     5       4        177        107        NA
## ph.karno=60    18      15        153         71        524
## ph.karno=70    31      28        208        163        291
## ph.karno=80    63      44        239        183        363
## ph.karno=90    68      43        345        268        457
## ph.karno=100   29      18        353        320        791
autoplot(pre)
```

在图 4.12 中，x 轴表示生存时间，y 轴表示生存概率。这里数据被分成了 6 层，因此会有 6 条生存曲线。

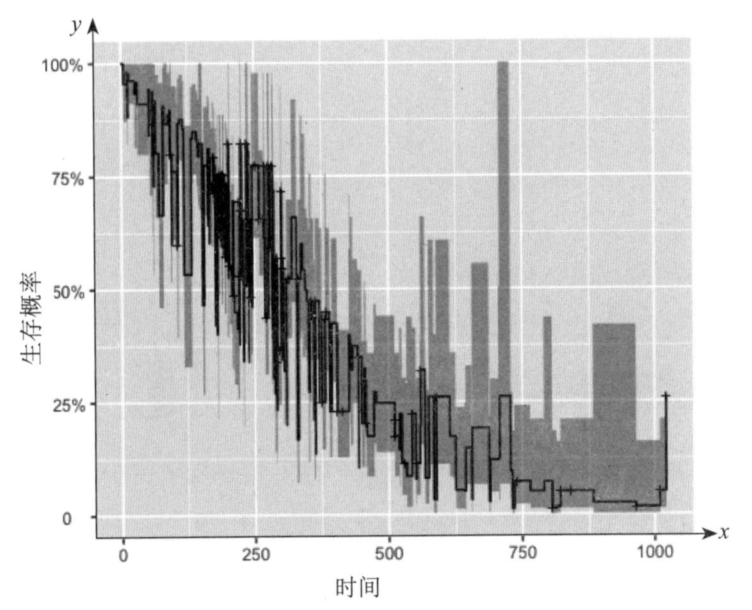

图 4.12 分层预测结果的模型的生存曲线图

4.5 参数模型

参数模型与非参数模型非常相似，不同点在于需要定义什么分布拟合数据，如指数分布。参数模型的效果最好，但是困难点在于不容易找到合适的分布。参数模型是去寻找合适的分布，因此，可以使用 AIC 准则来判断当给定模型时，数据信息丢失了多少。AIC 值越小，模型拟合得越好。另外，这里用到的包是 flexsurv，用到的函数是 flexsurvreg( )，其中使用 dist 参数指定使用的分布。下面这段代码分别拟合了 10 种分布的模型，并且通过 AIC 准则比较哪一种模型最合适；使用 flexsurvreg( ) 来构建参数模型，第一个参数依然是公式，公式的左边是一个生存对象，第二个参数是 dist，用于指定使用什么分布进行拟合；然后通过 AIC 函数来获取模型的 AIC 值。

```
attach(lung)
S <- Surv(time, status)
Dist <- c("exp", "weibull", "lnorm", "gamma", "gompertz",
   "gengamma", "gengamma.orig", "genf", "genf.orig", "llogis")
AIC <- matrix(ncol = 2, nrow = 10)
```

```
for(i in 1:10){
  AIC[i,1] <- Dist[i]
  #model <- flexsurvreg(S ~ 1, dist=Dist[i])
  model <- flexsurvreg(S ~ 1, dist=Dist[i]) # fit the exponential model
  AIC[i,2] <- AIC(model)
}

colnames(AIC) <- c("Distribution", "AIC")
AIC <- base::transform(AIC, Distribution = as.character(Distribution),
                 AIC = as.factor(AIC))
#### clean up AIC
AIC$AIC <- as.numeric(levels(AIC$AIC)[AIC$AIC])
AIC[order(AIC$AIC),]
##      Distribution        AIC
## 2         weibull        2311.702
## 7   gengamma.orig        2313.380
## 6        gengamma        2313.380
## 4           gamma        2313.469
## 5        gompertz        2314.711
## 8            genf        2315.153
## 9       genf.orig        2315.153
## 10         llogis        2325.862
## 1             exp        2326.676
## 3           lnorm        2342.538
```

当比较可以在R语言中使用的不同分布的AIC时，Weibull分布具有最低的AIC（2311.702），这意味着它是适合数据的最佳分布。

然后重新构建Weibull分布的拟合模型，以图形方式查看Weibull分布的模型拟合结果，如图4.13所示。

```
weibmodel<-flexsurvreg(S ~ 1, dist="weibull")
plot(weibmodel, ylab="Survival probability",
     xlab="Time", main = "Weibull Survival Plot")
legend("topright",legend=c("KM Plot","Fitted"),
       lty=c(1,1),col=c("black","red"), cex=0.75)
```

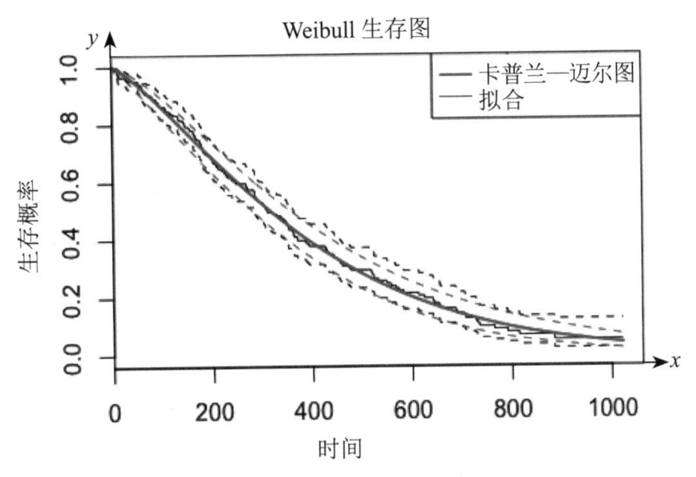

图 4.13 Weibull 模型的生存曲线图

相对平滑的曲线代表拟合，表示拟合的 Weibull 图；围绕拟合曲线波动的曲线代表卡普兰—迈尔图，表示 Kaplan-Meier 图虚线表示生存曲线的置信区间。根据图 4.13，我们可以看到卡普兰—迈尔图和拟合 Weibull 图之间的精度差异，特别是在 375 天左右的差异。由于数据集较小，卡普兰—迈尔图和拟合 Weibull 图看起来非常相似，但参数模型允许更精确的参数估计，并允许更多的预测建模。

构建好生存分析的参数模型后，对于新样本，可以使用模型进行预测。这里比较特殊，需要使用 summary( ) 函数进行预测，第一个参数是构建好的模型；第二个参数是 newdata，是需要预测的数据集；第三个参数是 t，表示预测第多少天的生存概率。

```
pre <- summary(weibmodel,newdata= lung[2,],t = c(100, 200, 300, 400,
500,600))

pre
## =
##     time        est          lcl          ucl
## 1   100         0.8588388    0.8202131    0.8927476
## 2   200         0.6844801    0.6337248    0.7342070
## 3   300         0.5238260    0.4715455    0.5788625
## 4   400         0.3889118    0.3337847    0.4442865
## 5   500         0.2816790    0.2278833    0.3337719
## 6   600         0.1997281    0.1491217    0.2499716
```

这里，预测出了样本 100 ～ 600 天的生存概率。

4.6 随机生存森林模型

随着机器学习的发展，机器学习模型被应用于生存分析的问题上，其中包括随机生存森林模型。有几个包可以实现随机生存森林，包括 ranger、randomForestSRC。本节通过 ranger 包实现随机生存森林模型。

随机生存森林模型通过 ranger( ) 函数构建，ranger( ) 为数据集中的每个观察值建立一个模型。下面代码块使用前面 Cox 模型中使用的数据及变量构建模型，并绘制 20 条随机曲线，以及实线表示所有患者的全局平均值的曲线。使用 ranger( ) 构建随机生存森林模型，第一个参数依然是公式，公式的左边是一个生存对象；第二个参数是 data，表示用于建模的数据集；第三个参数是 mtry，用于表示所选取的特征数目；第四个参数是 importance，用于指定变量重要性的模型；第五个参数是 splitrule，用于指定决策树的划分指标；第六个参数是 verbose，表示是否显示运行状态。所绘制的 Kaplan-Meier 模型的生存曲线图如图 4.14 所示。

```
library(ranger)
r_fit <- ranger(Surv(time, status) ~ age + sex +
                  ph.karno + wt.loss, data = na.omit(lung),
                      mtry = 4,
                      importance = "permutation",
                      splitrule = "extratrees",
                      verbose = TRUE)

# Average the survival models
death_times <- r_fit$unique.death.times
surv_prob <- data.frame(r_fit$survival)
avg_prob <- sapply(surv_prob,mean)

# Plot the survival models for each patient
plot(r_fit$unique.death.times,r_fit$survival[1,],
      type = "l",
      ylim = c(0,1),
      col = "red",
      xlab = "days",
      ylab = «survival»,
      main = «Patient Survival Curves»)

#
cols <- colors()
for (n in sample(c(2:dim(veteran)[1]), 20)){
```

```
  lines(r_fit$unique.death.times, r_fit$survival[n,], type = "l", col =
cols[n])
}
lines(death_times, avg_prob, lwd = 2)
legend(500, 0.7, legend = c('Average = black'))
```

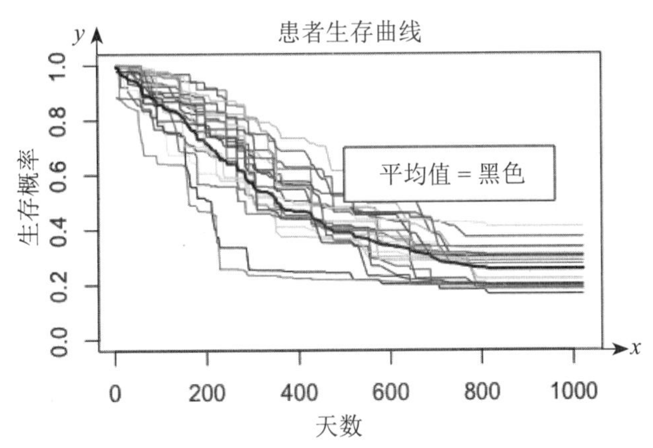

图 4.14　Kaplan-Meier 模型的生存曲线图

在图 4.14 中，x 轴表示生存时间，y 轴表示生存概率。图 4.14 显示了随机生存森林模型中每个树的生存函数曲线及平均的生存函数曲线。

接下来显示变量的重要性，模型的属性 variable.importance 指定了数据的重要性。

```
vi <- data.frame(sort(round(r_fit$variable.importance, 4), decreasing =
TRUE))
names(vi) <- "importance"
head(vi)
##              importance
## ph.karno     0.0254
## sex          0.0221
## wt.loss      -0.0032
## age          -0.0062
```

从结果可以看出，随机生存森林模型将 sex 和 ph.karno 当作较重要的两个模型，这与上文中 Cox 模型 p 值显著的两个变量相同。

构建好模型之后，如果需要预测新数据的生存曲线，可以通过 ranger 的 predict( ) 函数进行预测，预测数据使用 lung 的第二条数据。随机生存森林预测结果的生存曲线图如图 4.15 所示。

```
p <- predict(r_fit,data = lung[2,])
plot(p$survival,type = 'l', ylab="Survival probability",
     xlab="Time", main = "Predict Survival Plot")
```

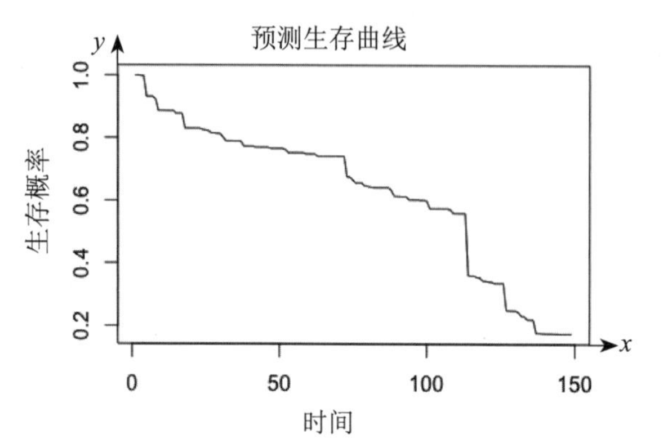

图 4.15　随机生存森林预测结果的生存曲线图

在图 4.15 中，x 轴表示生存时间，y 轴表示生存概率。模型构建好之后，对于新的数据，就可以使用这样的方式进行预测，从而获得一个新样本的生存曲线。

4.7　总　　结

生存分析是研究被观察对象会在何时发生某个事件的问题。传统的线性分析并不能很好地解决生存分析的问题：

- 生存数据中，时间是一个正数，线性回归的预测范围涵盖了负数。
- 线性回归问题不能很好地处理删失数据。

通过生存分析，我们希望能够得到研究对象的生存情况随时间变化的特点，估计生存率和平均生存时间，进而研究影响生存时间和观察时间的保护因素和不利因素。常用的方法有 3 种，分别是非参数方法、半参数方法及参数方法。本章最后介绍了机器学习在生存分析领域的应用。

第5章 主成分分析

在数据分析项目中，经常遇到的情况是有很多数据可以用，这是一件好事，但是有的时候这些数据中存在很多冗余数据，也就是说数据存在相关性或者共线性。这种情况给数据分析带来了很多麻烦。不必要的特征太多会导致模型过于复杂，共线性、相关性会导致模型不稳定，即数据微小的变化会使模型结果发生很大变化。主成分分析是解决这种问题的一个工具。

5.1 概　　述

主成分分析简称 PCA，PCA 是一个很好的预处理工具，用于挑选最相关的变量线性组合，并在预测模型中使用它们。PCA 有助于我们找出数据中变化最大的变量。PCA 也是一种解决数据共线性问题的方式。

PCA 的唯一缺点是它以无监督的方式生成主成分，即与数据的标签没有任何关系。如果最终的目的是构建模型的话，那么选出来的主成分不一定对标签或者因变量有很好的预测能力。本章会介绍 PCA 的一些基本概念，并且使用 R 语言进行主成分分析。

5.1.1 维度相关的问题

有两个因素会使得数据的维度变得非常高。首先是具有不同级别的分类变量，其次是数据集中的冗余变量。当所构建的模型中包含分类变量时，我们使用虚拟变量，并且分类变量中的级别数越多，我们创建的虚拟变量就越多，这会增加维度。冗余变量代表数据集中的信息不够精简，多个特征描述了同一信息。例如，数据集中有 3 个特征，即收益、成本、利润率，这 3 个特征就存在冗余，因为第三个特征是通过前两个特征生成的，因此可以删除冗余特征。

多重共线性（共线性）可以定义为回归模型中的两个或更多个变量高度相关的现象，这意味着模型数据中存在一定的冗余。

冗余变量和多重共线性会造成很多问题，例如：

- 破坏参数估计的稳定性。
- 混淆模型解释。
- 增加过度拟合的风险。
- 增加计算时间。

输入数据的微小变化（如删除或添加单个变量）会导致模型发生较大变化，甚至导致参数符号更改。此外，多重共线性增加了系数估计的方差或标准误差，使其对微小变化敏感，从而导致解释困难。

当我们讨论数据集的最佳回归模型时，这意味着模型会考虑预测变量，其中每个预测变量与目标 / 因变量相关，但相互之间几乎没有关联。这种模型称为低噪声模型，具有很强的鲁棒性。如果变量本身之间的相关性很高，并且我们在训练数据集上获得了很高的预测能力，那么我们可能无法实现在测试数据集上相同的结果。

5.1.2 检测多重共线性

在了解了多重共线性如何影响我们的分析和模型的预测能力之后，学习如何检测数据中的多重共线性非常重要。

可通过以下方法检测多重共线性。

- 如果模型中的 R 平方值很大，则模型的 F 检验是显著的，但系数估计的 t 检验不是显著的，此时可能存在多重共线性。
- 如果变量之间的相关性很大，则存在多重共线性。
- 通过方差膨胀因子来检测的多重共线性。

5.1.3 方差膨胀因子

在检测多重共线性时提到的一点是，变量对之间的相关性很大，但有时只关注预测变量对之间的相关性可能是一个限制因素。

成对相关性的可能很小，但 3 个或更多变量之间存在线性相关。例如，X_1、X_2 和 X_3 之间的关系由线性方程定义，例如，$X_3 = 3X_1 + 4X_2 + \text{Error}$。对于这种情况，我们使用方差膨胀因子。

如果 VIF 的值大于 10，则这表明变量之间存在一些严重的相关性。

这里不讨论 VIF 的数学推导过程。VIF 的公式为

$$\text{VIF} = 1/\left(1 - R\text{square}\right)$$

多重共线性与高纬度的补救措施包括：

- 检查其中一个变量是否重复。
- 删除冗余变量。
- 通过收集更多数据来增加样本量。
- 平均中心预测变量。
- 预测变量的标准化（如果均值中心没有影响）。
- 主成分分析、岭回归、偏最小二乘回归。

在本章中，我们将借助示例讨论主成分分析。

5.2 主成分分析详解

主成分分析经常用于对数据的降维，通过选择具有较高方差的主成分来替代原始的数据。主成分分析的另一个主要用途是解决多重共线性问题。此外，通过仅对所有主成分的子集进行回归，主成分分析可以显著降低基础模型的参数数量。

5.2.1 主成分分析的定义

假设，最初模型中有 p 个预测变量 $x_1, \cdots, x_p$ 每个都有 n 条记录，则数据矩阵如下所示：

$$\boldsymbol{D} = \begin{pmatrix} x_{11} & x_{12} & \cdots & x_{1p} \\ x_{21} & x_{22} & \cdots & x_{2p} \\ \vdots & \vdots & & \vdots \\ x_{n1} & x_{n2} & \cdots & x_{np} \end{pmatrix}$$

通过主成分分析，我们将生成新的数据矩阵 $D^\star$，其有 n 个记录、k（$k<<p$）个变量。需要注意的是，在此过程中实际生成了一些新的变量，主成分分析有助于识别数据变化最

大的 k 个变量。

主成分分析使用如下线性变换：

$$\begin{pmatrix} U_1 \\ U_2 \\ \vdots \\ U_p \end{pmatrix} = \begin{pmatrix} a_{11} & \cdots & a_{1p} \\ a_{21} & \cdots & a_{2p} \\ \cdots & & \cdots \\ a_{p1} & \cdots & a_{pp} \end{pmatrix} \begin{pmatrix} X_1 \\ X_2 \\ \vdots \\ X_p \end{pmatrix} \tag{5.1}$$

5.2.2 主成分分析的简单原理

假设在最后一步中生成的 p 个新变量是 $U_1,U_2\cdots,U_p$，其满足以下两个条件。

- 新变量将是不相关的（或正交的）。
- 最大的变化将沿着 U_1，第二大变化将沿着 U_2，第三大变化将沿着 U_3，以此类推。

主成分分析的原理其实很简单，其本质上是数据的线形转换。使用$\sum$表示 $X_1,X_2\cdots,X_p$ 的方差 - 协方差矩阵，则有

$$\sum = \begin{pmatrix} \sigma_{11}^2 & \cdots & \sigma_{1p}^2 \\ \sigma_{21}^2 & \cdots & \sigma_{2p}^2 \\ \vdots & & \vdots \\ \sigma_{p1}^2 & \cdots & \sigma_{pp}^2 \end{pmatrix} \tag{5.2}$$

式中，$\sigma_{ii}(1 \leqslant i \leqslant p)$ 是 X_i 的方差，$\sigma_{ij}(i \neq j)$ 是 X_i 和 X_j 之间的协方差。

根据式（5.2），令

$$U_1 = a_{11}X_1 + \cdots + a_{1p}X_p \tag{5.3}$$

则有

$$\begin{aligned} \mathrm{Var}(U_1) &= a_{11}^2 \mathrm{Var}(X_1) + \cdots + a_{1p}^2 \mathrm{Var}(X_p) \\ &= a_{11}^2\sigma_1^2 + \cdots + a_{1p}^2\sigma_2^2 + \sum_{k \neq l} \mathrm{Cov}(X_k, X_l) \\ &= a_1' \sum a_1 (\mathrm{notecarefully}) \end{aligned} \tag{5.4}$$

注意，仅通过增加 $a_{11},\cdots a_{1p}$ 的值就可以增加 U_1 的方差。如果可以无限地增加系数，则方差也将无限增加。为了简化计算，必须对其进行限制。通过设置约束 $\sum_{i=1}^{p} a_{1i}^2 = a_1 a_1' = 1$，即

a_1 长度的平方是 1，可以使方差达到最大。

现在问题是在约束 $a_1{}'a_1=1$ 时，最大化 $a_1{}'\sum a_1$。为解决此优化问题，按如下方式进行：

$$L_1 = a_1'\sum a_1 - \lambda_1 \times (a_1 a_1' - 1) \tag{5.5}$$

最后得到$\sum$的特征值为 λ_1， a_2 为对应的特征向量。

同样，对于 U_2，优化方程式可表示为

$$L_2 = a_2'\sum a_2 - \lambda_2 \times (a_2' a_2 - 1) - m_2 \times (a_2' a_2 - 0) \tag{5.6}$$

同样，这里会得到 m_2=0，λ_2 作为$\sum$的第二个特征值，a_2 作为相应的特征向量，以此类推。

5.2.3 主成分分析的算法

假设原始模型中最初有 p 个预测变量，它们是 $X_1, X_2, \cdots, X_p$。

（1）计算 $X_1, X_2, \cdots, X_p$ 的方差—协方差矩阵或相关矩阵，即 $X_1, X_2, \cdots, X_p$。

（2）进行 $X_1, X_2, \cdots, X_p$ 的特征分析。

（3）通过降低数量级对特征值进行排序，并将它们存储为一组排序的（特征值，特征向量）对。

（4）计算主成分（Principal Component，PC）的解释方差比例及解释方差的累积和。

（5）如果在最后一步中计算的累积和非常接近 1，则仅选择第一个 k 特征值。这个 k PC 足以捕获由原始变量生成的几乎相同量的可变性。

（6）相应地提取所有 k 个特征向量，并且仅通过将它们从左到右并排保持来制作变换矩阵 $\boldsymbol{W}$。该变换矩阵的阶数为 $n \times k$。

（7）执行以下转换步骤以生成阶数据矩阵。

$$\begin{aligned}\boldsymbol{D}^* &= \begin{pmatrix} x_{11} & x_{12} & \cdots & x_{1p} \\ x_{21} & x_{22} & \cdots & x_{2p} \\ \vdots & \vdots & & \vdots \\ x_{n1} & x_{n2} & \cdots & x_{np} \end{pmatrix}\begin{pmatrix} w_{11} & w_{12} & \cdots & w_{1k} \\ w_{21} & w_{22} & \cdots & w_{2k} \\ \vdots & \vdots & & \vdots \\ w_{p1} & w_{p2} & \cdots & w_{pk} \end{pmatrix} \\ &= \begin{pmatrix} y_{11} & y_{12} & \cdots & y_{1k} \\ y_{21} & y_{22} & \cdots & y_{2k} \\ \vdots & \vdots & & \vdots \\ y_{n1} & y_{n2} & \cdots & y_{nk} \end{pmatrix}\end{aligned} \tag{5.7}$$

5.3 使用R语言进行主成分分析

在R语言中有很多方法可以实现主成分分析，如基础的prcomp( )函数、psych包中的principal( )函数都可以用于主成分分析。在进行主成分分析之前，需要判断需要选取多少个主成分。判断的准则很多，包括：

- 根据经验或者理论知识判断主成分个数。
- 根据解释变量方差的积累值的阈值来判断保留的主成分个数。
- 通过变量间的关系矩阵来判断需要保留的主成分个数。
- 基于特征值进行判断，根据Kaiser-Harris准则建议保存特质大于1的主成分。
- 使用Cattell碎石图进行判断，碎石图绘制了特征值与主成分数量，这类图可以清晰地展示特征值与主成分个数之间的关系，图形变化最大之前的主成分都可以保留。
- 平行分析法，其原理是模拟一个与原数据集相同大小的矩阵来判断提取的特征值，若真实的某个特征值大于随机数据矩阵的平均特征值，则可以保留。

利用psych包中的fa.parallel( )函数可以对3种准则（特征值大于1、碎石检验、平行分析）进行评价。所用到的数据集是psych包中自带的一个数据集——Thurstone。使用fa.parallel( )构建碎石图的参数是需要进行主成分分析的数据集。碎石图如图5.1所示。

```
library(psych)
fa.parallel(Thurstone,fa="pc")
## Warning in fa.parallel(Thurstone): It seems as if you are using a
## correlation matrix, but have not specified the number of cases. The
number
## of subjects is arbitrarily set to be 100
## Parallel analysis suggests that the number of factors =  3  and the
number of components =  1
```

在图5.1中，x轴表示主成分的个数。y轴表示主成分的特征值。Parallel Analysis Scree Plots是这幅图的名称，表示绘制的是碎石图。其中PC Actual Data表示实际数据主成分分析的碎石图结果，PC Simulated Data表示模拟数据的主成分分析碎石图结果。FA Actual Data表示实际数据的因子分析的碎石图结果，FA Simulated Data表示模拟数据的因子分析的碎石图结果。

图5.1所示碎石图的结果给出了3种准则的评判结果。从结果中可以发现，特征值大于1的特征包含3个；碎石图的曲线从第一个特征到第二个特征之间有急剧的变化，因此，选取第一个主成分；根据平行分析法，有一个特征大于随机矩阵的特征，总而言之，选取

一个主成分最合适。

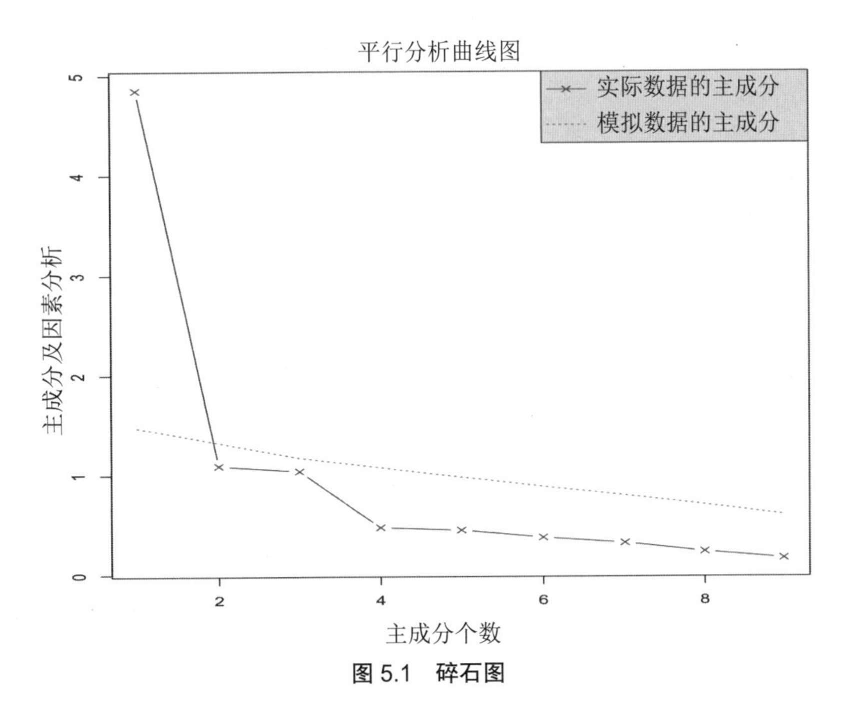

图 5.1　碎石图

5.3.1　主成分分析的实现

使用 prcomp( ) 函数和 psych 包的 principal( ) 函数可以实现主成分分析。对于 prcomp( ) 而言，传入需要进行主成分分析的原始数据即可得到主成分分析的结果。

```
com <- prcomp(Thurstone)
com
## Standard deviations (1, .., p=9):
## [1] 4.068067e-01 3.717632e-01 1.747973e-01 1.614655e-01 1.328383e-01
## [6] 1.137641e-01 8.417453e-02 5.966690e-02 5.671327e-17
##
## Rotation (n x k) = (9 x 9):
##                          PC1        PC2        PC3         PC4
## Sentences         -0.51809588 0.01904674  0.2219406 -0.10347521
## Vocabulary        -0.50023933 0.09586015  0.1948562 -0.03929555
## Sent.Completion   -0.51043041 0.05906835  0.1922287 -0.05061761
## First.Letters      0.17889726 0.41142018  0.2781580  0.28375796
## Four.Letter.Words  0.22201272 0.34066448  0.3832537  0.47143714
## Suffixes          0.06316668 0.48794084 -0.5349420 -0.38650203
```

```
## Letter.Series      0.12799298 -0.46305936  0.1213871  0.04342013
## Pedigrees         -0.18269477 -0.36539660 -0.4557516  0.57758413
## Letter.Group       0.29283881 -0.34002238  0.3780991 -0.44445752
##                          PC5          PC6          PC7         PC8
## Sentences          0.06248519 -0.111471957  0.40722485 -0.68008332
## Vocabulary         0.09218721 -0.016188107  0.42092377  0.71770206
## Sent.Completion   -0.10617941  0.099931122 -0.76715103  0.04517829
## First.Letters      0.05821963  0.752293096  0.13448197 -0.06117109
## Four.Letter.Words -0.04884194 -0.625099183 -0.02856458  0.03809150
## Suffixes          0.12836566 -0.114136797  0.06024721  0.04481668
## Letter.Series      0.77851211  0.004042136 -0.05517789  0.05033184
## Pedigrees         -0.32964974  0.079329046  0.14775329  0.03158129
## Letter.Group      -0.48920364  0.035988647  0.14513339  0.09806774
##                          PC9
## Sentences         0.163013221
## Vocabulary        0.004977171
## Sent.Completion   0.290922025
## First.Letters     0.222883485
## Four.Letter.Words 0.264802257
## Suffixes         0.535941908
## Letter.Series     0.375364298
## Pedigrees         0.392434091
## Letter.Group      0.432241146
```

结果得到了所有的主成分，然后根据之前判断的主成分个数，选取相应的主成分，即可得到所需的结果。

另一种方式是使用 principal( ) 进行主成分分析，其可以通过原始数据矩阵或者相关系数矩阵进行主成分分析，其主要的参数如下。

- r：原始数据矩阵或者相关系数矩阵。
- nfactors：选取的主成分个数，默认为 1。

使用第二种方式进行主成分分析：

```
com <- principal(r = Thurstone,nfactors = 1)
com
## Principal Components Analysis
## Call: principal(r = Thurstone, nfactors = 1)
## Standardized loadings (pattern matrix) based upon correlation matrix
##                    PC1   h2   u2 com
## Sentences         0.82 0.67 0.33   1
## Vocabulary        0.84 0.70 0.30   1
## Sent.Completion   0.80 0.65 0.35   1
## First.Letters     0.72 0.52 0.48   1
## Four.Letter.Words 0.71 0.51 0.49   1
```

```
## Suffixes           0.67 0.45 0.55    1
## Letter.Series       0.67 0.45 0.55    1
## Pedigrees           0.70 0.50 0.50    1
## Letter.Group        0.64 0.41 0.59    1
##
##                    PC1
## SS loadings       4.85
## Proportion Var 0.54
##
## Mean item complexity =  1
## Test of the hypothesis that 1 component is sufficient.
##
## The root mean square of the residuals (RMSR) is  0.12
##
## Fit based upon off diagonal values = 0.94
```

接下来分析结果，PC1 栏是成分荷载（Component Loadings），表示观测变量与主成分的相关系数，如果不止提取一个主成分，那么会有 PC2 栏或者 PC3 栏目。成分荷载可以用来解释成分的含义。从结果中可以看出，PC1 与所有的变量都相关，因此，这个主成分是可以用来进行一般性评价的维度。h2 是公因子方差，表示主成分对每一个变量的解释程度。u2 表示唯一性，指的是变量无法被主成分解释的部分。SS loadings 包含了与主成分相关联的特征值。Proportion Var 表示每个主成分对整个数据集的解释程度。从结果中可以看出，第一个主成分解释了所有变量 54% 的方差。

5.3.2 主成分分析案例

在这里，这个例子将使用 USArrests 数据，该数据包含 4 个连续变量和 50 条记录。首先创建一个散点图矩阵来检查变量之间的关系，然后加载 USArrests 数据集。glimpse( ) 用于查看数据的结构；apply( ) 函数的使用方式类似于 for 循环，只是其效率更高，apply(USArrests,2,mean) 表示计算每一列的均值，apply( ) 的第一个参数是需要处理的数据集，第二个参数用于指定是对行进行处理还是对列进行处理（2 表示对列进行处理），第三个参数用于指定使用函数进行处理。

```
data("USArrests")
head(USArrests,3)
##         Murder Assault UrbanPop Rape
## Alabama   13.2     236       58 21.2
```

```
## Alaska    10.0     263        48 44.5
## Arizona    8.1     294        80 31.0
library(dplyr)
 #Explore the structure of the data
usarrests <- tbl_df(USArrests)
glimpse(usarrests)
## Observations: 50
## Variables: 4
## $ Murder    <dbl> 13.2, 10.0, 8.1, 8.8, 9.0, 7.9, 3.3, 5.9, 15.4,
17.4, 5…
## $ Assault  <int> 236, 263, 294, 190, 276, 204, 110, 238, 335, 211,
46, 1…
## $ UrbanPop <int> 58, 48, 80, 50, 91, 78, 77, 72, 80, 60, 83, 54, 83,
65,…
## $ Rape      <dbl> 21.2, 44.5, 31.0, 19.5, 40.6, 38.7, 11.1, 15.8,
31.9, 2…
apply(USArrests,2,mean)
##   Murder  Assault UrbanPop     Rape
##    7.788  170.760   65.540   21.232
apply(USArrests,2,var) #
##      Murder     Assault    UrbanPop        Rape
##   18.97047 6945.16571  209.51878   87.72916
```

每个变量的方差都有很大差异。在主成分分析中，平均值不起作用，但方差在定义 PC 中起主要作用，因此变量方差值的非常大的差异肯定会主导 PC。我们需要标准化变量以获得平均值 μ=0 和方差 σ=1 。为了标准化，我们使用 $X' = \frac{x + \text{mean}(x)}{\text{sd}(x)}$ 。

接下来，我们将变量标准化为零均值和单位标准差，这将消除变量之间的不可比的问题。这里编写了一个函数，函数输入一个向量作为参数，然后对传入的向量取平均值然后并标准差，函数返回处理之后的结果数据，然后对 USArrests 使用编写的函数进行标准化。

```
normalize <- function(x)
{
  return((x - mean(x))/sd(x))
}

# create normalized variables
usarrests2 <- usarrests %>%
  apply(2, normalize) %>%
  as.data.frame()
```

接下来对数据进行探索性分析，分析特征的分布及特征之间的相关性，这里使用的是 GGally 的 ggpairs( ) 函数，其可以绘制出特征的分布图、特征之间的散点图，以及特征的相关系数。Ggpairs( ) 的第一个参数是数据集；第二个参数是 columns，用于指定选择哪些变量进行绘图。散点图矩阵如图 5.2 所示。

```
library(GGally)
## Loading required package: ggplot2
##
## Attaching package: 'ggplot2'
## The following objects are masked from 'package:psych':
##
##     %+%, alpha
##
## Attaching package: 'GGally'
## The following object is masked from 'package:dplyr':
##
##     nasa
ggpairs(data = usarrests2,
        columns = 1:4,progress = F)
```

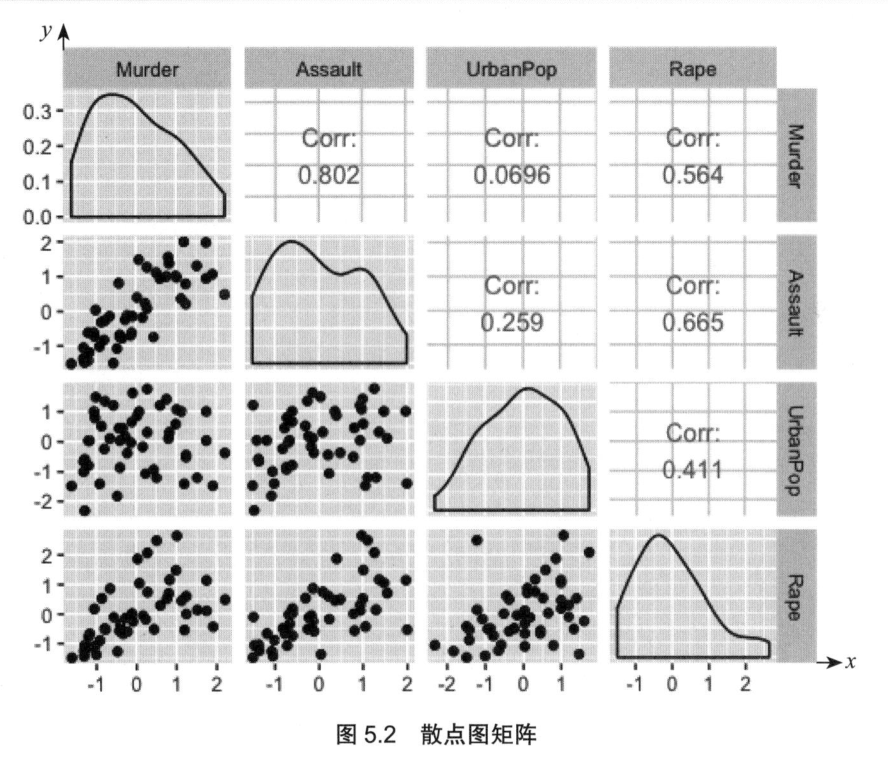

图 5.2 散点图矩阵

在图 5.2 中，x 轴和 y 轴代表着不同的特征。从图 5.2 中可以看出，Murder 与 Assault、Assault 与 Rape、Murder 与 Rape、UrbanPop 与 Rape 都是高度相关的。因此，数据存在比

较严重的共线性问题。

下面判断主成分个数，结果的碎石图如图 5.3 所示。

```
fa.parallel(usarrests2,fa="pc")
```

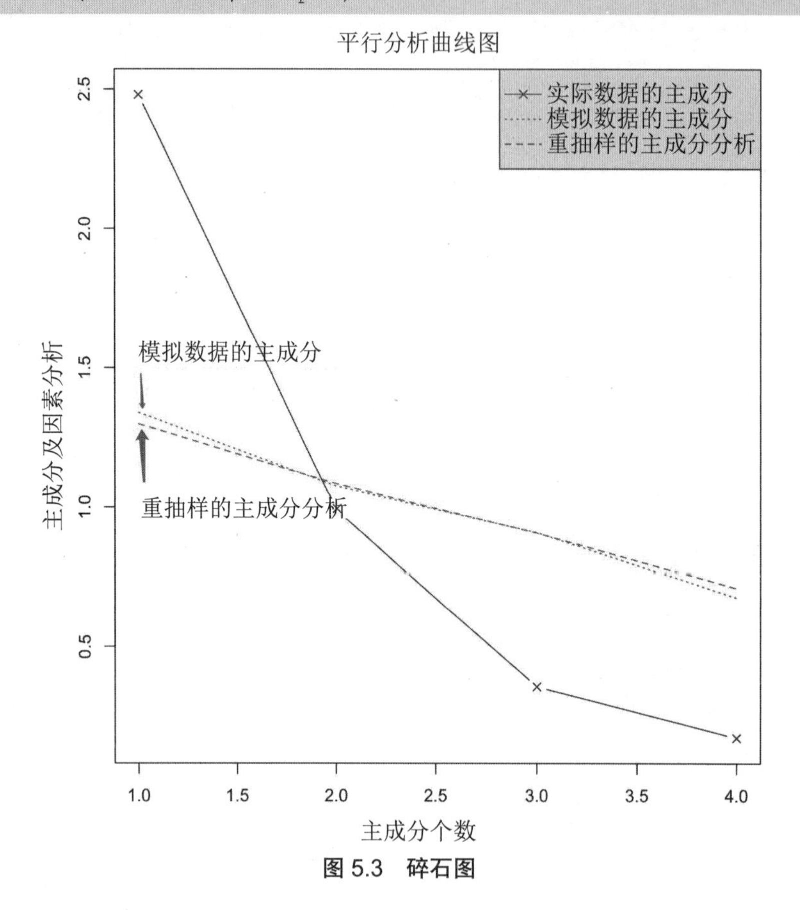

图 5.3　碎石图

```
## Parallel analysis suggests that the number of factors =  2  and the
 number of components =  1
```

在图 5.1 中，x 轴表示主成分的个数。y 轴表示主成分的特征值。

从碎石图来看，可以选取一个主成分。

然后分别进行主成分分析：

```
pca.out<-prcomp(usarrests2)
pca.out
```

```
## Standard deviations (1, .., p=4):
## [1] 1.5748783 0.9948694 0.5971291 0.4164494
##
## Rotation (n x k) = (4 x 4):
##                PC1        PC2        PC3         PC4
## Murder   -0.5358995  0.4181809 -0.3412327  0.64922780
## Assault  -0.5831836  0.1879856 -0.2681484 -0.74340748
## UrbanPop -0.2781909 -0.8728062 -0.3780158  0.13387773
## Rape     -0.5434321 -0.1673186  0.8177779  0.08902432
summary(pca.out)
## Importance of components:
##                           PC1    PC2     PC3     PC4
## Standard deviation     1.5749 0.9949 0.59713 0.41645
## Proportion of Variance 0.6201 0.2474 0.08914 0.04336
## Cumulative Proportion  0.6201 0.8675 0.95664 1.00000
```

现在我们可以看到最大的方差百分比由 PC1 解释，并且所有的 PC 都是不相关的。大约 62% 的方差由 PC1 解释，从这个结果同样可以判断，选取一个主成分即可。

让我们建立一个双重图来更好地理解。使用 biplot( ) 绘制双重图，biplot 的第一个参数是主成分分析的结果，其他参数是对图形细节的调整。主成分分析的双重图结果如图 5.4 所示。

```
biplot(pca.out,scale = 0, cex=0.65)
```

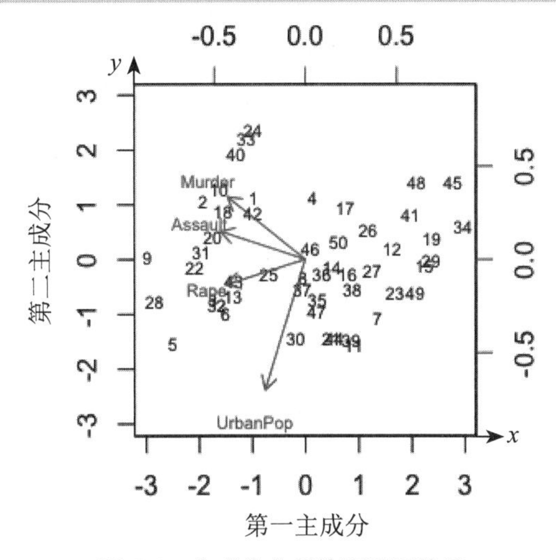

图 5.4　主成分分析的双重图结果

在图 5.4 中，x 轴和 y 轴分别表示第一主成分和第二主成分。在图 5.4 中，箭头表示变量，每个方向表示解释变化最多的方向。可以看到，第二主成分与所有变量都非常相关，可以用来描述所有特征。第一主成分主要与 Murder 和 UrbanPop 相关。

5.4 总　　结

主成分分析是数据分析中比较常用的一种方法，有着非常广泛的应用。主成分分析的要点之一是判断主成分的个数，毕竟最常使用它的场景是数据的降维，这种方法可以用一组不相关变量来替代大量相关的变量，进而简化分析过程。另外，本章还介绍了R语言中主成分分析的实现。

第6章 多维缩放

多维缩放在数据分析中非常常用，常常用于数据探索的过程中。一般而言，二维数据通过散点图展示，三维数据通过3D图进行展示，更高维度的数据很难使用图形展示。对于更高维度的数据，可以使用多维缩放的方法进行降维，然后进行可视化展示。

多维尺度缩减（MDS）是一种非线性投影类方法，可用于降维，可用于高维数据集的数据可视化。

多维缩放是一种将任何类型的对象之间的相似度作为输入并将其转换到低维空间的技术。相似度用于度量两个对象有多么相似或多么不同，或者这种对象的任何相似性。主要输出为低维空间的点。例如，将高维数据缩减为2维，这样其就可以通过二维图形进行展示。另外，主成分分析也是一种维度缩减的方法。

6.1 MDS的工作原理

MDS算法试图在低维空间中找到数据之间的关系，并且期望低维空间的数据间的距离尽可能地近似于数据原始的相似性度量。使用这个方法的好处是有助于对高维数据进行可视化。

对于其工作原理，首先给定 n 个 d 维的数据样本：

$$\boldsymbol{X}=\begin{bmatrix} x_{11} & x_{12} & \cdots & x_{1d} \\ x_{21} & x_{22} & \cdots & x_{2d} \\ \vdots & \vdots & & \vdots \\ x_{n1} & x_{n2} & \cdots & x_{nd} \end{bmatrix}$$

这 n 个样本之间的欧氏距离可以表示为以下矩阵：

$$d(X)=\begin{bmatrix}\delta_{11} & \delta_{12} & \cdots & \delta_{1n}\\ \delta_{21} & \delta_{22} & \cdots & \delta_{2n}\\ \vdots & \vdots & & \vdots\\ \delta_{n1} & \delta_{n2} & \cdots & \delta_{nn}\end{bmatrix}$$

式中，$\sigma_{ij}(X)=\sigma_{ij}$是样本$i$与样本$j$之间的欧氏距离。MDS的基本原理是在一个低维空间中，将n个数据嵌入这个空间中，使得数据彼此之间的相似度能够尽可能地保留。如果这个低维的空间是2维或者3维，则可以绘制出数据的可视化结果。假设将这n个样本映射到新的p维空间中，映射成的矩阵形式如下。

$$Y=\begin{bmatrix}y_{11} & y_{12} & \cdots & y_{1p}\\ y_{21} & y_{22} & \cdots & y_{2p}\\ \vdots & \vdots & & \vdots\\ y_{n1} & y_{n2} & \cdots & y_{np}\end{bmatrix}$$

式中，p应该远小于d，一般选择2或者3。通常而言，MDS的目标函数是

$$\sigma(X)=\sum_{i=1}^{n}\sum_{j=1}^{n}\left(\sigma_{ij}-\left\|y_i-y_j\right\|\right)^2$$

以上就是关于MDS的基本原理，下面会介绍MDS在R语言中的实现。

6.2 在R语言中实现MDS

在这一部分，用到的数据集是eurodist数据集，这个数据集提供了欧洲21个城市之间的道路距离（以km为单位）。数据来自剑桥大学百科全书。

```
data(eurodist)
eurodist
##              Athens Barcelona Brussels Calais Cherbourg Cologne
## Barcelona      3313
## Brussels       2963      1318
## Calais         3175      1326      204
## Cherbourg      3339      1294      583    460
## Cologne        2762      1498      206    409       785
```

在 R 语言中，常使用的多维缩放方法有 3 种。stat 包中的 cmdscale( ) 是经典的 Torgerson-Gower 缩放方法。对于经典的多维缩放，其尽可能保留点之间的原始距离度量。原始的度量距离就是 MDS 图形中的拟合距离。经典 Torgerson-Gower 缩放方法适用于定量数据。MASS 包中的 isoMDS( ) 和 sammon( ) 是两种非度量的多维缩放方法，对于非度量缩放，距离值的度量不是重要的或有意义的值，而是与其他对象之间的距离相关的值。例如，如果分开的对象 1 和对象 5 的距离在原始距离数据中排名第五，那么它们也应该在 MDS 配置中排名第五。其中，iso MDS( ) 用于计算 Kruskal 的非度量多维缩放，sammon( ) 用于计算 sammon 的非线性映射。本节会利用 eurodist 数据集实现这 3 种方法。

首先执行经典的 Torgerson-Gower 缩放。Torgerson-Gower 缩放是一种经典的多维缩放方法，这个方法是以数据的相似度作为实际的输入，输出结果是一个坐标矩阵。在这里使用 cmdscale( ) 函数进行缩放，第一个参数是 d，对应的是数据的相似度矩阵，k 表示降到 2 维空间，eig=T，表示返回特征值。

```
mds <- cmdscale(d = eurodist,k=2,eig=T)
mds
## $points
##                          [,1]        [,2]
## Athens            2290.274680  1798.80293
## Barcelona         -825.382790   546.81148
## Brussels            59.183341  -367.08135
## Calais             -82.845973  -429.91466
## Cherbourg         -352.499435  -290.90843
## $eig
##   [1]   1.953838e+07   1.185656e+07   1.528844e+06   1.118742e+06
7.893472e+05
##   [6]   5.816552e+05   2.623192e+05   1.925976e+05   1.450845e+05
1.079673e+05
##  [11]   5.139484e+04  -3.259629e-09  -9.496124e+03  -5.305820e+04
-1.322166e+05
##  [16]  -2.573360e+05  -3.326719e+05  -5.162523e+05  -9.191491e+05
-1.006504e+06
## [21] -2.251844e+06
##
## $x
## NULL
##
## $ac
## [1] 0
##
## $GOF
```

```
## [1] 0.7537543 0.8679134
```

将数据的二维坐标进行绘图展示，如图 6.1 所示。

```
plot(mds$points)
text(mds$points,rownames(mds$points))
```

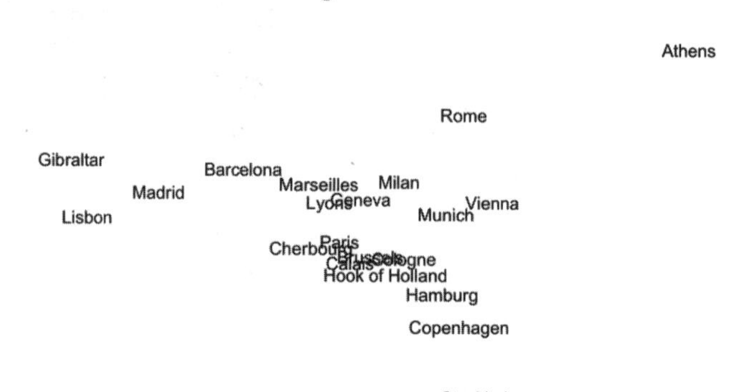

图 6.1　MDS 可视化

在图 6.1 中使用的方法是经典的多维缩放方法。这样就可以将原始的 21 维数据转换成为 2 维坐标，并通过二维图形展示出来。接下来使用非度量多维缩放方法，isoMDS( ) 的第一个参数是数据集的距离矩阵，*k* 表示缩放的维度。

```
library(MASS)

mds <- isoMDS(eurodist,k = 2)
## initial  value 7.505733
## final  value 7.505688
## converged
head(mds$points)
##                 [,1]       [,2]
## Athens    2290.27265 1798.8018
## Barcelona -825.38264  546.8121
## Brussels    59.18391 -367.0819
## Calais     -82.84595 -429.9153
## Cherbourg -352.50146 -290.9102
## Cologne    293.69051 -405.3136
plot(mds$points, type = «n»)
```

```
text(mds$points,rownames(mds$points))
```

这里获得了每一条数据的二维坐标，然后利用二维坐标绘制散点图，就可以对原始数据进行二维可视化展示，如图 6.2 所示。

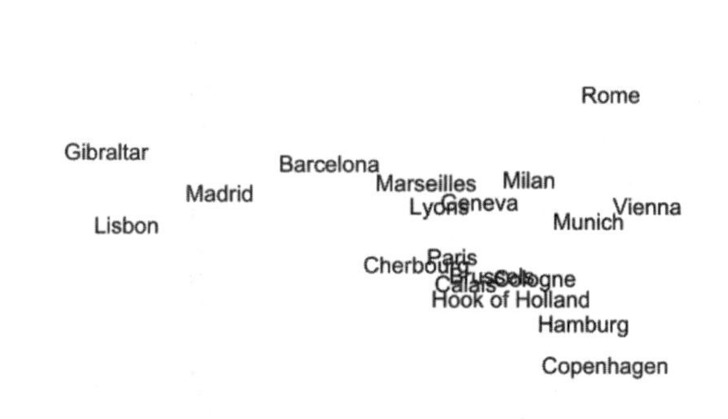

图 6.2　isoMDS 缩放图

在图 6.2 中使用的方法是非度量缩放方法。Sammon( ) 的参数与 isoMDS 类似，第一个参数是原始数据的距离矩阵，第二个参数是缩放的维度。Sammon 缩放图如图 6.3 所示。

```
mds <- sammon(eurodist,k = 2)
## Initial stress        : 0.01705
## stress after  10 iters: 0.00951, magic = 0.500
## stress after  20 iters: 0.00941, magic = 0.500
head(mds$points)
##                   [,1]       [,2]
## Athens    1921.91110 1830.4309
## Barcelona -759.75984  606.0879
## Brussels    80.19889 -443.3660
## Calais    -106.20671 -512.1010
## Cherbourg -484.41286 -477.3046
## Cologne    295.33239 -445.0549
plot(mds$points, type = «n»)
text(mds$points,rownames(mds$points))
```

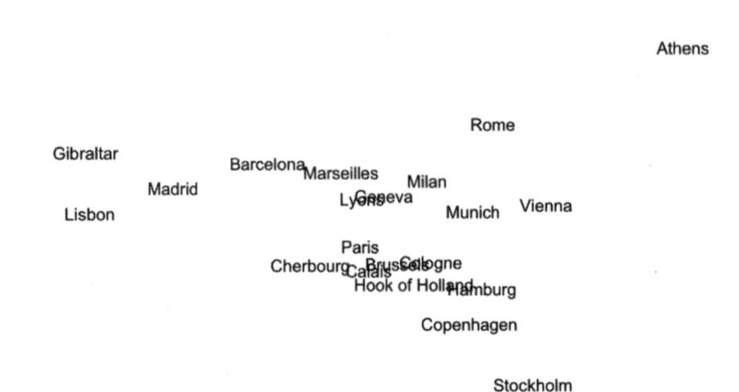

图 6.3 sammon 缩放图

图 6.3 使用的方法是非度量缩放方法。从图 6.2 与图 6.3 可以看出，sammon 与 isoMDS 的缩放结果非常相似，但这两种非尺度缩放的结果并不是完全一样的，结果有微小的差异。

以上是 3 种比较常用的多维缩放的实现方法。另外，R 语言中还提供了许多可以构建 MDS 模型的方法，包括：

- smacofSym( )，来自 smacof 包。
- wcmdscale( )，来自 vegan 包。
- pco( )，来自 ecodist 包。
- pco( )，来自 labdsv 包。

图 6.1 ～图 6.3 所展示的图形允许表示二维空间中城市之间的距离。但是，该表示与欧洲的地理地图不同：雅典位于北部，而斯德哥尔摩位于南部。这种“异常”反映了这种表现形式与实际的认知有所出入。下面使用其他 4 种方法实现 MDS，比较其中存在的差异。

首先使用的是 vegan 提供的 wcmdscale( ) 函数，该函数是带有权重的经典缩放方法。函数第一个参数是数据集，第二个参数是缩放的维度。函数中的参数 w 用于指定权重，如果权重是 1，那么此时与普通的经典多维缩放方法没有区别。如果指定了权重，那么高权重的点比低权重的点对结果有更强的影响。下面随机生成一组权重，然后构建模型，如图 6.4

所示。

```
library(vegan)
library(ecodist)
library(labdsv)
library(ape)
library(ade4)
library(smacof)
mds2 = wcmdscale(eurodist, k=2, w=runif(21))
# plot
plot(mds2[,1], mds2[,2], type = "n", xlab = "", ylab = "",
     axes = FALSE, main = "wcmdscale (vegan)")
text(mds2[,1], mds2[,2], labels(eurodist), cex = 0.9, xpd = TRUE)
```

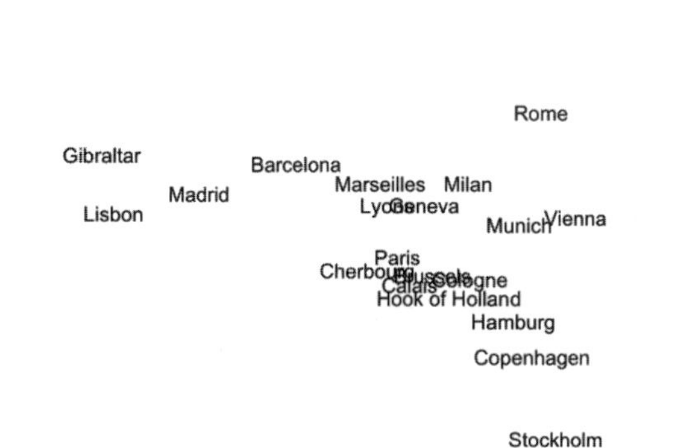

图 6.4　wcmdscale　(vegan) 缩放图

图 6.4 使用的方法是权重的经典缩放方法。下面使用 ecodist 包提供的 pco( ) 函数进行多维缩放，其参数与其他函数类似，pco( ) 与主成分分析非常相似，但允许使用任何不相似度量。pco(ecodist) 如图 6.5 所示。

```
mds3 = pco(eurodist)。
# plot
plot(mds3$points[,1], mds3$points[,2], type = "n", xlab = "", ylab =
"",
     axes = FALSE, main = "pco (ecodist)")
text(mds3$points[,1], mds3$points[,2], labels(eurodist),
     cex = 0.9, xpd = TRUE)
```

图 6.5 pco(ecodist) 缩放图

在图 6.5 中，pco (ecodist) 是这幅图的名称，表示使用的方法是主坐标分析。

labdsv 包同样提供了 pco( )。pco(labdsv) 缩放图如图 6.6 所示。

```
mds4 = pco(eurodist, k = 2)
# plot
plot(mds4$points[,1], mds4$points[,2], type = "n", xlab = "", ylab =
"",
     axes = FALSE, main = «pco (labdsv)»)
text(mds4$points[,1], mds4$points[,2], labels(eurodist),
     cex = 0.9, xpd = TRUE)
```

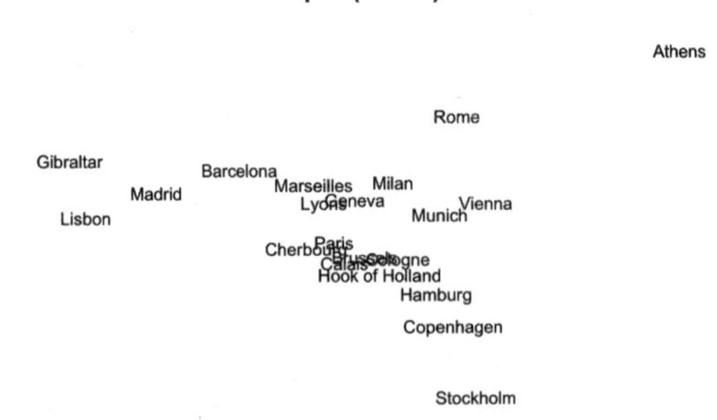

图 6.6 pco(labdsv) 缩放图

图 6.6 使用的方法是主坐标分析。

smacof 包提供的 smacofSym( ) 是一种相异矩阵多维缩放方法。SmacofSym (smacof) 缩放图如图 6.7 所示。

```
mds5 = smacofSym(eurodist, ndim = 2)
# plot
plot(mds5$conf[,1], mds5$conf[,2], type = "n", xlab = "", ylab = "",
     axes = FALSE, main = "smacofSym (smacof)")
text(mds5$conf[,1], mds5$conf[,2], labels(eurodist),
     cex = 0.9, xpd = TRUE)
```

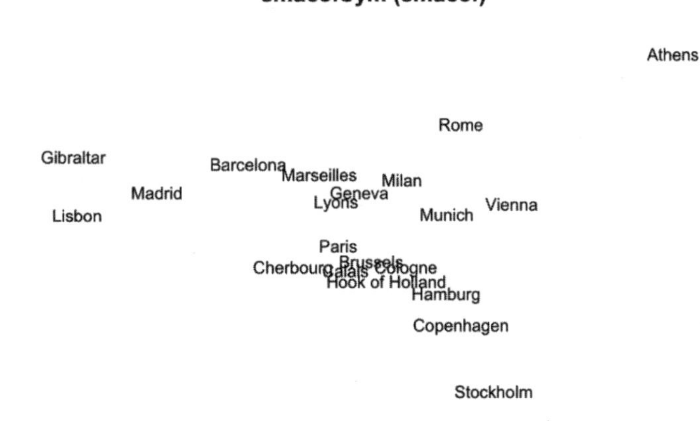

图 6.7　smacofSym(smacof) 缩放图

在图 6.7 中，smacofSym (smacof) 表示使用的方法是相异矩阵多维缩放方法。从图形上来观察，这些结果都非常相似，但是这些多维缩放方法的实际结果都存在一定的差异。通常而言，使用最多的方式是经典的 Torgerson-Gower 缩放。

6.3　MDS 的优点

MDS 评估的基准是 PCA。不是因为它们都可以降维或者经典形式的 MDS 类似于 PCA，而是因为 PCA 普遍存在。每个人都知道 PCA，它是数据科学课程中非常常见的主题。但是 PCA 存在严重的缺点，因为 PCA 需要满足一些假设。

第一，明确假设输入数据的高维结构（拓扑）可以以线性方式减少。第二，如果数据集中的对象不包含像异常值这样的奇怪数据（这会引入影响投影质量的杠杆效应），则这些技术的效果很好。第三，如果多变量空间中的相关维数（重要主成分的数量或者说数学上输入矩阵的实际等级）仍然很高，那么这些变换技术的可视化能力就会大大降低。

简而言之，PCA试图找到变量之间隐藏的线性相关性。因此，如果变量具有非线性关系，则该技术不能很好地执行，并且实际上它可能具有误导性，因为它不会尝试保留数据的拓扑结构。即使在一些变量线性相关的数据集中，由于其正交变换，PCA也表现不佳。当然，这里不是在谈论内核PCA，而是关于常用的或误用的PCA。

相反，MDS试图保留数据的拓扑结构，并且它本质上是非线性变换。因此，MDS不仅可以以比PCA更可靠的方式降低维数，而且不受异常值的负面影响。实际上，正如在本章节中所做的那样，可以使用MDS来检测异常值。

但是，MDS在实际使用中存在一些缺点，其一是该方法对初始点的敏感性问题。其二是向数据集添加新观察数据的问题，因为该方法需要重新执行其所有过程以查找新数据，因此每次添加新的数据都会造成大量的计算。此外，对于大型数据集，似乎需要使用压缩方法来减少图形上数据点的数量，否则图形会过度拥挤。

6.4 总　　结

多维缩放（MDS）是高维对象到低维空间（通常是二维图形）的非线性投影，可尽可能多地保留对象的成对距离。因此，MDS是一种拓扑保留方法，可用于降维，从而实现数据可视化。本章介绍了多维缩放的基本概念，多维缩放本质上是数据的非线形变换，试图在低维空间中找到数据之间的关系，并且期望低维空间的数据间的距离尽可能地近似于数据原始的相似性度量；然后介绍在R语言中如何实现MDS，介绍了R语言中最常用的实现方式，当然，在R语言中还有更多关于MDS的内容，如superMDS，其提供了一种更高级的多维缩放方法，但是这些内容不在本章的讨论范围之内。

第7章　线性回归模型

回归模型是统计模型中最常用的模型，可以这样说，基本上如果问题是回归问题，则通常第一个想到的就是建立回归模型。回归模型是一种统计学上分析数据的方法，用于分析两个或者多个特征之间是否存在相关关系及相关关系强度、方向等问题，通常用于描述数据之间的线性关系。本章将介绍回归模型的基本概念，以及使用R语言实现回归模型。

7.1　线性回归模型概述

线性回归是连续数据的有监督建模技术，可根据输入数据集生成响应。它用于解释单个变量Y(称为响应(输出或因变量))与一个或多个预测变量(输入，独立或解释变量）之间的线性关系。

如果仅考虑单个变量X，则这是一个最简单的回归问题，如果包含多个变量，则是多元回归问题的形式。

在本节中，首先分析最简单的线性回归，即一个响应变量和单个预测变量的情况。基本等式如下：

$$Y_i = \beta_0 + \beta_1 X + \varepsilon$$

式中，β_0、β_1、ε分别代表截距、斜率、误差项。

线性回归的假设如下。

- 线性：X和Y之间的关系是线性的。
- 同方差性：对于任何给定的X值，残差的方差是相同的。
- 独立性：随机误差彼此不相关。
- 正态性：随机误差服从0均值同方差的正态分布。

注意：如果关于模型线性的基本假设与现实不符，则会引入误差。理想情况下，误差应该是随机的，不依赖于任何输入特征。它可以被认为是回归

模型无法解释的 *Y* 的一部分。

7.2 在R语言中实现回归模型

本节所用到的数据来自CRAN包DAAG的AIS数据集：它是具有202个观察值和13个变量的数据特征。它代表了一组澳大利亚运动员的研究数据，用于了解血液的某些特征如何随运动体型和性别类型而变化。

以下是数据集的概述（查看数据集的前3行）：

```
library(DAAG)
head(ais, n=3)
## rcc wcc  hc   hg ferr   bmi   ssf pcBfat   lbm    ht   wt sex  sport
## 1 3.96 7.5 37.5 12.3   60 20.56 109.1  19.75 63.32 195.9 78.9   f B_
Ball
## 2 4.41 8.3 38.2 12.7   68 20.67 102.8  21.30 58.55 189.7 74.4   f B_
Ball
## 3 4.14 5.0 36.4 11.6   21 21.86 104.6  19.88 55.36 177.8 69.1   f B_
Ball
```

下列是分析所需要的一些包。

```
library(e1071)
library(plyr)
library(ggplot2)
```

现在可以对原始数据集取一个子集，并为简单回归分析选择变量和观察值：

- 只考虑一种性别类型（男性，以便拥有更加同质的群体）。
- 练习运动之间没有区别（假设对于每项运动，血液特征和体型没有实质性差异）。
- 仅关注血液特征（忽略体型），目标是建立一个简单的回归模型，通过与血红蛋白（hg）建立统计学上显著的线性关系，可用于预测血细胞比容（hc）。

以下代码对数据进行简单的处理。

```
ais2 <- subset(ais, sex=="m»)
ais3 = ais2[,c(3,4)]
newdata <- rename(ais3, c("hg"="HEMAGLOBIN", "hc"="HEMATOCRIT"))
str(newdata)
```

```
## 'data.frame':	102 obs. of  2 variables:
##  $ HEMATOCRIT: num  46.8 45.2 46.6 44.9 46.1 45.1 47.5 45.5 48.6
44.9 ...
##  $ HEMAGLOBIN: num  15.9 15.2 15.9 15 15.6 15.2 16.3 15.2 16.5 15.4
...
```

非常重要的一件事情是，检验数据集中是否存在缺失值：

```
colSums(is.na(newdata))
## HEMATOCRIT HEMAGLOBIN
##          0          0
```

两列都没有显示 NA 值。

注意：通常，如果数据集中缺少许多值，则有效样本可能会太小而无法产生重要结果。

下面是新数据集的单变量摘要信息：

```
summary(newdata)
##    HEMATOCRIT      HEMAGLOBIN
##  Min.   :40.30   Min.   :13.50
##  1st Qu.:44.23   1st Qu.:14.93
##  Median :45.50   Median :15.50
##  Mean   :45.65   Mean   :15.55
##  3rd Qu.:46.80   3rd Qu.:15.90
##  Max.   :59.70   Max.   :19.20
```

7.2.1 图形分析

1. 箱线图

使用 boxplot( ) 绘制箱线图，数据显示为四分位数，并允许检测任何异常值。特征 HEMAGLOBIN 与 HEMATOCRIT 的箱线图如图 7.1 所示。

```
par(mfrow=c(1, 2))
boxplot(newdata$HEMAGLOBIN, col = "yellow", border="blue",
        main = "HEMAGLOBIN boxplot",
        ylab = "g per decaliter")

boxplot(newdata$HEMATOCRIT, col = "orange", border="blue",
        main = "HEMATOCRIT boxplot",
        ylab = "percent values")
```

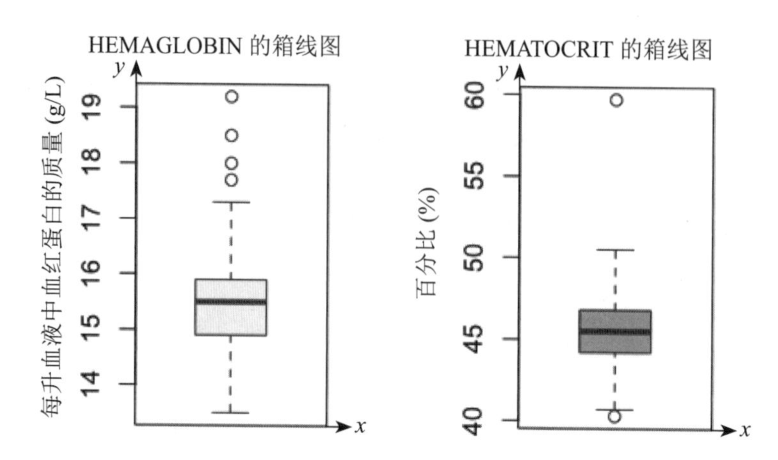

图 7.1　特征 HEMAGLOBIN 与 HEMATOCRIT 的箱线图

从图 7.1 中可以发现，这里存在一些非常偏离样本平均值的数据点，这些数据可能是异常值。下面是关于数据的异常值的检测。

```
boxplot.stats(newdata$HEMAGLOBIN)$out
## [1] 18.0 19.2 18.5 17.7
boxplot.stats(newdata$HEMATOCRIT)$out
## [1] 40.3 59.7
```

注意：异常值会影响最佳拟合线的方向 / 斜率。

2. 直方图

使用 ggplot2 包绘制直方图，直方图显示数值数据的分布，如图 7.2 和图 7.3 所示。

```
qplot(HEMAGLOBIN, data = newdata, geom="histogram", binwidth=0.5,
      fill=I("azure4"), col=I("azure3")) +
  labs(title = "HEMAGLOBIN") +
  theme(plot.title = element_text(hjust = 0.5)) +
  labs(x ="Concentration (in g per decaliter)") +
  labs(y = "Frequency") +
  scale_y_continuous(breaks = c(0,5,10,15,20,25,30,35,40,45,50), minor_
breaks = NULL) +
  scale_x_continuous(breaks = c(10:25), minor_breaks = NULL) +
   geom_vline(xintercept = mean(newdata$HEMAGLOBIN), show_guide=TRUE,
color
             ="red", labels="Average") +
  geom_vline(xintercept = median(newdata$HEMAGLOBIN), show_guide=TRUE,
color
             ="blue", labels="Median")
```

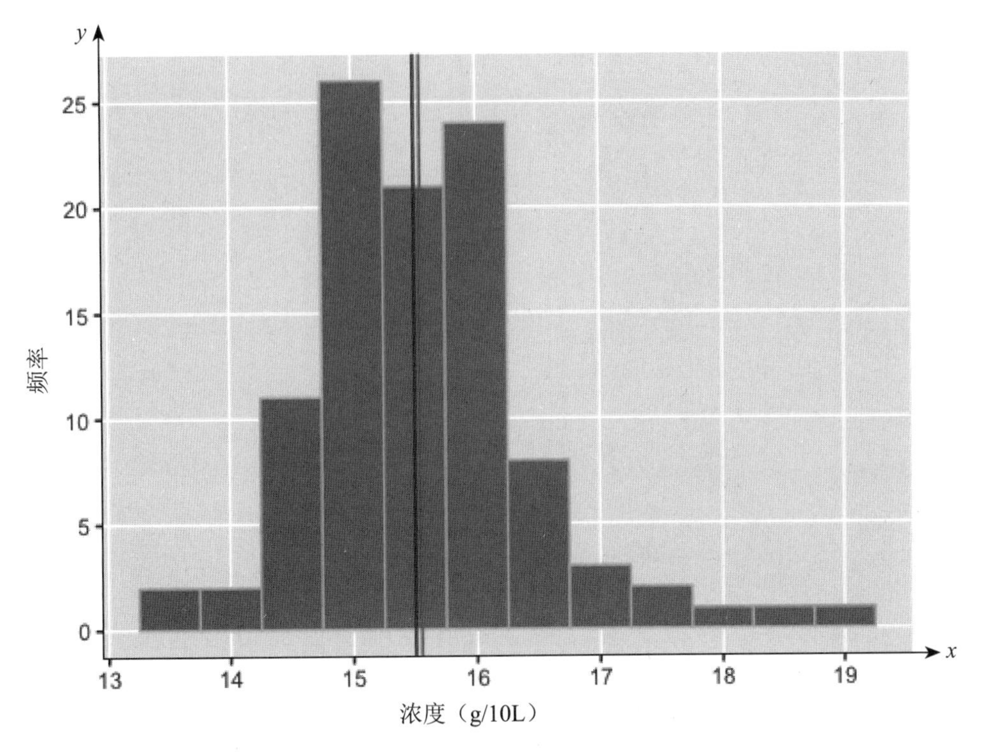

图 7.2　HEMAGLOBIN 直方图

```
qplot(HEMATOCRIT, data = newdata, geom="histogram", binwidth=1,
      fill=I("azure4"), col=I("azure3")) +
  labs(title = "HEMATOCRIT") +
  theme(plot.title = element_text(hjust = 0.5)) +
  labs(x ="Percent values") +
  labs(y = "Frequency") +
  scale_y_continuous(breaks = c(0,5,10,15,20,25), minor_breaks = NULL)
+
  scale_x_continuous(breaks = c(30:65), minor_breaks = NULL) +
   geom_vline(xintercept = mean(newdata$HEMATOCRIT), show_guide=TRUE,
color
            ="red", labels="Average") +
  geom_vline(xintercept = median(newdata$HEMATOCRIT), show_guide=TRUE,
color
            ="blue", labels="Median")
```

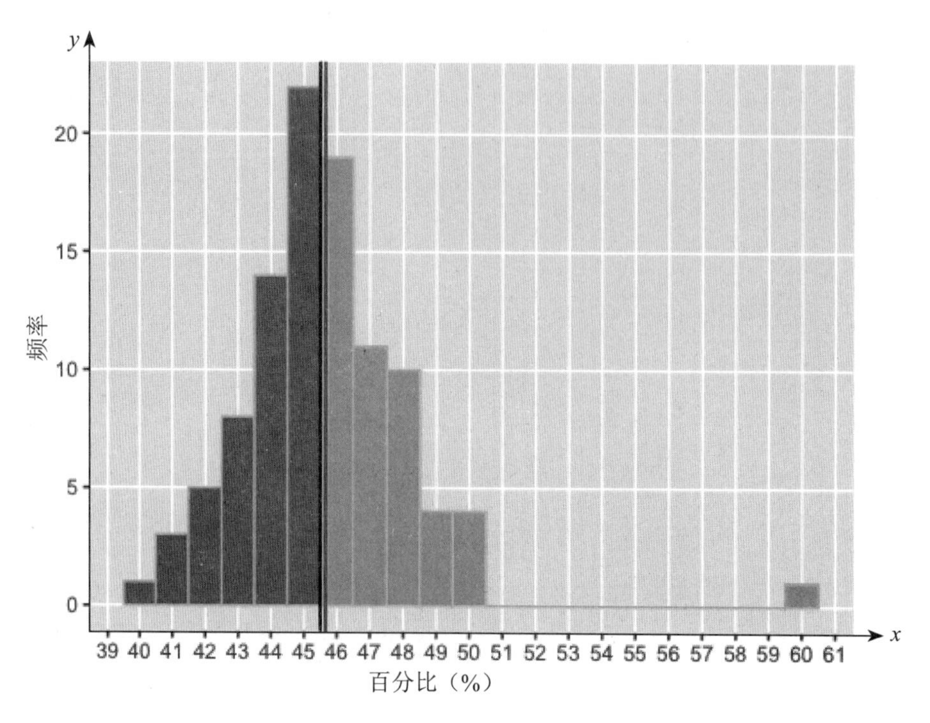

图 7.3 HEMATOCRIT 直方图

在图 7.2 和 7.3 中，x 轴都表示对应特征的不同值，y 轴表示特征不同值的频数。HEMAGLOBIN 和 HEMATOCRIT 分别表示了这两幅图是关于这两个特征的直方图。注意，图 7.3 与图 7.2 是特征 HEMAGLOBIN 与特征 HEMATOCRIT 的直方图，其中深色垂直线（左侧直线）显示中值，浅色垂直线（右侧直线）显示平均值。

3. 密度图

首先使 density( ) 计算数据的密度值，然后使用 plot( ) 绘制密度图，通过密度图可检查分布的形状，如图 7.4 所示。

```
par(mfrow=c(1, 2))  # it divides graph area in two parts

plot(density(newdata$HEMAGLOBIN), main="density: HEMAGLOBIN",
ylab="Frequency",
      sub=paste("Skewness:", round(e1071::skewness(newdata$HEMAGLOBIN),
2)))
    polygon(density(newdata$HEMAGLOBIN), col="yellow")
```

```
plot(density(newdata$HEMATOCRIT), main="density: HEMATOCRIT",
ylab="Frequency",
      sub=paste("Skewness:", round(e1071::skewness(newdata$HEMATOCRIT),
2)))
     polygon(density(newdata$HEMATOCRIT), col="orange")
```

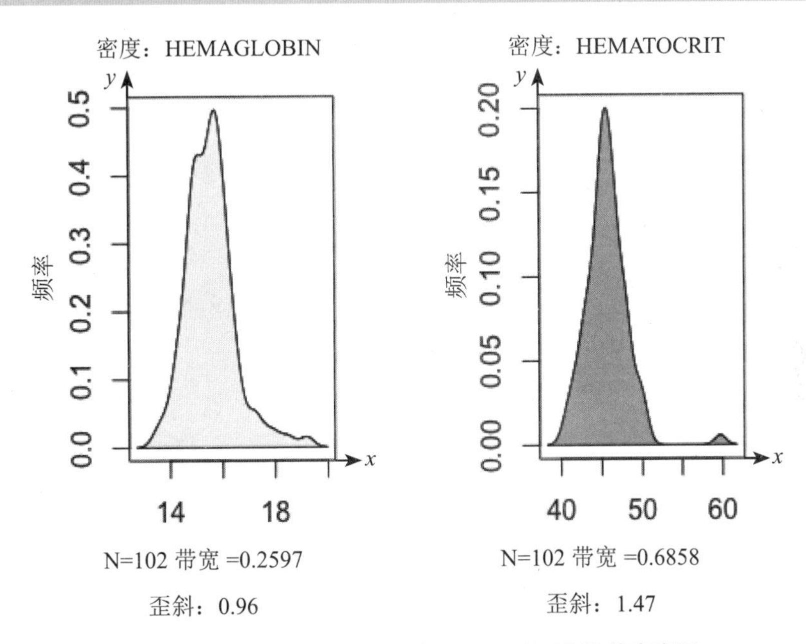

图 7.4 特征 HEMAGLOBIN 与 HEMATOCRIT 的密度图

在图 7.4 中，x 轴表示对应特征的不同值，y 轴表示特征不同值的频率。特征的密度图最好呈正态分布，而不是偏斜的（向左或向右），图 7.4 中的结果显示数据近似呈正态分布。

4. 散点图

使用 ggplot2 包绘制散点图，散点图的可视化表明依赖（响应）变量和独立（预测变量）变量之间是否存在任何线性关系，如图 7.5 所示。

```
qplot(HEMAGLOBIN, HEMATOCRIT, data = newdata,
      main = "HEMAGLOBIN and HEMATOCRIT relationship") +
      theme(plot.title = element_text(hjust = 0.5)) +
      geom_point(colour = "blue", size = 1.5) +
      scale_y_continuous(breaks = c(30:65), minor_breaks = NULL) +
      scale_x_continuous(breaks = c(10:25), minor_breaks = NULL)
```

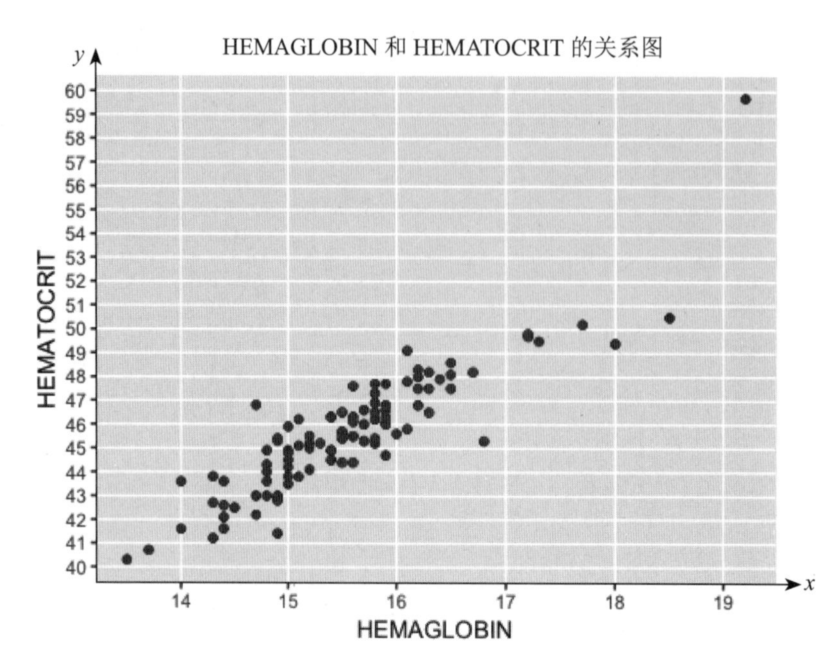

图 7.5 特征 HEMAGLOBIN 与 HEMATOCRIT 的散点图

图 7.5 显示血红蛋白水平和血细胞比容百分比之间存在某种程度上的强关系（较高的血红蛋白值对应较高的血细胞比容值）。

7.2.2 建立线性模型

下面建立一个线性模型，看看这个模型与观察数据的拟合程度。以简单的形式为例，要解决的等式如下：$\text{Hematocrit} = \beta_0 + \beta_1 \text{Hemaglobin}$。其中，截距是血红蛋白水平的预期血细胞比容值，斜率是与血红蛋白水平的单位增加量相关的血细胞比容的增加量。

这里依然使用 ggplot2 绘制图形，stat_smooth( ) 用于添加拟合曲线，其中 method 用于指定使用什么方式拟合散点图，这里指定使用线性回归进行拟合，如图 7.6 所示。

```
qplot(HEMAGLOBIN, HEMATOCRIT, data = newdata,
      main = "HEMAGLOBIN and HEMATOCRIT relationship") +
      theme(plot.title = element_text(hjust = 0.5)) +
      stat_smooth(method="lm", col="red", size=1) +
      geom_point(colour = "blue", size = 1.5) +
      scale_y_continuous(breaks = c(30:65), minor_breaks = NULL) +
      scale_x_continuous(breaks = c(10:25), minor_breaks = NULL)
```

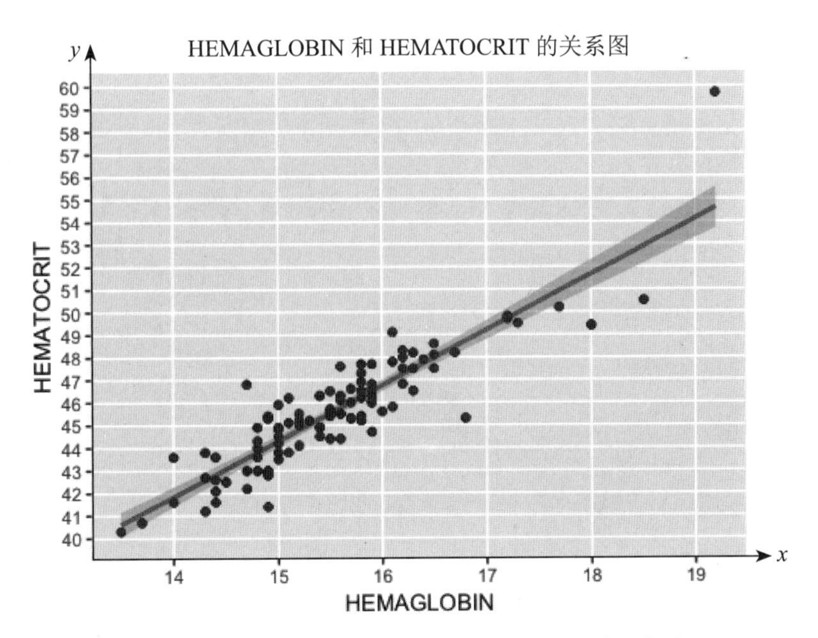

图 7.6 特征 HEMAGLOBIN 与 HEMATOCRIT 的拟合结果

从图 7.6 可以看出，模型的拟合情况比较好。理想情况下，回归线应尽可能接近观察到的所有数据点。平滑设置为 0.95 的置信度（默认情况下）。

另一个有趣的可能性是创建一个名为 HEMAGLOBIN_CENT 的新变量，它将变量 HEMAGLOBIN 的值集中在其平均值上，也就是将数据标准化，这对于对其截距估计进行有意义的解释很有用。下面的代码首先对数据进行标准化，然后使用 ggplot2 绘制散点图及进行模型拟合。标准化后的 HEMAGLOBIN_CENT 与 HEMATOCRIT 的拟合结果如图 7-7 所示。

```
set.seed(123)
HEMAGLOBIN_CENT = scale(newdata$HEMAGLOBIN, center=TRUE, scale=FALSE)

qplot(HEMAGLOBIN_CENT, HEMATOCRIT, data = newdata,
      main = "HEMAGLOBIN_CENT and HEMATOCRIT relationship") +
      theme(plot.title = element_text(hjust = 0.5)) +
      stat_smooth(method="lm", col="red", size=1) +
      geom_point(colour = "blue", size = 1.5) +
      scale_y_continuous(breaks = c(30:65), minor_breaks = NULL) +
          scale_x_continuous(breaks = c(-2,-1.5,-1,-
0.5,0,0.5,1,1.5,2,2.5,3,3.5,4), minor_breaks = NULL)
```

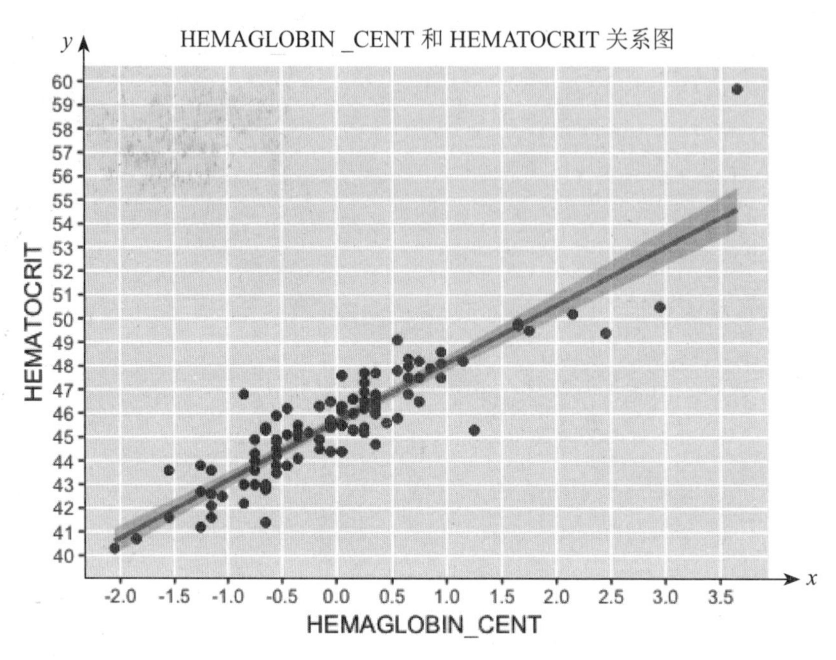

图 7.7 标准化后的 HEMAGLOBIN_CENT 与 HEMATOCRIT 的拟合结果

汇总统计信息对于解释线性模型输出的关键组件非常有用。下面的代码使用 lm( ) 构建线性模型，以 HEMATOCRIT 为模型的因变量，以 HEMAGLOBIN_CENT 为模型的自变量。构建好模型之后，使用 summary 查看模型的详细信息：

```
mod1 = lm(HEMATOCRIT ~ HEMAGLOBIN_CENT, data = newdata)
summary(mod1)
##
## Call:
## lm(formula = HEMATOCRIT ~ HEMAGLOBIN_CENT, data = newdata)
##
## Residuals:
##     Min      1Q  Median      3Q     Max
## -3.4183 -0.7043 -0.0072  0.6049  5.0765
##
## Coefficients:
##                 Estimate Std. Error t value Pr(>|t|)
## (Intercept)      45.6500     0.1140  400.35   <2e-16 ***
## HEMAGLOBIN_CENT   2.4605     0.1227   20.06   <2e-16 ***
## ---
## Signif. codes:  0 '***' 0.001 '**'0.01 '*' 0.05 '.' 0.1 ' ' 1
##
```

```
## Residual standard error: 1.152 on 100 degrees of freedom
## Multiple R-squared:  0.801,  Adjusted R-squared:  0.799
## F-statistic: 402.4 on 1 and 100 DF,  p-value: < 2.2e-16
```

模型的详细信息包括：

（1）残差。残差用于度量预测的响应值是否接近模型预测的响应值。在目前的情况下，残差的分布是非常相似的（残差的进一步分析将在后面讨论）。

（2）估算系数。估算系数是模型结果的系数（Coefficients）。第一行是模型的截距，当在整个数据集中考虑 HEMAGLOBIN 的平均值时，在当前情况下表示预期的 HEMATOCRIT 值为 45.6。第二行是斜率项，并且在当前情况下显示每个 HALAGLOBIN 增加 1 会导致 HEMATOCRIT 增加 2.46。

（3）标准误差。标准误差描述了模型的预测结果和模型的真实结果之间的差别。

注意：理想情况下，数字较小是回归分析中的最佳情况。另外，还可以使用标准误差来设置置信区间。

（4）显著性。对模型显著性的检验表明，变量之间存在线性关系。这可以通过行尾的“***”来直观地解释。这个级别是一个阈值，用于表示真实的发现，而不是单独的偶然发现。

对于每个估计的回归系数，变量的 p 值 Pr（$>|t|$）提供给定估计值的真实系数为零的概率的估计。p 值附近的星数量越多，变量就越显著。

在存在 p 值的情况下，存在与其相关的假设检验。在线性回归中，Null 假设是与变量相关的系数等于零。相反，替代假设是系数不等于零，然后存在自变量和因变量之间的关系。

因此，如果 p 值小于显著性水平（通常，p 值 <0.05 是良好的截止点），则可以安全地拒绝零假设。在目前情况下，p 值远低于阈值 0.05，因此该模型确实具有统计显著性。

（5）t 统计量。在 t 检验中使用 t 统计量来决定是否支持零假设。

注意：t-statistic 是参数（系数 / 斜率）的估计值除以其标准误差。

该统计量是参数的实际值不为零的可能性的度量。较大的 t 值表示系数不太可能纯粹偶然地等于零。下面的代码获取了模型的 t 统计值。

```
modSummary <- summary(mod1)
modCoeff <- modSummary$coefficients  # model coefficients
beta.estimate <- modCoeff["HEMAGLOBIN_CENT", "Estimate"]
std.error <- modCoeff["HEMAGLOBIN_CENT", "Std. Error"]
```

```
t_value <- beta.estimate/std.error  # calculate t statistic
print(t_value) # print t-value
## [1] 20.0601
```

注意：如果 p 值低于显著性水平（<0.05），则 t 统计值应大于 1.96。

（6）残差标准误差。残差标准误差是响应偏离回归线的平均量（由于存在误差项），因此它可以用来衡量拟合度。在目前情况下，假设预期的 HEMATOCRIT 为 45.65，并且残差标准误差是 1.15，则预测的百分比误差仅为约 2.5%。

注意：自由度对应于观察的数量（计算估计的独立信息的数量）减去估计的参数的数量（截距和斜率）。

（7）R 平方。对于简单线性回归，R 平方是两个变量之间相关性的平方。它的值可以在 0 和 1 之间变化：接近 0 的值意味着回归模型不能解释响应变量中的方差，而接近 1 的数字则表明响应变量中观察到的方差得到了很好的解释。在目前情况下，R 平方表明线性模型拟合解释了数据中观察到的 80.1% 的方差。

高 R 平方值不一定表明回归模型是否足以适合数据。一个好的模型可能具有低 R 平方值，而偏差模型可能具有高 R 平方值。

注意：随着模型中包含更多变量，R 平方值趋于增加。因此，调整 R 平方是首选度量，因为它调整了所考虑的变量数量。

（8）F 统计。基本上，F 检验将模型与零预测变量（仅截距 mod1el）进行比较，并建议添加的系数是否改进了模型。如果获得显著结果，则模型中的系数（在当前情况下是简单回归，仅输入一个预测器）改善了模型的拟合度。

因此，F 统计量定义了所有预测变量对响应变量的集体效果。下面的代码给出了模型的 F 值。在这个模型中，$F = 402.4075$，远远大于 1。

```
f_statistic <- mod1$fstatistic[1]
f <- summary(mod1)$fstatistic
print(f) # print F value
##     value     numdf     dendf
## 402.4075   1.0000 100.0000
```

注意：在理想情况下，获得的 F 统计量越高（高于 1），拟合度越好。因此，此统计量可用于衡量拟合度。

7.2.3 回归模型的图形诊断

诊断图用于评估模型假设，并了解是否存在可能对分析产生强烈影响的观察结果。因此，其目标是采取适当的行动来改善模型拟合度。使用 plot 传入模型结果作为参数会得到模型的残差图、QQ 图、比例位置图及 Residuals Leverage 图。

1. 残差图

残差图显示模型的预测结果与真实结果的差距，如图 7.8 所示。

```
plot(mod1, pch=16, col="blue", lty=1, lwd=2, which=1)
```

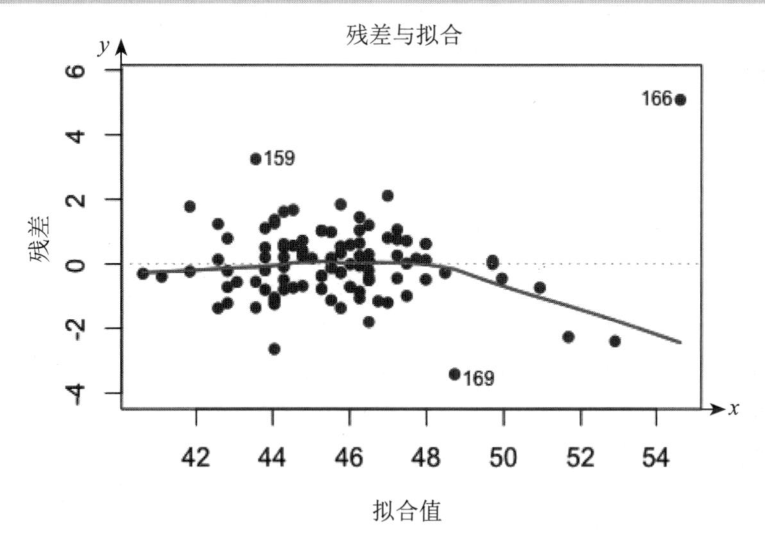

图 7.8 残差与预测结果之间的关系

简单线性回归模型的残差数据是因变量的观测数据与拟合值之间的差异。图 7.8 对检查线性假设和同方差性假设很有用。为了评估线性假设，残差应该与 0 相差不太大（在理想情况下，标准化值应该在 -2 和 +2 范围内）。为了评估同方差性假设，残差应该随机均匀地分布在水平红线周围（这只是一个散点图，显示每个拟合值的残差平均值），表示残差为零。

在当前情况下，由于存在异常值，红色趋势线几乎在零值附近活动（除了右侧）。一些值，特别是 159、166、169，也在 -2 ～ +2 范围之外。

2.QQ 图

QQ 图用于查看数据是否满足正态分布假设，如图 7.9 所示。

```
plot(mod1, pch=16, col="blue", lty=1, lwd=2, which=2)
```

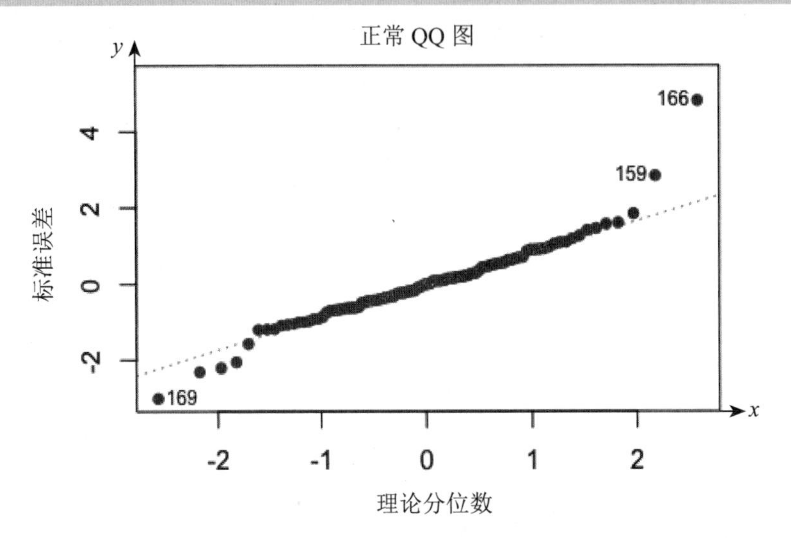

图 7.9　QQ 图

正常的 QQ 图是一个散点图，允许查看一组数据是否可能来自正态分布。图 7.9 是通过绘制两组分位数（相对于另一组）来创建的：图形上，如果两组分位数来自同一分布，则这些点将沿直线下降。

在当前情况下，点在图的中间形成一条线，但在上部和下部都倾向于偏离对角线。这样的图形意味着“尾部”比标准建模假设（正态分布）中预期的“更轻”（具有更小的值）。观察图 7.9 的“尾部”，可以注意到观察结果再次是 159、166、169。

3. 比例位置图

比例位置图用于显示标准化残差与预测值之间的关系，如图 7.10 所示。

```
plot(mod1, pch=16, col="blue", lty=1, lwd=2, which=3)
```

比例位置图以标准化残差的平方根作为拟合值的函数，可查看残差是如何传播并检查同方差性假设（如果残差具有相等的方差）的。

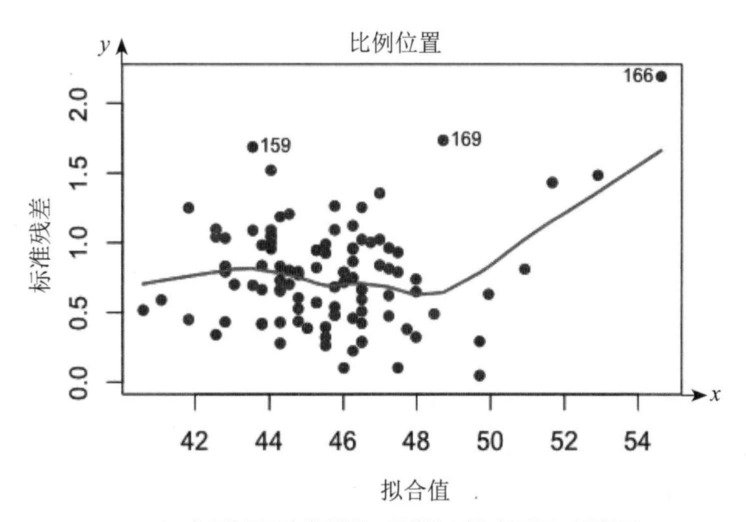

图 7.10　预测值与标准误差的关系

在图 7.10 中，红色趋势线几乎是水平的（除了右侧）。同样可以观察到 159、166、169 超出了 +1.5 的水平。

4.Residuals Leverage 图

Residuals Leverage 图用于度量数据的重要性，如图 7.11 所示。

```
plot(mod1, pch=16, col="blue", lty=1, lwd=2, which=5)
```

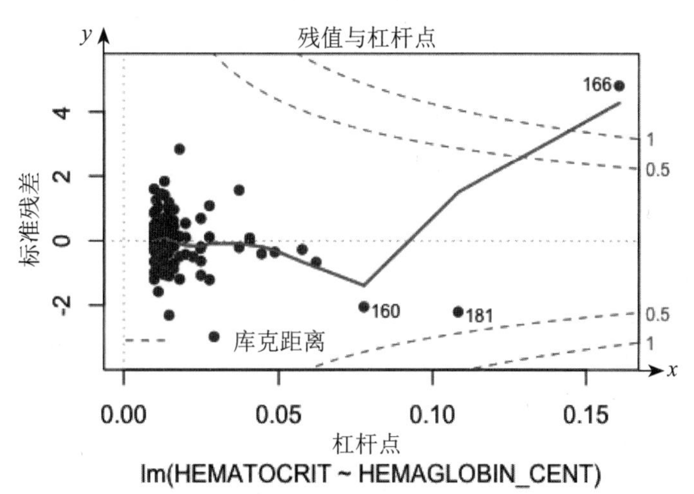

图 7.11　Residuals Leverage 图

图 7.11 显示了杠杆点与误差之间的关系。杠杆点可度量其在确定回归结果中的重要性。远离虚线的每个点都可以作为一个有影响力的点。

库克距离用于度量每个观察数据对回归系数的影响。使用 plot( ) 函数传入模型结果作为参数，并将参数 which 设定为 4，即可绘制库克距离图，如图 7.12 所示。

```
plot(mod1, pch=16, col="blue", lty=1, lwd=2, which=4)
```

在图 7.12 中，*x* 轴表示数据集的行数，*y* 轴表示数据的库克距离。库克距离大于 1 表明存在可能的异常值。在目前情况下，由图 7.12 可以看到，166 的库克距离比较大（高于 2）。

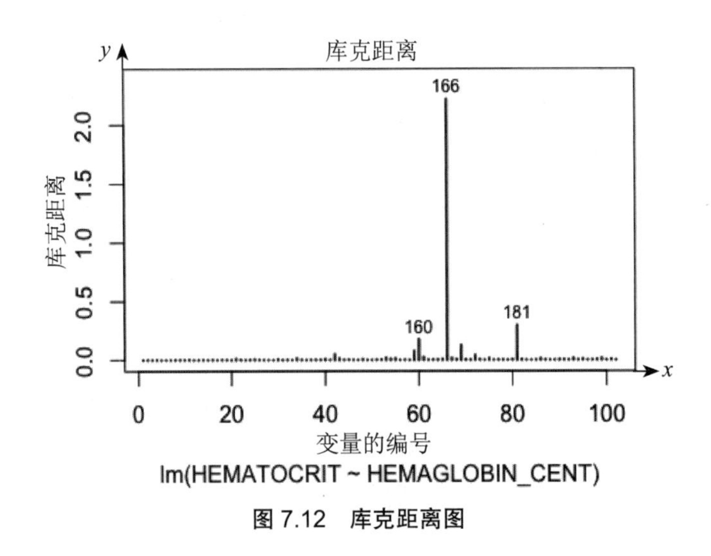

图 7.12 库克距离图

7.2.4 预测模型

一旦模型得到改进，就有可能进行预测分析，这是回归分析的真正目标。数据集可以分为训练（开发）数据集（占比 70%）和测试（验证）数据集（占比 30%）。测试数据集用于评估模型。下面将预测响应值与实际响应值进行比较，使用 set.seed( ) 设置随机种子，以确保每次运行的结果都一样。

```
set.seed(123)
trainingRowIndex <- sample(1:nrow(newdata), 0.7*nrow(newdata))
```

```
trainingData <- newdata[trainingRowIndex, ]
testData  <- newdata[-trainingRowIndex, ]
```

现在可以在训练数据上开发模型，并用其来预测测试数据上的 HEMATOCRIT。

```
modTrain <- lm(HEMATOCRIT ~ HEMAGLOBIN, data=trainingData)
predict <- predict(modTrain, testData)
summary(modTrain)
##
## Call:
## lm(formula = HEMATOCRIT ~ HEMAGLOBIN, data = trainingData)
##
## Residuals:
##      Min       1Q   Median       3Q      Max
## -2.76832 -0.54986  0.09867  0.61468  2.13560
##
## Coefficients:
##             Estimate Std. Error t value Pr(>|t|)
## (Intercept)   9.4504     2.2248   4.248 6.63e-05 ***
## HEMAGLOBIN    2.3301     0.1429  16.307  < 2e-16 ***
## ---
## Signif. codes: 0 '***' 0.001 '**' 0.01 '*' 0.05 '.' 0.1 ' ' 1
##
## Residual standard error: 0.9516 on 69 degrees of freedom
## Multiple R-squared:  0.794,  Adjusted R-squared:  0.791
## F-statistic: 265.9 on 1 and 69 DF,  p-value: < 2.2e-16
```

摘要中的统计数据表明该模型具有重要意义。在训练数据上计算 R 平方值，并将其与基于完整数据建立的原始模型相比较。

现在，考虑到测试数据，实际值和预测值之间的相关性可以用作精度测量的形式。下面的代码将真实的结果合并成一个数据框，并计算了相关系数。

```
act_pred <- data.frame(cbind(actuals=testData$HEMATOCRIT, predicteds=predict))
cor(act_pred)
##              actuals predicteds
## actuals    1.0000000  0.9010383
## predicteds 0.9010383  1.0000000
```

相关性显示 90.1% 的高值，这意味着实际值和预测值非常相似。

下面给出由实际值和预测值组成的新数据集的前 10 行：

```
head(act_pred, n=10)
##     actuals predicteds
```

```
## 101    46.8   46.49839
## 107    47.5   47.43041
## 112    45.2   45.10035
## 113    41.6   42.07127
```

实际值和预测值似乎非常接近。在模型的预测结果和真实结果中，比较小的值与比较大的值的商的平均值是一个很好的度量标准，这个度量标准考虑了最小预测值和最大预测值之间的平均值。

```
min_max <- mean(apply(act_pred, 1, min) / apply(act_pred, 1, max))
print(min_max)
## [1] 0.9790599
```

0.98 的结果是高值，这意味着精度非常好。

注意：理想情况下，近乎完美的预测值为 1。

平均绝对百分比偏差如此定义：

```
mape <- mean(abs((act_pred$predicteds - act_pred$actuals))/act_pred$actuals)
print(mape)
## [1] 0.02136194
```

结果约为 0.02，非常低，这意味着非常好的预测精度。

注意：MAPE 只能针对保证严格为正的数据进行计算。

7.2.5 抽样方法

重采样基于在数据集中进行有放回的采样方法，在重采样的模型中拟合模型。目标是估计线性回归拟合的可变性和稳健性。

在目前情况下，该模型很好地预测了数据集中 30% 的数据（这 30% 的数据就是测试数据），现在必须确保它也能很好地适应所有不同子集。重采样方法很多，本节将使用 k 折叠交叉验证方法。

k 折叠交叉验证方法将一组观察值随机地划分为大致相等大小的 k 个随机样本。首先每个部分保持为测试数据，将模型重新拟合用于预测删除的观察结果的剩余 k–1 部分。

然后，通过计算均方误差的平均值（对于 k 部分）来估计测试误差。在目前情况下，设定 $k = 5$（通常使用 3、5、7、10 倍）。在这里使用的包是 DAAG，进行交叉验证的函数是 CVlm( )，其第一个参数 data 是模型的数据集，然后是模型的公式，k 表示交叉验证的折数。交叉验证的拟合图如图 7.13 所示。

```
library(DAAG)
kfold <- CVlm(data = newdata, form.lm = formula(HEMATOCRIT ~
HEMAGLOBIN), m=5,
                    dots = FALSE, seed=123, legend.pos="topleft",
                    main="Cross Validation; k=5",
                    plotit=TRUE, printit=FALSE)
```

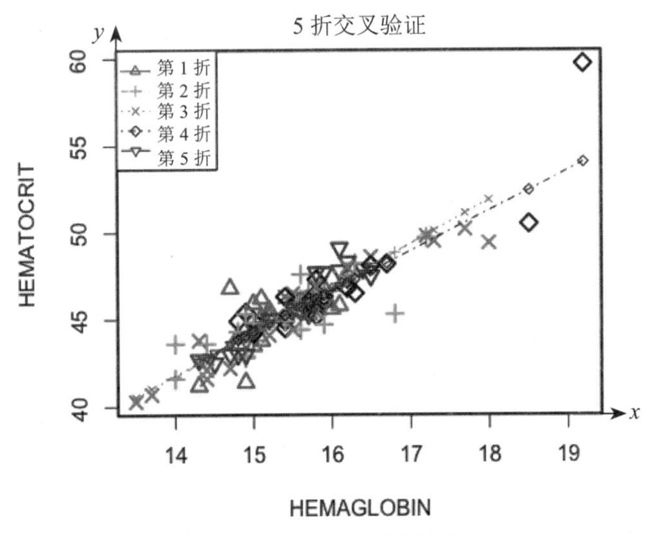

图 7.13 交叉验证的拟合图

由图 7.13 可以看出，拟合线的斜率没有太大变化，并且对于一种特定颜色，任何一个特定样品的数据都不会过于分散。

均方误差测量回归线如何接近一组点：

```
attr(kfold, 'ms')
## [1] 1.368982
```

均方误差的值很低，表示结果比较精确。

理想情况下，均方误差越小，拟合线越接近最佳拟合线。

7.3 总　　结

线性回归是回归模型中最常用的统计模型，描述了数据之间存在的线性关系。当数据间存在线性关系时，线性模型能够很好地描述数据间的关系。但是当数据间的关系并不是线性的时，线性回归模型的效果则可能不是很令人满意，这时就需要使用其他模型进行建模。本章介绍了线性回归的基本概念，以及R语言中线性回归的实现，详细地对线性回归模型的结果进行了解释。为了让模型更加稳定，可以使用交叉验证的方法进行建模，进而得到更加稳定的模型结果。

第 8 章　逻辑回归模型

逻辑回归模型是线性回归模型的衍生，用于解决回归模型无法解决的问题。回归模型的预测结果的范围是负无穷到正无穷，因此其无法比较好地解决分类问题。逻辑回归模型是解决分类问题最常用的一个模型，其原理非常简单，模型有非常好的可解释性，可以了解每一个特征对模型结果的预测影响程度，正因如此，逻辑回归模型是用于构建信用评分卡的模型，逻辑回归的结果可以非常方便地转化为信用评分，逻辑回归模型的特征也可以非常方便地转化为对应的分数。最重要的一点是，逻辑回归模型的预测能力通常很不错。本章将介绍逻辑回归的基本理论，以及如何在 R 语言中构建逻辑回归模型。

8.1　逻辑回归的原理

逻辑回归模型属于广义线性模型（GLM）。在数学上，GLM 可以表示为

$$Y \mid X = x \sim N\left(\beta_0 + \beta_1 x_1 + \cdots + \beta_{p-1} x_{p-1}, \sigma^2\right)$$

当观察线性回归模型和逻辑回归模型的方程时，很容易看到逻辑回归框架继承了回归模型的形式。线性回归模型由以下等式定义：

$$Y = \beta_0 + \beta_1 x_1 + \cdots + \beta_q x_q + \epsilon, \epsilon \sim N\left(0, \sigma^2\right)$$

它直接计算响应 Y。逻辑回归模型以类似的方式定义：

$$\log\left(\frac{p(x)}{1 - p(x)}\right) = \beta_0 + \beta_1 x_1 + \cdots + \beta_{p-1} x_{p-1}$$

但是，其与线性回归逻辑不同的是，响应的计算不是直接的。

具有响应变量的等式的一侧（也就是公式的左侧）称为对数赔率。

在二元问题中，赔率是“正”事件（Y=1）除以“负”事件概率（Y=2）的概率。

$$\frac{p(x)}{1-p(x)}=\frac{P[Y=1|X=x]}{P[Y=0|X=x]}$$

逻辑回归模型的方程保证计算0～1的值。当应用逆logit变换时，这是明显的，这导致“直接”概率预测。

$$p(x_i)=P\left[Y_i=1|\ X_i=x_i\right]=\frac{e^{\beta_0+\beta_1 x_{i1}+\cdots+\beta_{p-1}x_{i(p-1)}}}{1+e^{\beta_0+\beta_1 x_{i1}+\cdots+\beta_{p-1}x_{i(p-1)}}}$$

注意，这是概率的预测值。对于分类问题，需要将该概率值转换为分类结果。

简而言之，线性回归模型用于预测定量（数值）响应变量，而逻辑回归模型用于预测定性（分类）响应变量（更一般地，预测分类响应变量称为分类）。在视觉上，线性模型生成直线，逻辑模型生成 S 形曲线。

8.2 在 R 语言中实现逻辑回归模型

本章用到的数据集是 ISLR 包中的 Default 数据集，其中包含客户信息的模拟数据集，目的是预测哪些客户将拖欠信用卡债务，这个数据集有 1 万条数据、3 个特征。

```
library("ISLR")
library("tibble")
as_tibble(Default)
## # A tibble: 10,000 x 4
##    default student balance income
##    <fct>   <fct>     <dbl>  <dbl>
##  1 No      No         730. 44362.
##  2 No      Yes        817. 12106.
##  3 No      No        1074. 31767.
```

这里需要分析的是学生身份、信用卡余额、收入这 3 个特征，并对违约行为进行适当分类。

8.2.1 数据探索

拿到数据的第一步是对数据进行了解。了解的方面包括数据的质量、数据的分布及数据之间的关系。密度图可用于分析预测变量与连续变量之间的关系，这里使用 ggplot2 ( ) 绘制关于 balance 特征的密度直方图，如图 8.1 所示。

```
library(ggplot2)
ggplot(data = Default,aes(x = balance,color = default))+geom_
density()+labs(title = "default with balance")
```

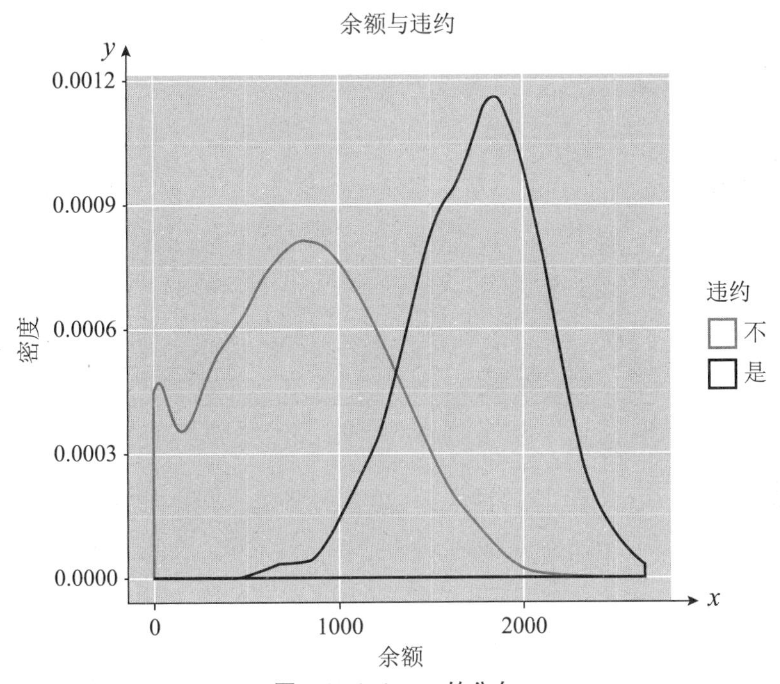

图 8.1 balance 的分布

图 8.1 描述了违约、不违约两种情况下信用卡余额的分布。其中，波峰在左边的曲线 No 表示没有违约，波峰在右边的曲线 Yes 表示存在违约。从图 8.1 中可以看出，这两种情况下信用卡余额的分布是不一样的，这说明这两群人的信用卡余额是不一样的，也就是说，信用卡余额对于是否是违约者有很好的区分能力。

下面绘制 income 特征的密度直方图，如图 8.2 所示。

```
ggplot(data = Default,aes(x = income,color = default))+geom_
density()+labs(title = "default with income")
```

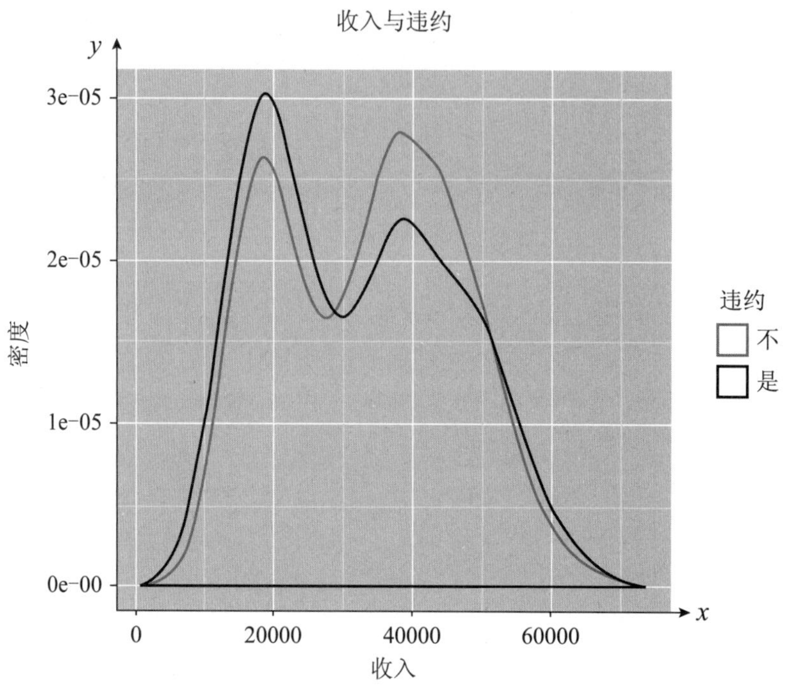

图 8.2　income 的分布

从图 8.2 中可以看到，违约、不违约这两个群体间的收入分布差异不大，可以认为收入对模型不是特别有用。

下面绘制 income 特征与 student 特征的密度直方图，如图 8.3 所示。

```
library(ggplot2)
ggplot(data = Default,aes(x = income,color = student))+geom_
density()+labs(title = "student with income")
```

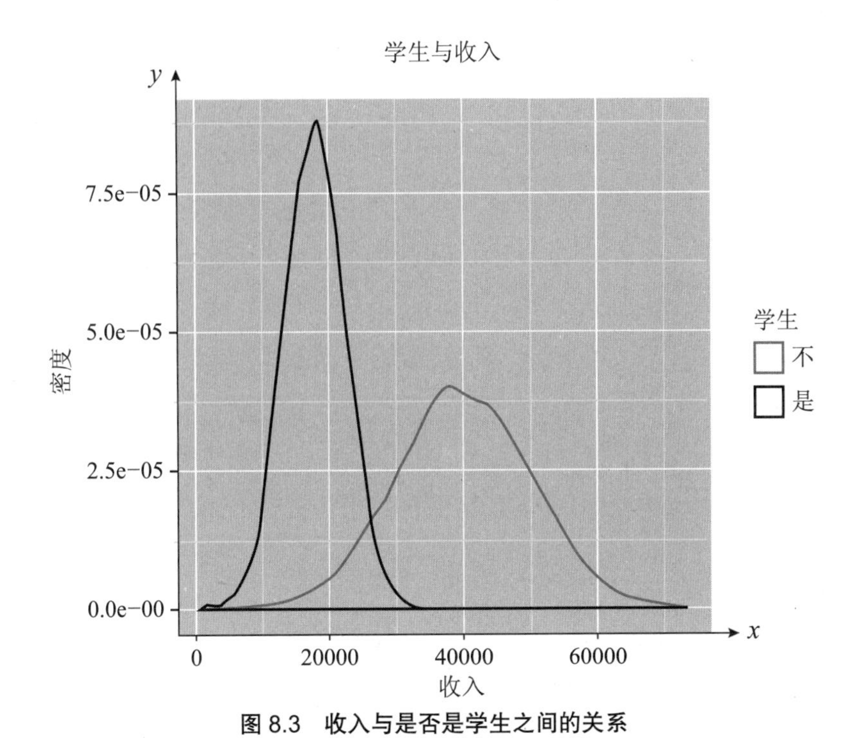

图 8.3 收入与是否是学生之间的关系

从图 8.3 中可以观察到学生群体和其他群体的收入分布。这些密度图表明学生的收入远低于其他群体。

8.2.2 构建逻辑回归模型

虽然我们可以做更多的数据探索，但是对于这份数据已经足够了，接下来创建逻辑回归模型。为了实现良好的建模实践，首先划分训练集和测试集，然后对训练集创建模型，以避免在进行回归时过度拟合。下面的代码首先将数据集划分为训练集和测试集，然后构建逻辑回归模型。这里使用 glm() 构建逻辑回归模型，在逻辑回归模型中，使用 default 特征作为因变量，数据集中所有其他特征作为自变量。

```
# Split into train/test splits first.
set.seed(42)
default_idx <- sample(nrow(Default), ceiling(nrow(Default) / 2))
default_trn <-  Default[default_idx, ]
default_tst <- Default[-default_idx, ]
```

```
# Create the model.
model_glm <- glm(default ~ ., data = default_trn, family = "binomial")
```

创建逻辑回归模型的过程与创建线性回归模型的过程非常相似。但是，我们使用 glm( ) 代替 lm( )。另外需注意，我们必须为二进制分类指定 family ="binomial"。（实际上，用 family ="gaussian" 调用 glm( ) 等同于 lm( )，然后使用 summary( ) 函数查看逻辑回归模型的详细信息。

```
summary(model_glm)
##
## Call:
## glm(formula = default ~ ., family = "binomial", data = default_trn)
##
## Deviance Residuals:
##     Min       1Q   Median       3Q      Max
## -2.4137  -0.1496  -0.0596  -0.0214   3.7295
##
## Coefficients:
##               Estimate Std. Error z value Pr(>|z|)
## (Intercept) -1.026e+01  6.852e-01 -14.976  < 2e-16 ***
## studentYes  -1.010e+00  3.248e-01  -3.109  0.00188 **
## balance      5.663e-03  3.252e-04  17.412  < 2e-16 ***
## income      -8.386e-06  1.139e-05  -0.736  0.46152
## ---
## Signif. codes:  0'***' 0.001 '**' 0.01 '*' 0.05 '.' 0.1 ' ' 1
##
## (Dispersion parameter for binomial family taken to be 1)
##
##     Null deviance: 1470.42  on 4999  degrees of freedom
## Residual deviance:  813.19  on 4996  degrees of freedom
## AIC: 821.19
##
## Number of Fisher Scoring iterations: 8
```

与线性回归模型计算的 summary 结果一样，这里将获得有关残差相关的信息，以及预测变量的显著性估计，逻辑回归框架中的 p 值的解释与线性回归模型的 p 值相同。

注意，逻辑回归模型得到的是 z 值而不是 t 值。在没有过多地理解这种差异的理论的情况下，应该理解这个值的含义类似于 t 值的含义。

由 summary( ) 调用生成的逻辑回归诊断值通常不直接用于解释模型的拟合情况。

在进行任何预测之前，使用 summary( ) 简要检查模型。除了观察模型的误差、p 值等信息外，重点是要看看我们的模型估计了哪些系数值。

8.2.3 逻辑回归预测

在更仔细地研究更适合于逻辑回归模型的诊断之前，首先应该了解如何使用 predict( ) 函数进行预测。为了返回概率，我们必须指定 type ="response"。

```
head(predict(model_glm, type = "response"))
##         9149         9370         2861         8302         6415
## 9.572703e-04 4.550820e-01 9.532154e-03 3.281078e-05 1.214581e-04
##         5189
## 2.968213e-04
```

这些预测值是可能性，而不是分类。我们必须“手动”将概率转换为分类。传统上，可以使用 0.5 作为阈值（这实际上相当于指定 type ="link" 并使用阈值 0.5），使用 if else 将所有预测值大于 0.5 的结果记为 Yes，将小于等于 0.5 的结果记为 No。

```
trn_pred <- ifelse(predict(model_glm, type = "response") > 0.5,
"Yes", "No")
head(trn_pred)
## 9149 9370 2861 8302 6415 5189
## "No" "No" "No" "No" "No" "No"
```

8.2.4 逻辑回归模型评估

评估分类模型最常见的事情可能是使用交叉表将实际响应值与预测响应值进行比较。交叉表通常称为混淆矩阵，可以使用 base 中的 table( ) 函数生成此矩阵。

```
trn_tab <- table(predicted = trn_pred, actual = default_trn$default)
trn_tab
##          actual
## predicted   No  Yes
##       No  4814  121
##       Yes   18   47
# Making predictions on the test set.
tst_pred <- ifelse(predict(model_glm, newdata = default_tst, type =
"response") > 0.5, "Yes", "No")
tst_tab <- table(predicted = tst_pred, actual = default_tst$default)
tst_tab
##          actual
## predicted   No  Yes
##       No  4815  111
##       Yes   20   54
```

评估逻辑回归模型的常见指标是错误率和准确度，可以直接从混淆矩阵计算这些指标。下面编写了一个函数，用于计算模型的错误率。

```
calc_class_err <- function(actual, predicted) {
  mean(actual != predicted)
}
calc_class_err(actual = default_trn$default, predicted = trn_pred)
## [1] 0.0278
calc_class_err(actual = default_tst$default, predicted = tst_pred)
## [1] 0.0262
```

现在，我们更详细地考虑混淆矩阵，如图 8.4 所示。真阳性（TP）、真阴性（TN）、假阳性（FP）和假阴性（FN）通常用于参考混淆矩阵的 4 个维度。

$$\text{Sens} = \text{TruePositiveRate} = \frac{TP}{P} = \frac{TP}{TP + FN}$$

$$\text{Spec} = \text{TrueNegativeRate} = \frac{TN}{N} = \frac{TN}{TN + FP}$$

$$\text{Prev} = \frac{P}{\text{TotalObs}} = \frac{TP + FN}{\text{TotalObs}}$$

式中，TruePositiveRate 为真阳性率；TrueNegativeRate 为真阴性率；TotalObs 为总的样本数量。

		Actual	
		False (0)	**True** (1)
Predicted	**False** (0)	True Negative (**TN**)	False Negative (**FN**)
	True (1)	False Positive (**FP**)	True Positive (**TP**)

图 8.4 混淆矩阵

从混淆矩阵可以推导出灵敏度、特异性的度量。这些（和其他）度量的重要性取决于数据的性质（例如，如果认为数据难以预测，则较低的值可能是可接受的），以及对错误分类类型的容忍度。例如，我们可能希望对负样本进行分类的预测，以便我们更有可能在未发生负样本时预测负样本。我们必须仔细确定我们是否要优先考虑敏感性或特异性。

我们可以使用 caret 包中的 confusionMatrix( ) 函数来轻松获得灵敏度、特异性等值。

```
library("caret")
## Loading required package: lattice
confusionMatrix(trn_tab, positive = "Yes")
```

```
## Confusion Matrix and Statistics
##
##          actual
## predicted   No  Yes
##       No  4814  121
##       Yes   18   47
##
##                Accuracy : 0.9722
##                  95% CI : (0.9673, 0.9766)
##     No Information Rate : 0.9664
##     P-Value [Acc > NIR] : 0.01101
##
##                   Kappa : 0.392
##  Mcnemar's Test P-Value : < 2e-16
##
##             Sensitivity : 0.2798
##             Specificity : 0.9963
##          Pos Pred Value : 0.7231
##          Neg Pred Value : 0.9755
##              Prevalence : 0.0336
##          Detection Rate : 0.0094
##    Detection Prevalence : 0.0130
##       Balanced Accuracy : 0.6380
##
##        'Positive' Class : Yes
##
```

现在，让我们考虑另一个与混淆矩阵无关的度量。还记得我们选择 0.5 作为分类门槛值吗？ 我们怎么知道 0.5 值是准确度的“最佳”值？ 实际上，其他门槛值可能更好（如果所有模型假设都为真且样本量相当大，则 0.5 将倾向于最佳值）。

ROC 曲线说明了所有可能的门槛值的灵敏度和特异性。我们可以使用 pROC 包中的 roc( ) 函数生成 ROC 曲线，roc( ) 函数的第一个参数是数据集的真实标签，第二个参数是模型的预测结果，第三个参数 plot 需要输入一个逻辑值，用以表明是否需要绘制 ROC 曲线图。模型的 ROC 曲线如图 8.5 所示。

```
library("pROC")
## Type 'citation("pROC")' for a citation.
##
## Attaching package: 'pROC'
## The following objects are masked from 'package:stats':
##
##     cov, smooth, var
```

```
test_prob <- predict(model_glm, newdata = default_tst, type =
"response")
test_roc <- roc(default_tst$default , test_prob, plot = TRUE, print.auc
= TRUE)
as.numeric(test_roc$auc)
## [1] 0.9519489
```

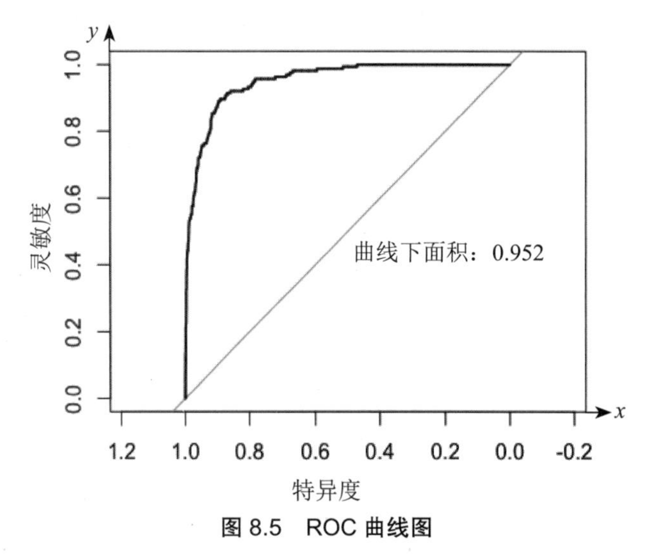

图 8.5　ROC 曲线图

一般来说，希望曲线靠向左边界和上边界（表明高灵敏度和特异性）。曲线下面积用于量化 ROC 的轮廓。从图 8.5 中可以看到，曲线下面积的值为 0.952，模型效果很不错。

8.3　总　　结

逻辑回归模型是解决分类问题较常用的模型之一，其有非常好的可解释性，并且模型通常能够达到比较好的预测效果，因此，逻辑回归模型被广泛应用。通常而言，逻辑回归模型用于解决二分类问题，并不能直接地解决多分类问题，但是，有方法可以让逻辑回归模型来解决多分类问题。衡量分类模型好坏的指标有很多，如混淆矩阵、灵敏度、特异度，等等，这些指标可以衡量二分类或者多分类的模型。对于二分类问题，另外一些指标，包括 ROC、KS 等也常常被用来衡量模型的优劣。总而言之，逻辑回归模型是解决分类模型的优秀模型，其简洁、可解释性、良好的模型预测能力使其成为应用较广泛的模型之一。

第9章 聚类模型

聚类模型的基本思想是“物以类聚”，即相似的样本会被归为一类。因此，聚类分析的一个关键点是如何衡量数据间的相似性。在数据分析项目中，当需要对数据进行聚类分析时，常常会先对数据进行多维缩放，再将高维度数据进行可视化，如果观察到的数据中存在数据聚集的情况，再进一步对数据进行聚类。但是，很多情况下没有办法先行判断数据中是否存在数据聚集的情况，这个时候进行聚类分析会涉及一些主观性的判断。例如，将数据聚类为多少类别。聚类为多少类别，这是数据分析中很值得商榷的一个事情。常用的聚类方法包括层次聚类、*K* 均值聚类。

9.1 概　　述

聚类是一种非监督的机器学习模型，用于识别数据中存在的模式。它的基本的思想是计算样本之间的相似性（当然，相似性有很多衡量指标），然后将相似的样本聚集起来。例如，在广告应用中，通过识别具有相似情况的客户，将客户划分为不同的子群，这些不同的子群可能接受特定形式的广告，由此可进一步采取有针对性的广告投放措施。聚类分析在很多领域有着应用，如市场细分的营销、欺诈分析等。本章会对聚类分析进行简单的介绍，并介绍聚类模型在 R 语言中的实现。

9.1.1 聚类算法

聚类分析是根据样本相似性对样本进行分类。可以使用不同的聚类算法进行分析，如 *K* 均值聚类、分层聚类、Medoids 聚类（PAM）。

所有聚类方法都对数据的比例（单位）敏感，因此必须使我们数据的所有变量以相似的比例进行聚类。本章主要介绍 *K* 均值聚类。

9.1.2 K均值聚类的原理

K 均值聚类（K Means Clutering）是一种无监督的机器学习聚类算法，它试图将观察分组到不同的聚类中。具体而言，该算法的目标是最小化集群内的差异并最大化集群之间的差异。

要执行 *K* 均值聚类方法，首先要指定聚类数 *K*，然后将每个观测值分配给 *K* 个聚类中的一个。这是一个相当简单、直观的数学问题。

我们首先定义一些符号。设 $C_1,\cdots,C_k$ 表示包含每个簇中观察值的索引的集合。这些集合满足以下属性：

$C_1 \cup C_2,\cdots,\cup C_k=\{1,\cdots,n\}$。每一个观测数据都属于这 *K* 个聚类中的一个。

$C_1 \cap C_{k'}=\varnothing$，$k \neq K'$。也就是说，集群是不重叠的；观察数据不能属于多个集群。

例如，如果第 i 个观察值在第 k 个簇中，那么 $i \in C_k$。

簇 C_K 的内变化是簇内观察值彼此不同的量的量度 $W(C_k)$。因此，我们想解决以下问题：

$$\min_{C_1,\cdots,C_k}=\frac{1}{|C_k|}\left\{\sum_{k=1}^{K}W(C_k)\right\} \tag{9.1}$$

式（9.1）表明我们希望将观测值划分为 *K* 个簇，使得在所有 *K* 个簇上求和的总簇内变化尽可能小。求解等式（9.1）似乎是一个合理的想法，但为了使其可行，我们首先需要定义群内变异。有许多可能的方法来定义这个概念，但最常见的是使用平方欧氏距离，其定义为

$$W(C_k)=\frac{1}{|C_k|}\sum_{i,i'\in C_k}\sum_{j=1}^{p}\left(x_{ij}-x_{i'j}\right)^2 \tag{9.2}$$

式中，$|C_k|$ 表示第 k 个簇中的观察数。也就是说，第 k 个聚类的聚类内变化是聚类中观测值之间的所有成对平方欧氏距离之和除以第 k 个聚类中的观测总数。

如果我们结合等式（9.1）和（9.2），我们得到定义 *K* 均值聚类的优化问题：

$$\min_{C_1,\cdots,C_k}\left\{\sum_{k=1}^{K}\frac{1}{|C_k|}\sum_{i,i'\in C_k}\sum_{j=1}^{p}\left(x_{ij}-x_{i'j}\right)^2\right\} \tag{9.3}$$

现在，我们想解决（9.3）。换句话说，我们需要一种方法将观测值划分为 *K* 个聚类，以使式（9.3）的目标最小化。这实际上是一项难以精确解决的任务，因为几乎有 K_n 方法将

n 个观测值划分为 K 个聚类。这是一个巨大的数字，除非 K 和 n 非常小！ 幸运的是，存在一种相当简单的算法，可以证明它可以为式（9.3）中的 K 均值优化问题提供局部最优解决方案。方法如下。

- 从每个观察值中随机分配 1 ～ K 的数字。这些用作观察值的初始聚类分配。
- 迭代，直到群集分配停止更改。对于每个 K 簇，计算簇质心。第 k 个聚类质心是用于第 k 个聚类中的观察的 p 个特征装置的向量。将每个观测值分配给质心最接近的聚类，如欧氏距离所定义的那样。

保证上述算法在每次迭代时减小式（9.3）的值。要了解原因，请考虑：

$$\frac{1}{|C_k|}\sum_{i,i'\in C_k}\sum_{j=1}^{p}\left(x_{ij}-x_{i'j}\right)^2=2\sum_{i\in C_k}\sum_{j=1}^{p}\left(x_{ij}-\overline{x}_{kj}\right)^2 \tag{9.4}$$

$\overline{x}_{kj}=\frac{1}{|C_k|}\sum_{i\in C_k}x_{ij}$ 是簇 C_k 中特征 j 的平均值。

在式（9.2）中，每个特征的聚类结果是最小化偏差平方和的常数，并且重新分配观察结果只能改进式（9.4）。这意味着在运行算法时，获得的聚类将不断改进，直到结果不再发生变化。式（9.3）的目标值永远不会增加。当结果不再变化时，已达到局部最优。

K 均值聚类找到局部最优结果而不是全局最优结果，所获得的结果将取决于算法的步骤 1 中每个观察值的初始随机簇分配。因此，在不同的随机初始配置中多次运行算法至关重要。然后，选择最佳解决方案，即目标（9.3）最小的那个。

9.2 在 R 语言中实现聚类模型

本节用到的数据来源于 25 个欧洲国家的蛋白质摄入百分比，获取数据的链接是 http：//www.biz.uiowa.edu/faculty/jledolter/DataMining/protein.csv

首先准备好数据，使用 readr 包中的 read_csv9( ) 函数读取对应链接中的数据集，然后展示数据集的前 3 条数据：

```
url = 'http://www.biz.uiowa.edu/faculty/jledolter/DataMining/protein.csv'
library(readr)
food <- read_csv(url)
head(food,3)
```

```
##    Country RedMeat WhiteMeat Eggs Milk Fish Cereals Starch Nuts Fr.Veg
## 1 Albania      10.1         1.4  0.5  8.9  0.2      42.3      0.6   5.5
1.7
## 2 Austria       8.9        14.0  4.3 19.9  2.1      28.0      3.6   1.3
4.3
## 3 Belgium      13.5         9.3  4.1 17.5  4.5      26.6      5.7   2.1
4.0
```

数据集包括25条数据、10个特征。接下来使用4种方法进行聚类分析。

9.2.1　*K*均值聚类

*K*均值聚类有一个很重要的参数需要在聚类之前进行设定，即聚类数目。通常而言，有两种方法可以用于确定最佳的聚类数目。

- Elbow方法。
- Gap统计方法。

Elbow方法的基本思想是定义不同聚类数目，选取使得聚类内总体变化（称为总聚类内变化或总聚类内的平方和）最小化的聚类数。其实现方式如以下代码所示，其基本的思想是选择不同的聚类数目，然后比较聚类的总体变化，对应的值是tot.withinss，如图9.1所示。

```
kmax<-10
Elbow<-sapply(1:kmax, function(k) kmeans(food[,-1], centers = k, nstart
= 10)$tot.withinss)
plot(1:kmax, Elbow, type = 'b', xlab = 'k', ylab = 'Total wss')
```

在图9.1中，*x*轴表示聚类中的聚类数目，*y*轴表示总的聚类变化数。在图9.1中，弯曲（Elbow）的位置通常指示适当数量的簇。

Gap统计方法可以用于任何聚类方法。它的基本的思想是将不同*k*值的集群内变化的总和与它们在数据的分布下的预期值进行比较，即没有明显聚类的分布。在采样过程使用蒙特卡罗方法模拟生成参考数据集，选择最小*k*处的聚类数量。所使用到的函数是cluster包中的clusGap( )函数，函数的第一个参数是聚类的数据集，第二个参数FUN用于指定聚类方法，K.max表示聚类模型的最大聚类数目，B表示数据抽样的次数。Gap图如图9.2所示。

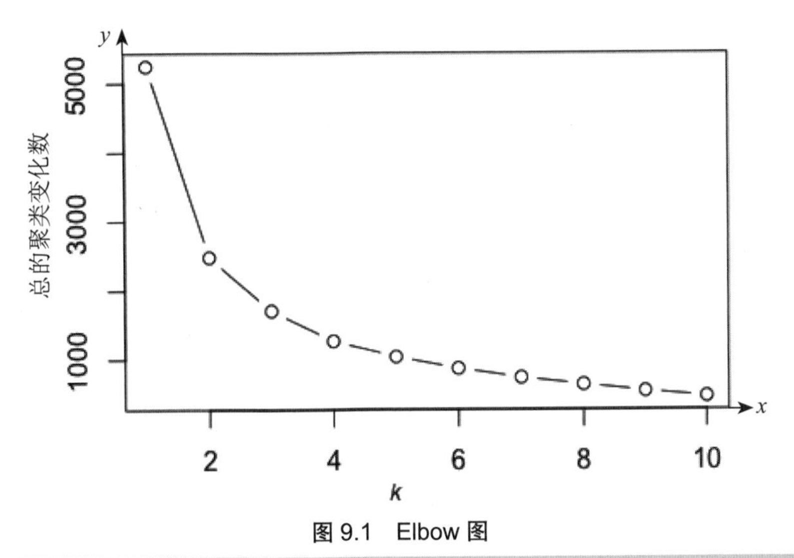

图 9.1 Elbow 图

```
require(cluster)
## Loading required package: cluster
set.seed(123)
gap_stat <- clusGap(food[,-1], FUN = kmeans,  K.max = 10, B = 50)

plot(gap_stat, xlab = "Number of clusters k")
abline(v = 4, lty = 2)
```

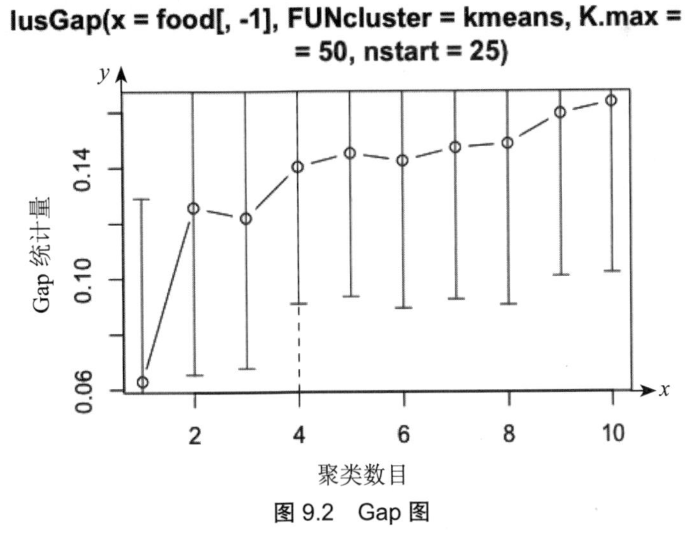

图 9.2 Gap 图

从图 9.2 中可以判断，聚类为 3 个集群比较合适。接下来构建 K 均值聚类，使用

kmeans( ) 函数构建聚类模型，center 参数用于指定聚类数目，这里取 3。

```
set.seed(123)
food_km<-kmeans(food[,-1], centers = 3, nstart = 50)
food_km
## K-means clustering with 3 clusters of sizes 12, 6, 7
##
## Cluster means:
##     RedMeat WhiteMeat     Eggs     Milk     Fish  Cereals   Starch
## 1 12.091667  9.441667 3.708333 23.00000 4.991667 24.02500 4.616667
## 2  7.883333  7.566667 2.716667 11.68333 5.833333 31.33333 5.183333
## 3  7.614286  5.528571 1.800000 11.67143 1.742857 47.12857 2.914286
##       Nuts    Fr.Veg
## 1 1.766667  3.491667
## 2 3.133333  6.000000
## 3 5.257143  3.642857
##
## Clustering vector:
##  [1] 3 1 1 3 2 1 2 1 1 3 3 1 2 1 1 2 2 3 2 1 1 1 3 1 3
##
## Within cluster sum of squares by cluster:
## [1] 656.4517 488.7267 561.8714
##  (between_SS / total_SS =  67.4 %)
##
## Available components:
##
## [1] "cluster"      "centers"      "totss"        "withinss"
## [5] "tot.withinss" "betweenss"    "size"         "iter"
## [9] "ifault"
```

在 *K* 均值之前设置随机种子的原因是该算法随机选择起始中心点，因此如果没有设置种子，则其会在另一次运行中产生不同的结果。nstart 是算法使用新的随机中心初始化的次数，因此强烈建议为其选择更高的值以稳定算法，*K* 均值聚类的结果如图 9.3 所示。

```
plot(x=food[,2], y=food[,3], col=food_km$cluster)
points(food_km$centers, pch=3, cex=2)
```

在图 9.3 所示中，*x* 轴的 food[,2] 表示 food 数据集中的第二个特征，*y* 轴的 food[,3] 表示 food 数据集中的第三个特征。使用 *K* 均值聚类将数据聚类为 3 类，其中“+”号表示不同聚类的聚类中心。图 9.3 是群集的简单可视化，但只使用了数据中的两个变量。绘制数据的更好方法是使用数据集降维的可视化方法，实现方式是通过 cluster 包的 clusplot ( ) 函数，函数的第一个参数是聚类的数据集合，第二个参数是聚类的结果。*K* 均值聚类的结果如图 9.4 所示。

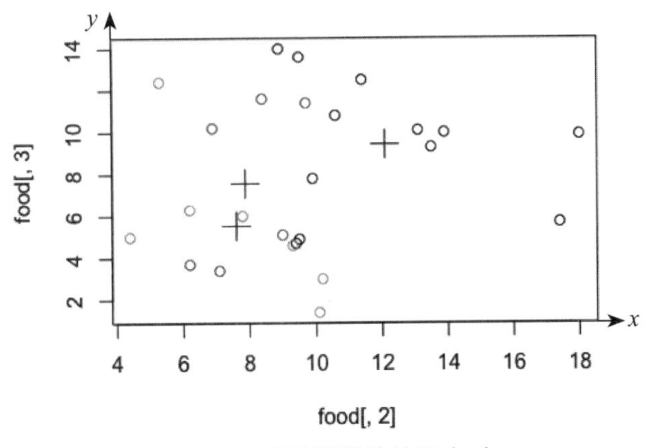

图 9.3　*K* 均值聚类的结果（1）

```
library(cluster)
clusplot(food[,-1], food_km$cluster, color = T, labels = 2, main =
'Cluster Plot')
```

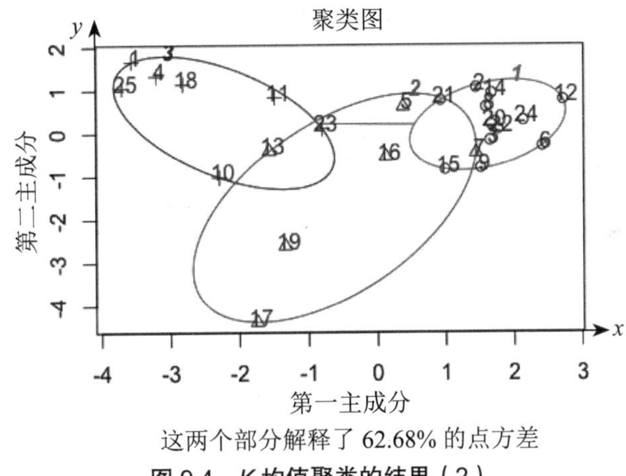

图 9.4　*K* 均值聚类的结果（2）

在图 9.4 中，每一个圈代表一个聚类类别。这里是将原始的数据降低为两个维度，使用的方法是主成分。

9.2.2　层次聚类

层次聚类算法为数据集的观察值生成层次结构。为了评估观察值之间的相似性，需要距离矩阵来量化接近度或相似度。dist( ) 函数可用于计算距离矩阵。

```
dist_data<-dist(food[,-1], method = 'euclidean')
```

这里距离矩阵计算的是欧氏距离，另外方法也可以改为 maximum、manhattan、canberra、binary 或 minkowski。使用 hclust( ) 函数可以进行层次聚类，通过绘制树状图可以很好地可视化分层聚类，如图 9.5 所示。

```
hdata<-hclust(dist_data)
hdata
##
## Call:
## hclust(d = dist_data)
##
## Cluster method   : complete
## Distance         : euclidean
## Number of objects: 25
plot(hdata)
abline(h=30, lty=2)
```

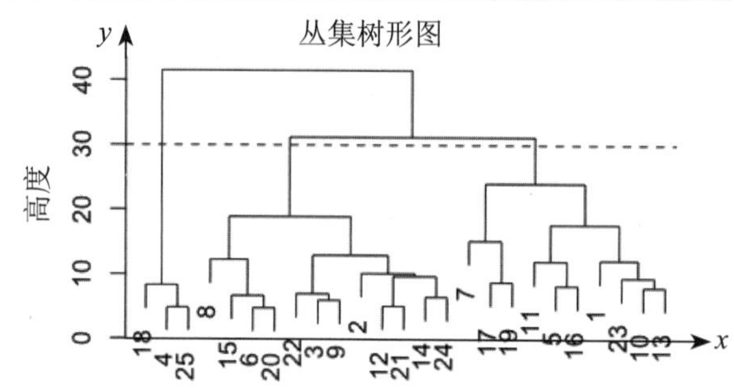

图 9.5　层次聚类的结果

在图 9.5 中，x 轴中的 dist_data 是建模中所使用的数据集的名称，y 轴中的 Height 表示层次聚类中不同类别的层次高度。参考树形图，应选择合适的高度，其中应绘制水平线，并且水平线切割树形图分支的实例数是数据的簇。由图 9.5 可以判断，层次聚类分析产生了 3 个聚类。

9.2.3　Medoids聚类（PAM）

K 均值算法使用均值获得中心点，但是，均值对异常值敏感。这个问题通过 PAM 解决。

PAM 在数据中搜索 k 个代表性对象或中间体。在找到 k 个代表性对象后，通过将每个观察数据指定到最近的中间体来构建 k 个簇。构建 Medoids 聚类的函数是 pam( ) 函数，其有两个参数，第一个参数是模型的数据集，第二个参数表示聚类的数目。Medoids 聚类结果如图 9.5 所示。

```
food_pam<-pam(food[,-1], 3)
food_pam
## Medoids:
##      ID RedMeat WhiteMeat Eggs Milk Fish Cereals Starch Nuts Fr.Veg
## [1,]18     6.2  6.3        1.5  11.1 1.0  49.6     3.1    5.3  2.8
## [2,]3     13.5  9.3        4.1  17.5 4.5  26.6     5.7    2.1  4.0
## [3,]20     9.9  7.8        3.5  24.7 7.5  19.5     3.7    1.4  2.0
## Clustering vector:
##  [1] 1 2 2 1 2 3 2 3 2 1 1 3 2 3 3 2 2 1 2 3 2 2 1 2 1
## Objective function:
##    build     swap
## 8.631786 8.631786
##
## Available components:
##  [1] "medoids" "id.med" "clustering" "objective"  "isolation"
##  [6] "clusinfo" "silinfo"  "diss"   "call"   "data"
clusplot(food[,-1], food_pam$clustering, color = T, main = 'Cluster
Plot')
```

这种方法用于处理更大的数据集，以减少计算时间和 RAM 存储问题。

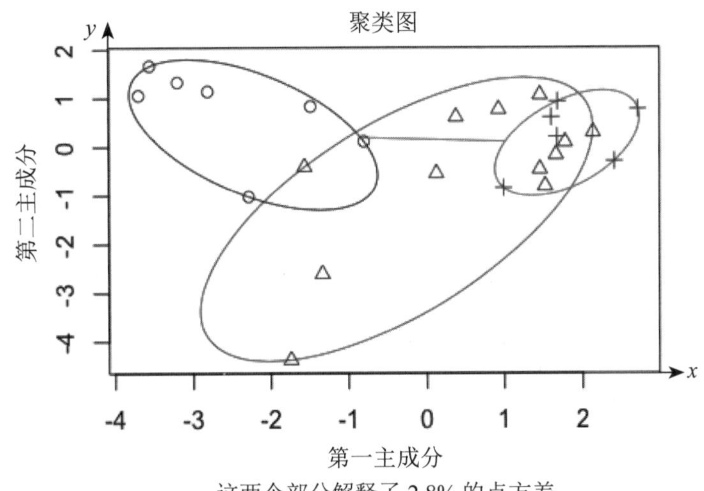

图 9.6　Medoids 聚类结果

9.3 总　　结

聚类分析是机器学习中的一种非监督算法，可以用来识别数据中潜在的模式。最常用的聚类方法是 K 均值聚类和层次聚类。对于 K 均值聚类而言，一个非常关键的问题是选取的聚类数量，因为没有关于数据聚集情况的先验知识，是否选取合适的聚类数目对 K 均值聚类的结果有着很大的影响。层次聚类最后会呈现出一个树结构，算法本身不会给出聚类的数目，可以根据树的结构划分出合适的聚类结果。本章介绍了聚类算法的基本概念、聚类算法在 R 中的实现，包括聚类数目的选取、聚类模型的构建及聚类结果的可视化展示。

第10章 关联规则

在数据分析中，当遇到需要发现事物中存在的某种关系的时候会用到关联规则这种方法。例如，餐馆希望知道哪些菜可以一起出售，此时可以使用关联规则来分析哪些菜会被经常一起出售，又或者当客户点了一些菜，可以利用关联规则，推荐给客户相关联的菜品。关联规则的思想非常朴素，其在数据分析中应用非常广泛。

10.1 关联规则概述

关联规则是大数据问题的简单解决方案之一，其属于无监督学习算法，用于在没有任何模式先验知识的情况下识别模式。关联规则算法通常会生成大量规则，一个新的问题是如何去理解生成的这些大量规则，一般而言，通过可视化和过滤技术对规则进行理解分析。

最初的关联规则是 Agrawal 等人在 1993 年提出的，他们利用大型零售交易数据，期望分析出用户可能会一起购买的商品。关联规则是一种在看似无关的数据中查找模式的方法。一个简单的例子是：如果我买牛奶，那么我也有 80% 购买酸奶的可能性。当然还有更多的例子。例如，在网站中的应用关联规则，可发现强关联的网页组。

关联规则有两个部分，即前提（if）和结果（then）。前提部分是数据中找到的项目。结果是与前因结合发现的项目。通过分析频繁的 if / then 模式的数据并使用支持度和置信度来识别最重要的关系来创建关联规则。支持度表示项目在数据中出现的频率。置信度表示 if / then 规则出现的次数。在数据分析中，关联规则对分析和预测客户行为很有用。它们在购物篮数据分析、产品集群、目录设计和商店布局中发挥着重要作用。

本章会介绍关联规则的基本概念、关联规则在 R 语言中的实现、可视化及应用。

10.2 关联规则的基本概念

1. 关联规则的原理

设$I = i_1, i_2, \cdots, i_n$，$i_n$是一组名为items的$n$个二进制属性。设$D = t_1, t_2, \cdots t_m$，$t_m$是一组称为数据库的事务。$D$中的每个事务都有一个唯一的事务ID，并包含$I$中的项的子集。

规则被定义为$X \Rightarrow Y$的形式，其中X、$Y \subseteq I, X \cap Y = \varnothing$。物品组（对于短项目集）$X$和$Y$被称为前提的规则。

关联规则是超过用户指定的最小支持度和最小置信度阈值的规则。支持度、置信度和提升度的定义如下。

支持度：项集X的支持度supp(X)被定义为包含项集的数据集中的项集的比例。

置信度：置信度表示在先决条件X发生的情况下，由关联规则$X \rightarrow Y$推出Y的概率，即$\mathrm{conf}\left(X \Rightarrow Y\right) = \mathrm{supp}\left(X \cup Y\right) / \mathrm{supp}\left(X\right)$。

提升度：提升度表示含有X的条件下，同时含有Y的概率，与Y总体发生的概率之比，即$\mathrm{Lift}\left(X \rightarrow Y\right) = P\left(Y \mid X\right) / P\left(Y\right)$。

2. 关联规则的应用场景

通过关联规则挖掘、了解客户购买行为有助于确定向客户交叉销售产品的新机会和新方式。它用于个性化营销促销、更智能的库存管理、商店中的产品放置策略及更好的客户关系管理。这个领域属于关联规则在零售市场的应用。另外，关联分析也被用于Web网页的分析，Web使用关联规则可以推荐相关页面，发现具有公共引用的网页、具有大多数相同链接（镜像）的网页和预测性缓存。关联规则有助于改进网页设计及加快搜索速度。关联分析也被用于文本挖掘，用于发现文本中关联出现的内容。例如，文本中的应用可以帮助识别文本剽窃。

10.3 在R语言中实现关联规划

本节使用到的数据是现实世界中某杂货店一个月所销售手机的数据集，这个数据集可以从以下链接获取：http://www.sci.csueastbay.edu/~esuess/classes/Statistics_6620/Presentations/ml13/groceries.csv

在R语言中实现关联规则所使用到的包为arules，关联规则所使用的数据格式并不是通常的数据格式，如数据框、向量。关联规则所使用的数据结构是 transactions 数据结构 。使用 read.transactions 将 CSV 格式的数据读取并转化为 transactions 数据结构的数据，这一份数据也被封装在 arules 包中，因此也可以直接使用 data(groceries) 进行加载。

```
library(arules)
groceries <- read.transactions("http://www.sci.csueastbay.edu/~esuess/
classes/Statistics_6620/Presentations/ml13/groceries.csv", sep = ",")
 #data(Groceries)
summary(groceries)
## transactions as itemMatrix in sparse format with
##  9835 rows (elements/itemsets/transactions) and
##  169 columns (items) and a density of 0.02609146
##
## most frequent items:
##       whole milk other vegetables       rolls/buns             soda
##             2513             1903             1809             1715
##           yogurt          (Other)
##             1372            34055
##
## element (itemset/transaction) length distribution:
## sizes
##    1    2    3    4    5    6    7    8    9   10   11   12   13
14   15
## 2159 1643 1299 1005  855  645  545  438  350  246  182  117   78
77   55
##   16   17   18   19   20   21   22   23   24   26   27   28   29
32
##   46   29   14   14    9   11    4    6    1    1    1    1    3
1
##
##    Min. 1st Qu.  Median    Mean 3rd Qu.    Max.
##   1.000   2.000   3.000   4.409   6.000  32.000
##
## includes extended item information - examples:
##             labels
## 1 abrasive cleaner
## 2 artif. sweetener
## 3   baby cosmetics
```

使用 summary( )，可以展示数据细节。例如，9835 笔交易中的 2513 笔交易包含全 whole milk，而 9835 笔交易中的 1809 笔交易包含 rolls/buns。2159 个交易仅包含 1 个购买的商品，只有 1 个交易购买了 32 个独特商品。

使用 inspect( ) 查看具体的交易数据，下面查看了前 5 条交易：

```
inspect(groceries[1:5])
##      items
## [1] {citrus fruit,
##      margarine,
##      ready soups,
##      semi-finished bread}
## [2] {coffee,
##      tropical fruit,
##      yogurt}
## [3] {whole milk}
## [4] {cream cheese,
##      meat spreads,
##      pip fruit,
##      yogurt}
## [5] {condensed milk,
##      long life bakery product,
##      other vegetables,
##      whole milk}
```

使用 itemFrequency( ) 函数查看项目所出现的频率：

```
itemFrequency(groceries[, 1:3])
## abrasive cleaner artif. sweetener   baby cosmetics
##      0.0035587189      0.0032536858     0.0006100661
```

在数据集上使用 itemFrequencyPlot( ) 函数，每个项目的相对频率可以看作条形图。项目频率可以由支持值指定，即在总可能的事务中包含 $\{x\}$ 的事务数。此处，support = 0.1 表示频率大于或等于 10% 的项目将显示在条形图中。项目的频率图如图 10.1 所示。

```
itemFrequencyPlot(groceries, support = 0.1)
```

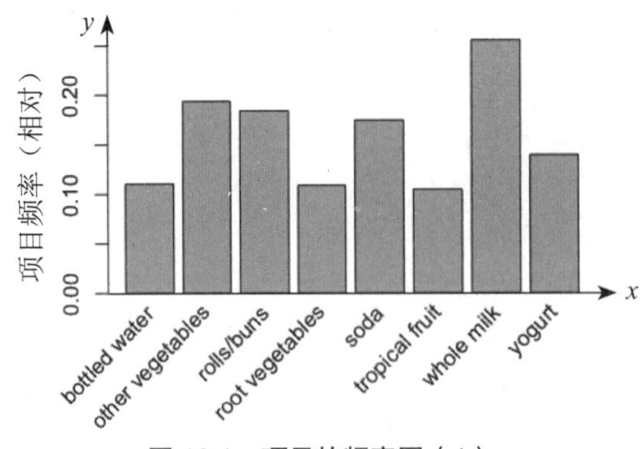

图 10.1　项目的频率图（1）

```
itemFrequencyPlot(groceries, topN = 20)
```

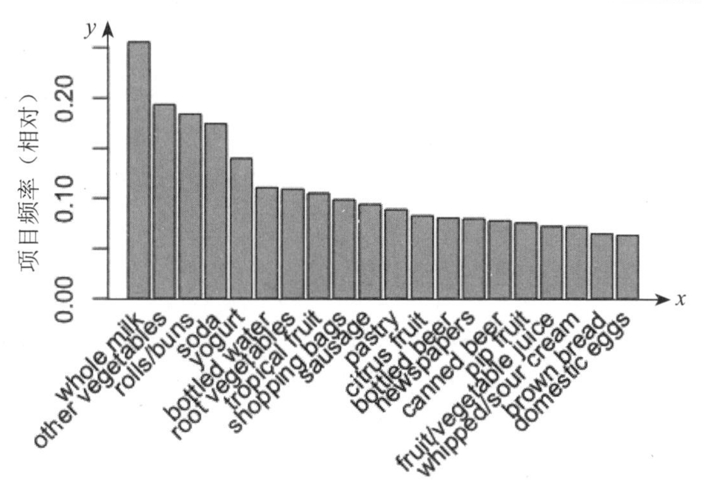

图 10.2　项目的频率图（2）

在图 10.1 和图 10.2 中，x 轴是不同产品的名字，而 y 轴是这些不同产品出现的频率。在 itemFrequencyPlot( ) 中指定参数的另一种方法是使用参数 topN，它指定从杂货数据中显示频率前 N 项的项目。这样，默认情况下，项目将按降序排列。

10.3.1　训练模型

首先，尝试使用 eclat( ) 函数构建模型，这是一种挖掘数据中频繁项集的方法。eclat( ) 函数的第一个参数是所用到的数据集，parameter 参数用于指定相关指标，如支持度、置信度等。模型构建好之后通过 inspect( ) 函数给出模型的结果，并且查看最频繁的项目集。

```
freq.itemsets <- eclat(groceries, parameter=list(supp=0.075, maxlen=15))
## Eclat
##
## parameter specification:
##  tidLists support minlen maxlen            target   ext
##     FALSE   0.075      1     15 frequent itemsets FALSE
##
## algorithmic control:
##  sparse sort verbose
##       7   -2    TRUE
##
## Absolute minimum support count: 737
```

```
##
## create itemset ...
## set transactions ...[169 item(s), 9835 transaction(s)] done [0.00s].
## sorting and recoding items ... [16 item(s)] done [0.00s].
## creating sparse bit matrix ... [16 row(s), 9835 column(s)] done [0.00s].
## writing  ... [16 set(s)] done [0.00s].
## Creating S4 object  ... done [0.00s].
inspect(freq.itemsets)
##      items                  support             count
## [1]  {whole milk}       0.25551601      2513
## [2]  {other vegetables} 0.19349263 1903
## [3]  {rolls/buns}        0.18393493      1809
## [4]  {yogurt}             0.13950178        1372
## [5]  {soda}               0.17437722        1715
## [6]  {root vegetables}  0.10899847   1072
## [7]  {tropical fruit}   0.10493137 1032
```

可以看到，常出现的3种项目分别为whole milk、other vegetables、rolls/buns。

然后创建规则，使用apriori( )函数构建关联规则，其第一个参数是所用到的数据集合，parameter用于指定相应的指标，如项目要求最低有多少置信度。

```
groceryrules <- apriori(groceries, parameter = list(support =
                          0.006, confidence = 0.25, minlen = 2))
## Apriori
##
## Parameter specification:
##  confidence minval smax arem  aval originalSupport maxtime support minlen
##       0.25    0.1    1 none FALSE            TRUE       5   0.006      2
##  maxlen target   ext
##      10  rules FALSE
##
## Algorithmic control:
##  filter tree heap memopt load sort verbose
##     0.1 TRUE TRUE  FALSE TRUE    2    TRUE
##
## Absolute minimum support count: 59
##
## set item appearances ...[0 item(s)] done [0.00s].
## set transactions ...[169 item(s), 9835 transaction(s)] done [0.00s].
## sorting and recoding items ... [109 item(s)] done [0.00s].
## creating transaction tree ... done [0.00s].
## checking subsets of size 1 2 3 4 done [0.00s].
## writing ... [463 rule(s)] done [0.00s].
## creating S4 object  ... done [0.00s].
groceryrules
```

```
## set of 463 rules
```

从输出的结果可以发现，这里一共产生了463条规则。

10.3.2 模型的评估

查看规则对象的摘要，要使用summary( )。它包含由apriori( )中的特定要求生成的总共463个规则的信息，并分为3个可能的项集长度，即2个项目的150条规则、3条项目的297条规则和4条项目的16条规则。

```
summary(groceryrules)
## set of 463 rules
##
## rule length distribution (lhs + rhs):sizes
##   2   3   4
## 150 297  16
##
##    Min. 1st Qu.  Median    Mean 3rd Qu.    Max.
##   2.000   2.000   3.000   2.711   3.000   4.000
##
## summary of quality measures:
##      support            confidence           lift              count
##  Min.   :0.006101   Min.   :0.2500   Min.   :0.9932   Min.   : 60.0
##  1st Qu.:0.007117   1st Qu.:0.2971   1st Qu.:1.6229   1st Qu.: 70.0
##  Median :0.008744   Median :0.3554   Median :1.9332   Median : 86.0
##  Mean   :0.011539   Mean   :0.3786   Mean   :2.0351   Mean   :113.5
##  3rd Qu.:0.012303   3rd Qu.:0.4495   3rd Qu.:2.3565   3rd Qu.:121.0
##  Max.   :0.074835   Max.   :0.6600   Max.   :3.9565   Max.   :736.0
##
## mining info:
##        data ntransactions support confidence
##  groceries          9835   0.006       0.25
```

使用inspect( )检查下面的前三个规则。每条规则都包含$\{x\} \rightarrow \{y\}$与其各自支持度、置信度和提升度值之间关系的信息。如前所述，支持度测量数据中频繁出现的频率，置信度是衡量其预测能力或准确性的标准，而提升度则衡量一个项目或项目集相对于其典型购买率的可能性。

例如，第一条规则规定购买potted plants的顾客更有可能购买whole milk。支持度显示，在杂货数据的所有交易中，购买potted plants的比例为0.6%，并且有条件表明，potted plants 存在的交易的 40% 导致 whole milk 的交易。结果表明，购买 potted plants 的顾客购买 whole milk 可能性是单独购买 whole milk 的 1.56 倍。较大的提升度是一个强有力的指标，反映了规则中各项之间的真实联系。

```
inspect(groceryrules[1:3])
##     lhs                   rhs                support     confidence lift
## [1] {potted plants} => {whole milk}  0.006914082 0.4000000  1.565460
## [2] {pasta}       => {whole milk}      0.006100661 0.4054054  1.586614
## [3] {herbs}      => {root vegetables} 0.007015760 0.4312500  3.956477
##     count
## [1] 68
## [2] 60
## [3] 69
```

10.3.3 提升关联规则的效果

检查关联规则集的有效方法是查看具有更高提升度的规则，因为较大的提升度表示先前隐藏在项之间的强连接。实现方式是通过 inspect( ) 函数查看结果的时候指定 by="lift"，表示将结果按提升度排序。例如，数据集中具有最高提升度的规则是将草药与根植物相关联的规则；购买 herbs 的顾客购买 root vegetables 的可能性几乎是普通顾客的 4 倍。

```
inspect(sort(groceryrules, by = "lift")[1:5])
##     lhs        rhs         support confidence     lift count
## [1] {herbs}  => {root vegetables} 0.007015760  0.4312500 3.956477 69
## [2] {berries} => {whipped/sour cream} 0.009049314 0.2721713 3.796886
89
## [3] {other vegetables,
##      tropical fruit,
##         whole milk}          => {root  vegetables}      0.007015760
0.4107143 3.768074    69
## [4] {beef,
## other vegetables} => {root vegetables}      0.007930859   0.4020619
3.688692    78
## [5] {other vegetables,
##  tropical fruit} =>{pip fruit} 0.009456024  0.2634561 3.482649   93
```

检查数据规则的另一种有效方法是查看包含某特定规则子集。假如要发现包含 berries 的集合，实现方式是使用 subset 筛选出 items 包含 berries 的项目。如果要求一个人在特定季节制作促销berries的广告，这样的操作将非常有用。然后，subset( )与rules对象一起使用，以查看专门包含{berries}的规则。通过查看与具有最高提升度的{berries}相关的规则列表，可以看出购买berries的顾客购买whipped/sour cream的可能性是没有买过berries的顾客的3.8倍，购买yogurt的可能性是其他人的2.3倍。在揭示这些信息后，我们可以认为berries和whipped/sour cream可能是甜点的良好组合。

```
berryrules <- subset(groceryrules, items %in% "berries")
inspect(berryrules)
##     lhs          rhs                    support     confidence lift
## [1] {berries} => {whipped/sour cream} 0.009049314 0.2721713
3.796886
## [2] {berries} => {yogurt}   0.010574479 0.3180428  2.279848
## [3] {berries} => {other vegetables}    0.010269446 0.3088685
1.596280
## [4] {berries} => {whole milk}  0.011794611 0.3547401  1.388328
##     count
## [1]  89
## [2] 104
## [3] 101
## [4] 116
```

10.3.4 关联规则的可视化

关联规则可视化用到的包是arulesViz，接下来对于berries的规则集合进行可视化，如图10.3所示。

```
library(arulesViz)
## Loading required package: grid
plot(berryrules,method = "graph")
```

图10.3显示了关联规则中的4条规则。在图10.3中，圆圈颜色越深，表示提升度越高；圆圈越大，表示这条规则出现的次数越多。这是关联规则最直观的图形展示，如果希望深入地了解数据，可以使用treemap图，这些图形展示了每种类型的产品数量，并且类型的层次不断细化，如图10.4～图10.6所示，显示了不同层次的产品数量。

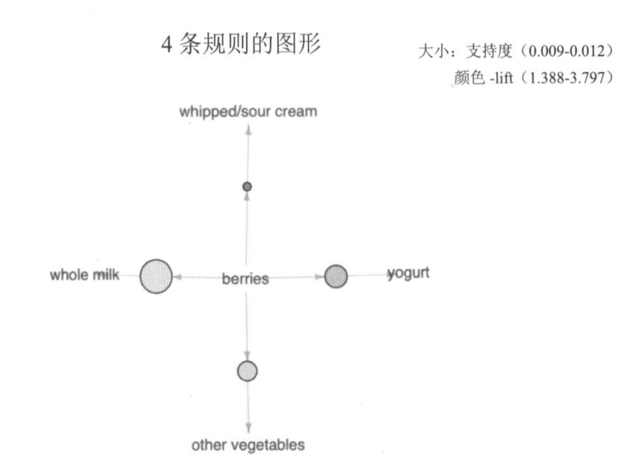

图 10.3　项目的频率图

```
library(tidyverse)
library(treemap)
occur1 <- Groceries@itemInfo %>% group_by(level1) %>% summarize(n=n())
occur2 <- Groceries@itemInfo %>% group_by(level1, level2) %>%
summarize(n=n())
occur3 <- Groceries@itemInfo %>% group_by(level1, level2, labels) %>%
summarize(n=n())
treemap(occur1,index=c("level1"),vSize="n")
```

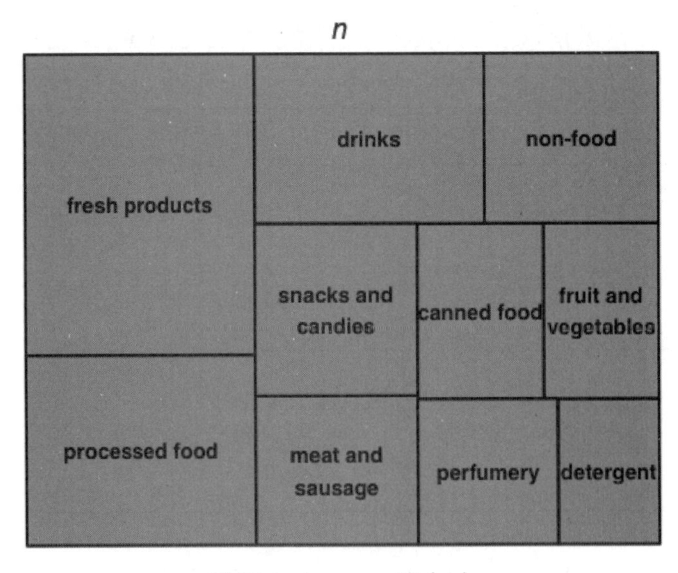

图 10.4　treemap 图（1）

```
treemap(occur2,index=c("level1", "level2"),vSize="n")
```

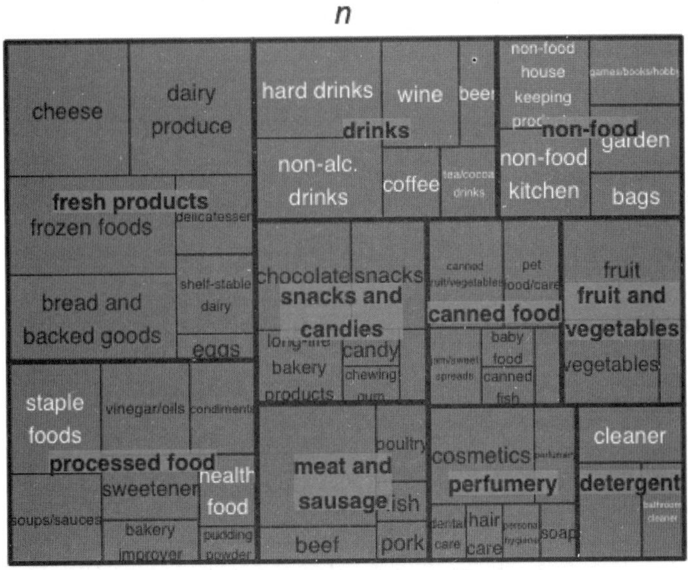

图 10.5 treemap 图（2）

```
treemap(occur3,index=c("level1", "labels"),vSize="n")
```

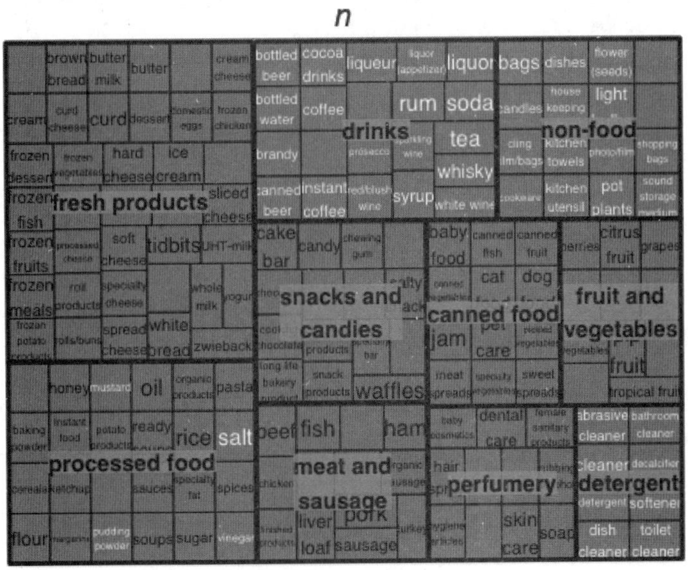

图 10.6 treemap 图（3）

每个图都有不同的深度。图 10.4 只显示更大的组名（如商店的过道），图 10.5 更深入地分段显示产品类型（如在过道内），图 10.6 显示了每个可用的产品。这种图形可以更加直观地显示不同物品之间数量的差别。

最后，可以将关联规则的结果保存下来。

```
write(groceryrules, file = "groceryrules.csv",
      sep = ",", quote = TRUE, row.names = FALSE)
```

10.4 总　结

关联规则用于发现数据中的潜在联系，这种关系不同于聚类算法，用相似性去衡量数据之间的关系。关联规则是另外一个思路，其中包含一种因果的概念。这一点与聚类算法有非常大的不同。关联规则想要表达的是“如果 A 那么 B”的这样一种关系。衡量这种关系的指标是支持度、置信度、提升度。关联规则的结果可以很好地提供有价值的商业建议。本章首先介绍了关联规则的基本概念，关联规则的核心概念包括支持度、置信度、提升度；然后介绍了关联规则在R语言中的实现，包括构建关联规则的方法、关联规则的可视化方法、关联规则的提取等。关联规则是一种发现事物关联性的非常有效的方法，在很多领域都有应用。

第 11 章　随机森林

随机森林模型是数据分析中常用的一种有监督的模型。随机森林有比较好的泛化能力，当训练好模型之后，对于新的样本，模型能够比较准确地进行预测。随机森林是集成模型，这意味当模型构建好之后，没办法理解模型的具体运行规则。因此，当数据分析任务要求模型有比较好的可解释性时，随机森林则不太合适，这个时候可以使用逻辑回归或者决策树等可解释性比较好的模型。

11.1　随机森林的基本概念

随机森林是一种集成的机器学习模型，是 Bagging 算法的一个特例，最早由 LeoBreiman 和 Adele Cutler 提出。随机森林包含多个决策树，并且输出结果由所有决策树的结果综合决定。随机森林的预测效果非常好，因此在越来越多的领域都有应用，但是其缺点是可解释性非常差。单个决策树非常容易理解，并且能够很快地生成逻辑规则，但是许多树构建而成的随机森林则很难从模型中获取理解。

想要理解决策树，首先需要理解 Bagging 算法，Bagging 算法不是某一个具体的算法，而是一类算法。Bagging 算法通过很多基模型组合而成，这个基模型可以是满足条件的任意模型。通过重抽样的方式不断地抽取数据，形成多份数据集；然后利用重抽样的数据集训练多个基模型；将基模型合并起来就形成了 Bagging 模型。合并的方式一般有两种，即对基模型的结果取平均值，或者采用投票的方式。取平均值的方式用于回归问题，投票的方式用于分类问题。

Bagging 算法的关键点是对数据进行重抽样，这样做的好处有很多。

- 每个袋装模型具有低偏差、高方差。
- 平均或多数投票的最终模型减少了方差和偏差。

- 减少的方差有助于提高模型的预测准确性。

Bagging 算法对非线性函数更有用。随机森林也是这样，其是以决策树为基模型的 Bagging 算法，并且，随机森林有一个特点，即随机森林中构造决策树所使用的特征并不是数据中的所有特征，而是随机抽取一部分特征，进一步增加了随机性，提高了模型的泛化能力。

随机森林是 Bagging 算法的衍生。构造随机森林的过程如下。

- 用 N 表示训练用例（样本）的个数，M 表示特征数目。
- 输入特征数目 m（m 应远小于 M），用于确定决策树上一个节点的决策结果。
- 从 N 个训练用例（样本）中以有放回抽样的方式，取样 N 次，形成一个训练集（即 Bootstrap 取样），并用未抽到的用例（样本）进行预测，评估其误差。
- 对于每一个节点，随机选择 m 个特征，决策树上每个节点的决定都是基于这些特征确定的。根据这 m 个特征，计算其最佳的分裂方式。
- 每棵树都会完整成长而不会剪枝（Pruning，这有可能在建完一棵正常树状分类器后会被采用）。
- 样本的随机：从样本集中用 Bootstrap 方法随机选取 n 个样本。
- 特征的随机：从所有属性中随机选取 K 个属性，选择最佳分割属性作为节点建立 CART 决策树。

以上是构造随机森林的一个过程，随机森林的优点包括：

- 高准确度；
- 可处理大量的输入变量；
- 决定类别时，评估变量重要性；
- 在建造森林时，可以在内部对于一般化后的误差产生无偏估计；
- 随机森林可以估计缺失值，并且，如果有很大一部分缺失值，仍可以维持准确度。
- 随机森林提供一个实验方法，可以侦测变量的交互作用；
- 对于不平衡的分类数据集来说，随机森林可以平衡误差；
- 随机森林可被延伸应用在未标记的资料上，这类资料通常使用非监督式聚类；
- 随机森林的学习过程快速。

11.2 在 R 语言中实现随机森林

构建随机森林最常用的包是 randomForest，其中的 randomForest( ) 函数用于构建随机森林模型，这个函数指定的参数包括：

- Formula——模型的公式。
- ntree——随机森林中决策树的数目。
- mtry——划分决策树节点时抽取的特征数目。

下面是一个简单的例子。首先生成一个数据集，生成的数据包含 5 个特征、1 个标签，然后对生成的数据集构建一个随机森林模型：

```
library(randomForest)
library(tidyverse)
tmp <- data.frame(x1 = runif(100,0,1),x2 = runif(100,0,1),x3
= runif(100,0,1),x4 = runif(100,0,1),x5 = runif(100,0,1),x6 =
runif(100,0,1),x7 = runif(100,0,1),x8 = runif(100,0,1),y =
sample(c(1,0),100,T))

tmp$y <- as.factor(tmp$y)

rf <- randomForest(y~.,data = tmp, proximity=TRUE)
rf
##
## Call:
##  randomForest(formula = y ~ ., data = tmp, proximity = TRUE)
##                Type of random forest: classification
##                      Number of trees: 500
## No. of variables tried at each split: 2
##
##         OOB estimate of  error rate: 42%
## Confusion matrix:
##    0  1 class.error
## 0 38 17   0.3090909
## 1 25 20   0.5555556
```

从结果中可以知道，随机森林模型建立的是一棵分类树，模型一共构建了 500 棵决策树。模型的外包估计误差为 0.42，并且输出了模型的混淆矩阵。使用 importance( ) 可以获取变量的重要性：

```
importance(rf)
```

```
##    MeanDecreaseGini
## x1         6.471878
## x2         5.742579
## x3         6.605541
## x4         8.037574
## x5         4.956472
## x6         5.681594
## x7         6.705453
## x8         4.863590
```

从结果中可以发现，最重要的变量是 *x*3，最不重要的变量是 *x*8。

varlmPlot( ) 可以对变量的重要性进行可视化。变量重要性的可视化如图 11.1 所示。

```
varImpPlot(rf)
```

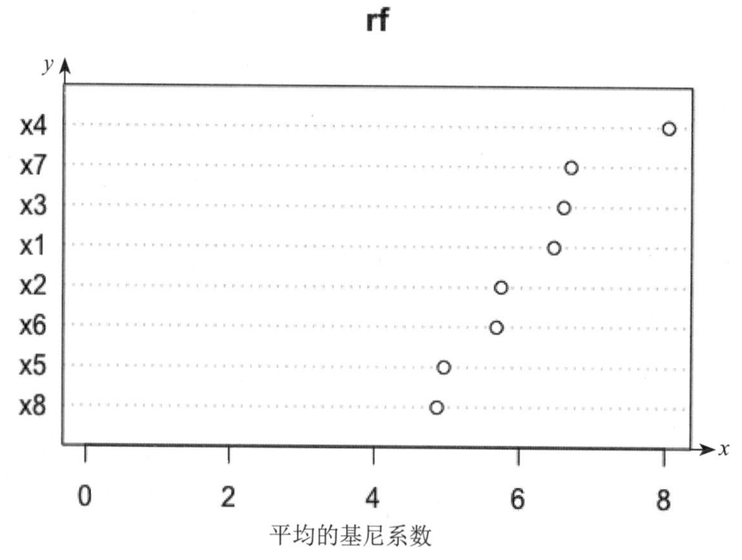

图 11.1　变量重要性的可视化

在图 11.1 中，*x* 轴表示通过平均基尼系数来评判变量的重要性，*y* 轴表示不同特征的平均基尼系数。对模型调用 plot( ) 函数，可以绘制出不同数目时随机森林模型的误差，可以用于判断随机森林中构建多少棵树最合适。随机森林误差结果如图 11.2 所示。

```
plot(rf)
```

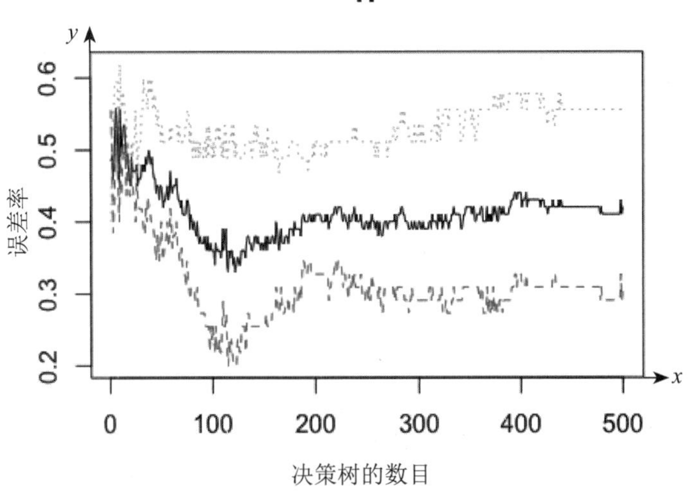

图 11.2　随机森林误差结果

在图 11.2 中，x 轴表示随机森林模型中构建决策树的数目，y 轴表示模型的误差率。从图 11.2 中可以了解到，随机森林模型决策树的数目在 100 棵左右时误差就达到了最小值。因此，在构建决策树的时候，可以选取只生成 100 棵决策树。随机森林有两个非常关键的参数，一个是随机森林中决策树的数目，另一个是决策树划分节点时所选取的特征数目。可以使用 tuneRF( ) 函数搜寻最优的特征数目，搜寻结果如图 11.3 所示。tuneRF 的几个关键参数如下。

- x：训练模型所用的特征。
- y：标签。
- mtryStart：mtry 从多少开始搜索。
- ntreeTry：随机森林模型有多少棵树。
- stepFactor：每次迭代的间隔是多少。

然后使用 tuneRF 训练模型，寻找最优的 mtry：

```
set.seed(1)
mtry <- tuneRF(x = tmp[,-9],y = tmp[,9])
## mtry = 2  OOB error = 40%
## Searching left ...
## mtry = 1      OOB error = 40%
## 0 0.05
## Searching right ...
```

```
## mtry = 4     OOB error = 52%
## -0.3 0.05
```

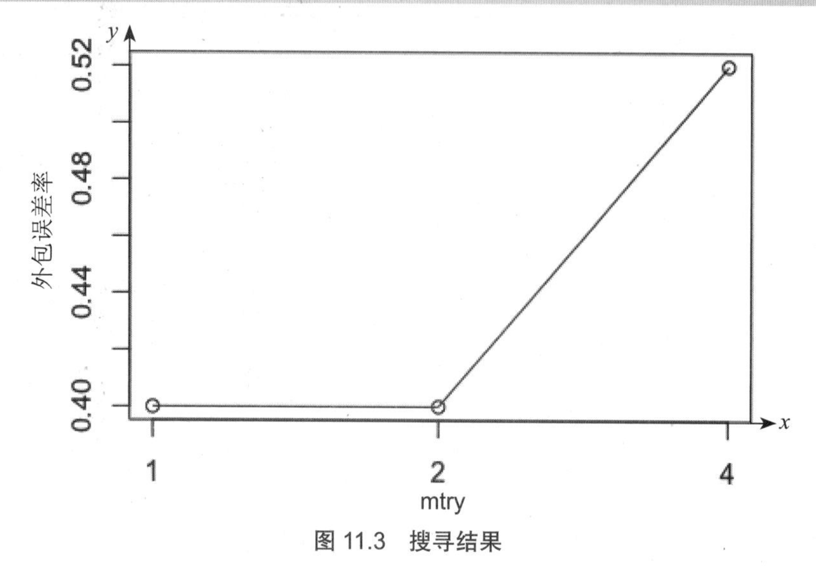

图 11.3　搜寻结果

在图 11.3 中，x 轴表示决策树中可以用来构建决策树的数目，y 轴表示模型的外包误差率。从图 11.3 中可以发现，当选取的特征数目为 1 或者 2 时，模型的误差是最小的。然后可以指定最优的参数重新构建模型。

构建好模型之后可以进行预测，预测使用的是 predict( ) 函数，其中 type 参数用于指定最后的预测结果是概率值还是分类结果，如果设置的是 "response"，则会返回分类结果，如果是 "prob"，则会返回样本是不同类别的概率值。

```
pre <- predict(rf,newdata = tmp,type = "prob")
pre %>% head(3)
##       0     1
## 1 0.268 0.732
## 2 0.170 0.830
## 3 0.216 0.784
```

这样就得到模型的预测结果了。接下来使用 ISLR 包中的 Caravan 数据集来重新构建模型，该数据包含 5822 个真实客户记录。每个记录由 86 个变量组成，包含社会人口统计数据（变量 1 ～ 43）和产品所有权（变量 44 ～ 86）。社会人口统计学数据来自邮政编码。生活在具有相同邮政编码的区域的所有客户具有相同的社会人口学属性。变量 86（购买）表示客户是否购买了大篷车保险单。期望通过模型的构建，进行预测，判断用户是否会购买大篷车的保险。首先准备数据，使用 createDataPartition( ) 函数创建训练集和验证集，在变量“购买”上拆分 80/20% 的数据，这样做是为了保证训练集与测试集的标签比例一致。采用这种方法允许验证集使用 80% 的数据构建模型，并使用剩余的 20% 来验证模型的结果。

```
set.seed(1)
#load the data
my_data <- ISLR::Caravan
#split data into predictors and response, train and validate
#use times = 2 for train, val and test

# create train and validate data sets using caret 80/20 split

train_index <-caret::createDataPartition(my_data$Purchase, p=.8,
                                   list=FALSE,
                                   times = 1)

train_DF <- my_data[train_index,]
validate_DF <- my_data[-train_index,]

train_y <- train_DF$Purchase
train_x <- dplyr::select(train_DF, -Purchase)

validate_y <- validate_DF$Purchase
validate_x <- dplyr::select(validate_DF, -Purchase)
```

划分好数据集之后可以进行建模，这里使用函数 randomForest( ) 构建模型，使用包中的 varImpPlot( ) 函数以图形方式显示模型中变量的重要性，如图 11.4 所示。当构建模型时，若设定参数 importance=TRUE，那么就会显示两种变量的重要性，即基于分类精度的重要性和基尼指数的重要性；如果设定参数 importance=False，则只会显示基尼指数的重要性。

```
rf_model1 <- randomForest(x=train_x,
                          y=train_y,
                          importance=TRUE,
                          na.action=na.exclude)
varImpPlot(rf_model1)
```

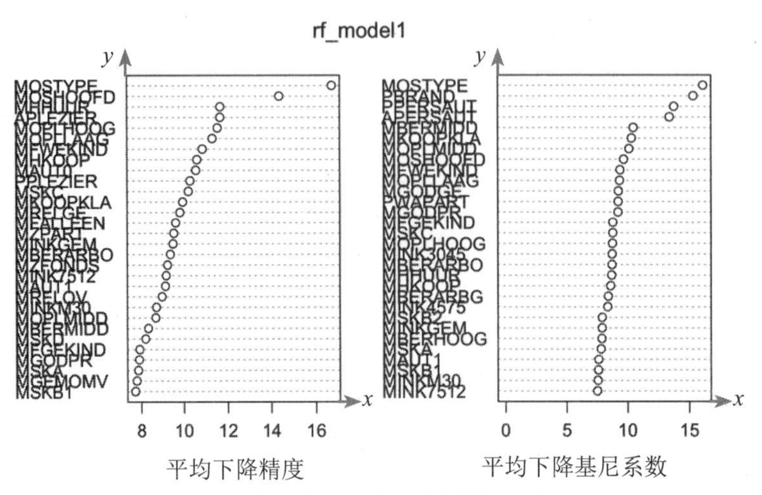

图 11.4　变量的重要性

图 11.4 包含两个子图，这两个子图的 y 轴代表不同的特征，x 轴分别表示通过平均下降精度和平均下降基尼系数来衡量特征的重要性。使用构建好的模型对测试数据进行预测，模型将返回测试数据的预测概率。使用这些概率，生成向量 pred_y，通过以 50% 概率分割选择值来为每个新观察值分配类。使用这个新的向量，将它和目标类实际响应传递给 caret 包中的 confusionMatrix( ) 函数，并生成准确度量。这里使用 caret 包中的 confusionMatrix( ) 来构建混淆矩阵。confusionMatrix( ) 函数的第一个参数是模型的预测值，第二个参数是模型的真实值。confusionMatrix( ) 函数的输出信息非常丰富，包含了很多关于模型的指标。

```
#use the validation set to build predictions
#preds for validation set, confuion matrix
validate_preds <- predict(rf_model1, newdata=validate_x, type="prob")

pred_y <- vector()

for(i in 1:nrow(validate_preds)){
  if  (validate_preds[i] >= 0.5){
    #do something
    pred_y[i] = "No"
  } else {
    pred_y[i] = "Yes"
  }
}
pred_y <- factor(pred_y, levels = c("No", "Yes"))
# build confusion matrix from predictions
caret::confusionMatrix(pred_y, validate_y)
```

```
## Confusion Matrix and Statistics
##
##           Reference
## Prediction   No  Yes
##        No  1080   66
##        Yes   14    3
##
##                Accuracy : 0.9312
##                  95% CI : (0.9151, 0.9451)
##     No Information Rate : 0.9407
##     P-Value [Acc > NIR] : 0.9208
##
##                   Kappa : 0.0474
##  Mcnemar's Test P-Value : 1.184e-08
##
##             Sensitivity : 0.98720
##             Specificity : 0.04348
##          Pos Pred Value : 0.94241
##          Neg Pred Value : 0.17647
##              Prevalence : 0.94067
##          Detection Rate : 0.92863
##    Detection Prevalence : 0.98538
##       Balanced Accuracy : 0.51534
##
##        'Positive' Class : No
##
```

从结果中可以看出，模型的预测精度非常高（约 0.93），模型效果不错。

11.3 总　　结

随机森林因为其优秀的预测能力而被广泛应用，它是一种集成的机器学习模型，基模型是决策树，是 Bagging 模型的一个特例。随机森林模型与 Bagging 模型一样采用了重抽样的方式生成多份数据集，并且在构造决策树的时候，随机选取一部分的特征划分决策树。这样做的好处是进一步增大了不同模型之间的区别。随机森林也被应用于生存分析的领域，在之前的章节介绍过。随机森林性能优良，在其他领域同样有应用。

第12章　支持向量机

支持向量机是机器学习中非常受欢迎的一种有监督的机器学习模型，其常常被用于机器视觉、图像分类等领域。支持向量机的原理并不复杂，但是在构建支持向量机模型的时候，有许多参数需要调整，但是构建优秀的支持向量机模型需要对模型原理、参数要有充分的理解，并且支持向量机存在核技巧，用于解决非线性问题。如何选取合适核函数，同样需要一定的专业知识。

12.1　概　　述

支持向量机（Support Vector Machine，SVM）是机器学习中一种有监督的算法，可以用于解决分类和回归问题。支持向量机是将数据映射成空间中的点，这个映射要形成一个足够宽的间隔，将数据区分开来。对于新样本，其映射在间隔的哪一边就划分成为对应的类别。如果数据不能够线性分类，支持向量机可以通过核技巧将数据映射到高维空间，然后在高维空间对其进行区分。另外，支持向量机也可以解决非监督的问题，有一种基于支持向量机的聚类算法，支持向量聚类。非监督的部分不在本章节的介绍范围之内。

支持向量机是在1963年，由弗拉基米尔·万普尼克和亚历克塞·泽范兰杰斯发明的，并逐渐被应用于解决分类和回归的问题，但是当时支持向量机对非线性关系的数据并没有很好的区分能力。在1992年，研究者提出了核技巧，用于创建非线性分类，解决数据中的非线性问题。之后，支持向量机得到了越来越广泛的应用。应用领域包括：

- 文本分类。
- 图像识别。
- 手写字体识别。
- 医学中基因、蛋白质的分类。

支持向量机有很好的预测效果，是解决分类和回归问题的优秀方法。

1. 支持向量机的定义

支持向量机是一种有监督的机器学习算法，可用于回归和分类，但是更常用于分类问题。支持向量机通常也称为“大边距分类器”。更正式地说，支持向量机是在高维度或者无限维度中构造超平面，进一步区分样本的方法。分类的边界离最近的训练数据点越远越好。

2. 支持向量机的工作原理

在深入探讨支持向量机之前，需要先介绍一些基本概念。

超平面是一个扁平子空间，其尺寸比它所代表的坐标系的尺寸小一格。

在 2 维空间中，超平面是 $A_0 + A_1X_1 + A_2X_2 = 0$ 形式的线；在 m 维空间中，超平面的形式为 $A_0 + A_1X_1 + A_2X_2 + \cdots + A_mX_m = 0$。

支持向量机，就是寻找一个超平面，这个超平面能够将数据尽可能地区分开来。支持向量是最接近分离超平面的数据点，如果支持向量发生改变，则相应的超平面也会发生改变。

一个数据空间中存在很多超平面，如图 12.1 所示。模型所选择的超平面是具有最大间隔（Maximun Margin）的超平面，即超平面与支持向量垂直时的超平面。

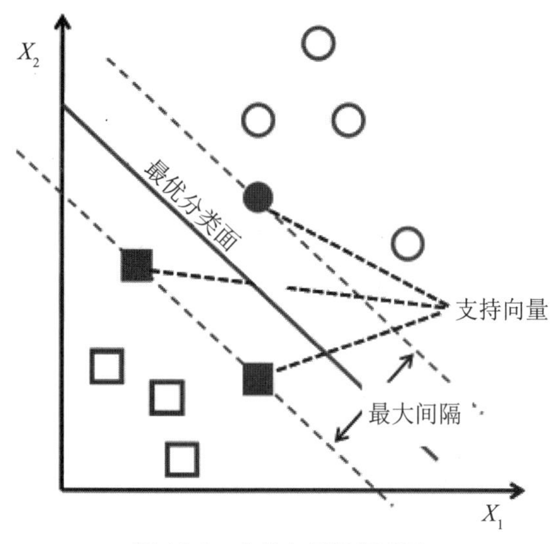

图 12.1 支持向量机超平面

思想很容易理解，但是往往没有办法通过线性的方式对数据进行划分，这个时候就需要使用核技巧。

3. 核技巧

支持向量机能够使用简单而优雅的核技巧来拟合非线性边界。简单来说，它将数据投影到更高的维度，可以通过超平面分隔，然后投射回更低的维度，如图 12.2 所示。

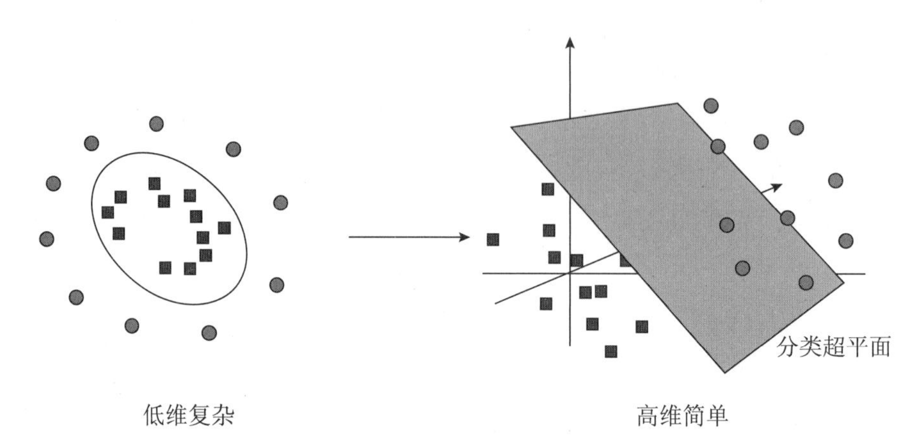

图 12.2　支持向量机核技巧

在这里，我们可以设想每个数据点（x，y）的额外特征 z，其中 $z^2 = x^2 + y^2$。

常用的核包括 rbf、poly 等，它们将数据投影到更高的维度，进而可以划分超平面。

支持向量机尝试同时实现以下两个分类目标：

- 最大化边界。
- 尽可能正确地区分数据点。

因此，在定义损失函数的时候，需要考虑“减少的边际”和“未正确分类的数据点”造成的损失。有超参数可以设置为两者之间的权衡。

一般情况下，支持向量机的超参数如下。

- Kernel：Linear、rbf（默认）、poly 等，其中 rbf 和 poly 主要用于非线性超平面。
- C(error rate)：对错误分类的数据点的惩罚。它控制了更平滑的决策边界与测试数据一致性之间的权衡。
- Gamma：内核的核系数（rbf、poly 等）。值越高，越接近于过度拟合。
- epsilon：其越大，表示在容忍范围内分错的数据不会被惩罚；反之，其越接近 0，每一个分错的数据都会被惩罚。

接下来介绍在 R 语言中实现支持向量机的方法，并进一步分析支持向量机超参数的含义及参数调整方式。

12.2 在 R 语言中实现支持向量机

在这一部分，使用 melbench 包中的 Glass 数据集来实现支持向量机。这是一个分类问题，数据集包含了 6 种玻璃材质的化学元素含量，一共有 214 条数据、10 个特征。实现支持向量机的包是 e1017，通过 svm( ) 函数构建支持向量机。

首先准备好数据：

```
library(mlbench)
data(Glass)

head(Glass,3)
##          RI    Na   Mg   Al    Si    K   Ca Ba Fe Type
## 1 1.52101 13.64 4.49 1.10 71.78 0.06 8.75  0  0    1
## 2 1.51761 13.89 3.60 1.36 72.73 0.48 7.83  0  0    1
## 3 1.51618 13.53 3.55 1.54 72.99 0.39 7.78  0  0    1
```

数据是非常“整洁”的，没有缺失、异常现象。将数据划分为两个部分，即训练集合与测试集合，划分比例为 8/2。

```
smp.size = floor(0.8*nrow(Glass))
set.seed(1)
train.ind = sample(seq_len(nrow(Glass)), smp.size)
train = Glass[train.ind, ] # 80%
test = Glass[-train.ind, ] # 20%
```

下面即可开始构建支持向量机，构建支持向量机所用的函数是 e1071 中的 svm( ) 函数，然后使用默认参数构建一个支持向量机模型，第一个参数是模型的公式，使用 Type 作为因变量，使用数据的其他特征作为自变量，第二个参数就是构建模型所使用的数据集。构建好模型之后，使用 summary( ) 查看模型的详细信息：

```
library(e1071)
model = svm(formula = Type ~ .,data = train)
summary(model)
##
## Call:
## svm(formula = Type ~ ., data = train)
##
##
```

```
## Parameters:
##    SVM-Type:  C-classification
##  SVM-Kernel:  radial
##        cost:  1
##       gamma:  0.1111111
##
## Number of Support Vectors:  144
##
##  ( 46 53 13 15 7 10 )
##
##
## Number of Classes:  6
##
## Levels:
##  1 2 3 5 6 7
```

从模型结果可以看出，构建的是分类模型，使用的核函数是radial，其中cost参数为1，gamma参数为0.111，一共有144个支持向量。构建好模型之后，接下来评估模型，使用predict( )函数预测结果，然后使用table( )函数建立预测值与真实值的列联表。

```
train.pred = predict(model, train)
test.pred = predict(model, test)


table(real=train$Type, predict=train.pred)
##      predict
## real  1  2  3  5  6  7
##    1 39 11  0  0  0  0
##    2 12 50  0  0  0  0
##    3  6  9  0  0  0  0
##    5  0  0  0 10  0  0
##    6  0  1  0  0  6  0
##    7  1  0  0  0  0 26
```

上面的结果就是训练集合预测结果的列联表。进一步，可以计算分类精度及其他一些指标，这里使用caret包中confusionMatrix( )函数计算指标。

```
caret::confusionMatrix(table(real=train$Type, predict=train.pred))
## Confusion Matrix and Statistics
##
##      predict
## real  1  2  3  5  6  7
##    1 39 11  0  0  0  0
##    2 12 50  0  0  0  0
```

```
##     3  6  9  0  0  0  0
##     5  0  0  0 10  0  0
##     6  0  1  0  0  6  0
##     7  1  0  0  0  0 26
##
## Overall Statistics
##
##                Accuracy : 0.7661
##                  95% CI : (0.6954, 0.8273)
##     No Information Rate : 0.4152
##     P-Value [Acc > NIR] : < 2.2e-16
##
##                   Kappa : 0.6758
##  Mcnemar's Test P-Value : NA
##
## Statistics by Class:
##
##                      Class: 1 Class: 2 Class: 3 Class: 5 Class: 6 Class: 7
## Sensitivity            0.6724   0.7042       NA  1.00000  1.00000   1.0000
## Specificity            0.9027   0.8800  0.91228  1.00000  0.99394   0.9931
## Pos Pred Value         0.7800   0.8065       NA  1.00000  0.85714   0.9630
## Neg Pred Value         0.8430   0.8073       NA  1.00000  1.00000   1.0000
## Prevalence             0.3392   0.4152  0.00000 0.05848  0.03509   0.1520
## Detection Rate         0.2281   0.2924  0.00000 0.05848  0.03509   0.1520
## Detection Prevalence 0.2924 0.3626 0.08772 0.05848  0.04094   0.1579
## Balanced Accuracy 0.7875   0.7921       NA 1.00000  0.99697   0.9966
```

可以得到训练集合的评估结果，准确度为76%，然后使用测试集合来评估模型的泛化误差。

```
caret::confusionMatrix(table(real=test$Type, predict=test.pred))
## Confusion Matrix and Statistics
##
##     predict
## real  1  2  3  5  6  7
##       1 16  4  0  0  0  0
##       2  3 11  0  0  0  0
##       3  2  0  0  0  0  0
##       5  0  1  0  2  0  0
##       6  1  0  0  1  0  0
##       7  0  1  0  0  0  1
##
## Overall Statistics
##
##                Accuracy : 0.6977
##                  95% CI : (0.5387, 0.8282)
```

```
##      No Information Rate : 0.5116
##      P-Value [Acc > NIR] : 0.01036
##
##                    Kappa : 0.5181
##   Mcnemar's Test P-Value : NA
##
## Statistics by Class:
##
##                     Class: 1 Class: 2 Class: 3 Class: 5 Class: 6 Class: 7
## Sensitivity           0.7273   0.6471       NA  0.66667       NA  1.00000
## Specificity           0.8095   0.8846  0.95349  0.97500  0.95349  0.97619
## Pos Pred Value        0.8000   0.7857       NA  0.66667       NA  0.50000
## Neg Pred Value        0.7391   0.7931       NA  0.97500       NA  1.00000
## Prevalence            0.5116   0.3953  0.00000  0.06977  0.00000  0.02326
## Detection Rate        0.3721   0.2558  0.00000  0.04651  0.00000  0.02326
## Detection Prevalence
                      0.4651   0.3256  0.04651  0.06977  0.04651  0.04651
## Balanced Accuracy
                      0.7684   0.7658       NA  0.82083       NA  0.98810
```

测试集合的结果表明测试精度为69.77%。模型效果可以接受。这里只是使用默认参数构建模型，进一步调整参数，争取让模型表现得更好。

支持向量机需要调整的参数不少，首先需要了解参数的含义，然后才能更好地调整参数。下面对e1071的参数做一个总结。

- type：决定支持向量机是用于解决分类问题还是回归问题。
- scale：将数据标准化。
- kernel：选择支持向量机的核函数，包括linear、polynomial、radial basis、sigmoid。
- cost：决定给分错的数据多少惩罚。
- epsilon：这个值越大，表示容忍范围内的分错的数据不会有惩罚，如果接近0，则表示每一个分错的数据都会有惩罚。
- gamma：核函数相关的参数（linear( )函数除外）。

首先介绍cost参数。支持向量机的目标是寻找一个完美的超平面，将数据分开。但是如果一味地追求区分开数据，则很容易造成过拟合的风险。于是，支持向量机在后续的发展中加入了软边界（Soft Margin），允许支持向量机有一些被分错的样本。

在软边界支持向量机的损失函数中，就加入了cost，用于惩罚那些被分错的样本。cost越大，则容错能力越小，模型越不能容忍分错样本。cost越小，容错能力越大。

如图12.3所示，圆圈表示支持向量，当cost为1000时，支持向量几乎都在线上，当

cost 越小时，支持向量越来越多，决策边界也越宽，如图 12.3 所示。

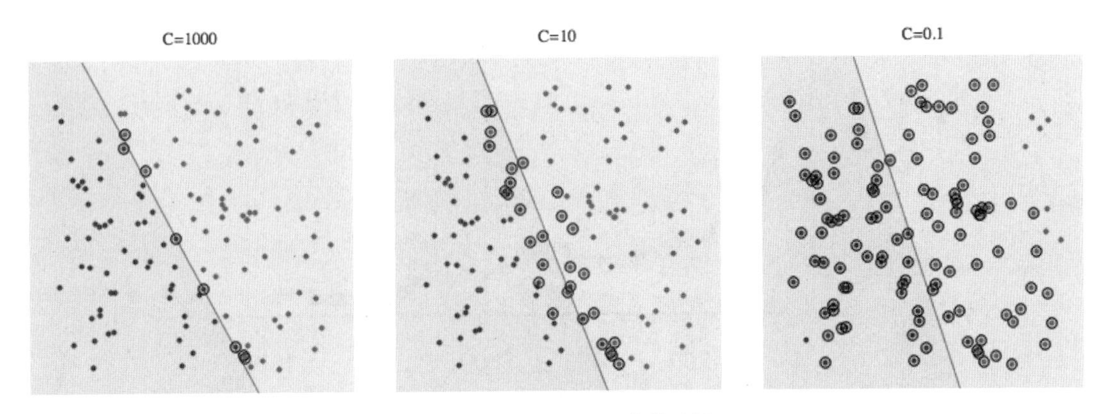

图 12.3　支持向量机决策边界

使用前文的 Glass 数据构建支持向量机模型，并且调整 cost。下面的代码计算了采用不同 cost 参数构建模型的支持向量的数量，然后进行绘图。调整结果如图 12.4 所示。

```
num.SV = sapply(X=1:1000,
         FUN=function(C) svm(Type~., Glass, cost=C, epsilon =.1)$tot.nSV)

plot(x=1:1000, y=num.SV, xlab="cost", ylab=" support vectors", pch=16,
cex=.5)
```

在图 12.4 中，cost 代表参数 cost 的不同取值，support vectors 表示支持向量机模型中支持向量的数量。从图 12.4 中可以看到，cost 越大，支持向量的数目越小，决策边界越窄。

下面介绍 epsilon 参数，这个参数主要影响的是 SVR，而不是 SVM。epsilon 创造一个容忍区间，这个区间的数据会被忽略掉，如图 12.5 所示，区间内的数据不会被模型所利用。

通常而言，epsilon 越大，容忍区间越大，则越多的数据会被忽视掉。epsilon 太大，容易造成模型的欠拟合。epsilon 越小，趋近于 0，则所有的数据都会被考虑到，这个时候可能会过拟合。

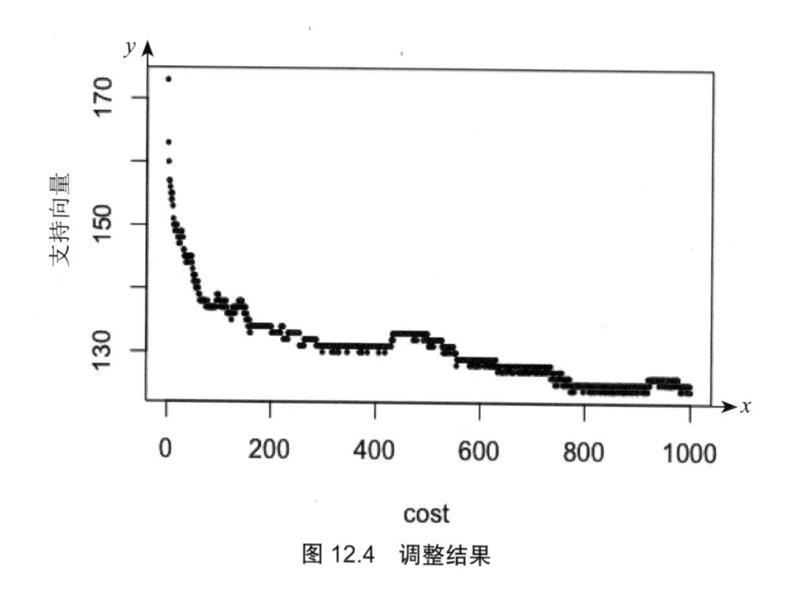

图 12.4 调整结果

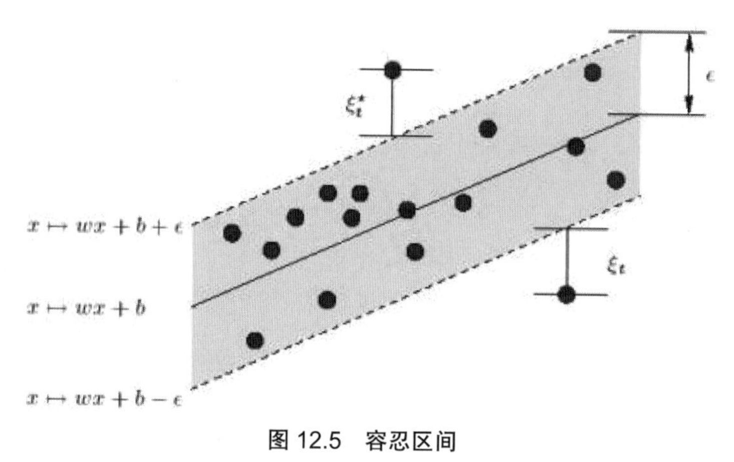

图 12.5 容忍区间

下面举例说明。首先随机生成一个回归数据集合，然后构建 SVR 模型，进一步计算不同 epsilon 对应模型的支持向量数据，最后进行可视化展示，如图 12.6 所示。

```
df = data.frame(x=1:20,
           y=c(3,4,8,2,6,10,12,13,15,14,17,18,20,17,21,22,25,30,29,31))
num.SV = sapply(X=seq(0,1,0.01),
           FUN=function(e) svm(y~x, df, cost=1, epsilon =e)$tot.nSV)

plot(x=seq(0,1,0.01), y=num.SV, xlab="epsilon", ylab=" support
vectors", pch=16)
```

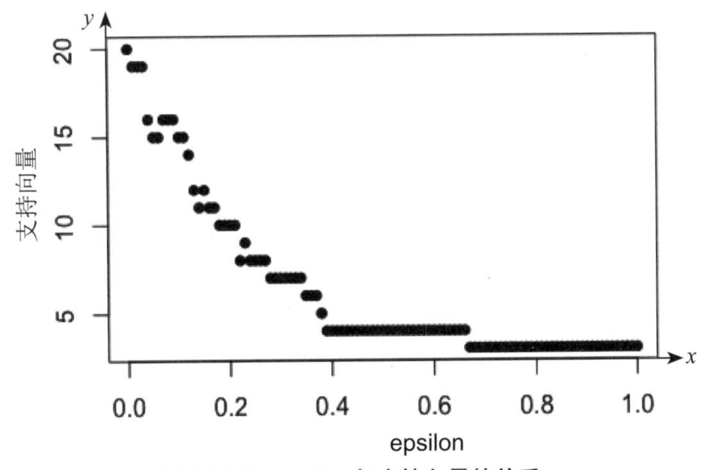

图 12.6 epsilon 与支持向量的关系

从图 12.6 中可以看到，epsilon 越大，容忍区间越大，支持向量越少。

下面查看模型误差与 epsilon 的关系，如图 12.7 所示。

```
RMSE = sapply(X=seq(0,1,0.01),
              FUN=function(e) sqrt(mean((svm(y~x, df, cost=1, epsilon
=e)$residuals)^2)))

plot(x=seq(0,1,0.01), y=RMSE, xlab="epsilon", ylab="RMSE", pch=16,
cex=.5, main="RMSE in SVR")
```

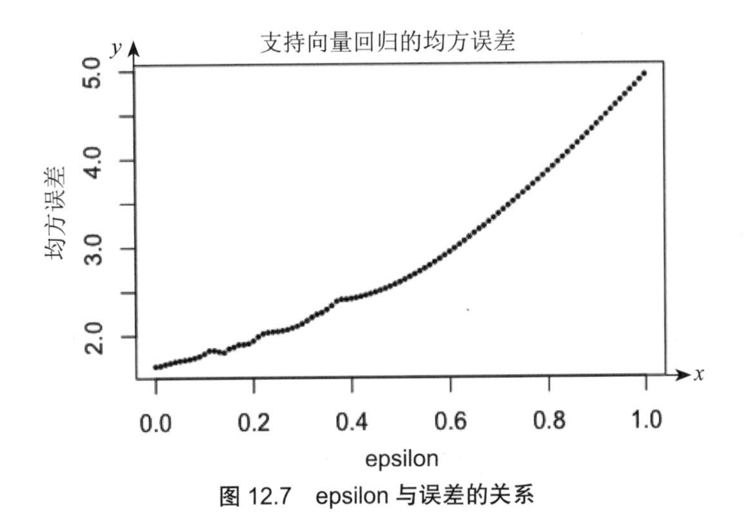

图 12.7 epsilon 与误差的关系

从图 12.7 中可以看到，epsilon 越大，模型的误差越大，说明这个时候模型存在欠拟合现象。

最后介绍 gamma。这个是与核函数相关的参数，主要是 polynomial、radial asis(RBF)和 sigmoid。当 gamma 比较大时，模型容易过拟合；当 gamma 比较小时，模型容易欠拟合。

在构建模型的时候调整 gamma 值，以比较模型的训练误差和测试误差，结果如图 12.8 所示。

```
train.accuracy = sapply(X=seq(0.1,10,0.1),
                        FUN=function(g){
                             model = svm(Type~., train, gamma=g, epsilon
=.1)
                             pred = predict(model, train)
                    confus.matrix = table(real=train$Type, predict=pred)
                            sum(diag(confus.matrix))/sum(confus.matrix)
                        }
                        )
test.accuracy = sapply(X=seq(0.1,10,0.1),
                        FUN=function(g){
                             model = svm(Type~., train, gamma=g, epsilon
=.1)
                      pred = predict(model, test)
                     confus.matrix = table(real=test$Type, predict=pred)
                     sum(diag(confus.matrix))/sum(confus.matrix)
                     }
                     )

plot(x=seq(0.1,10,0.1), y=train.accuracy, pch=16, cex=.5, col="red",
ylim=c(0,1),xlab="gamma ", ylab="Class Accuracy", main="Accuracy in
soft-margin SVM")
points(x=seq(0.1,10,0.1), y=test.accuracy, pch=16, cex=.5, col="blue")

legend("bottomright", pch = 16, col = c("red","blue"),legend=c("Train
Accuracy", "Test Accuracy"))
```

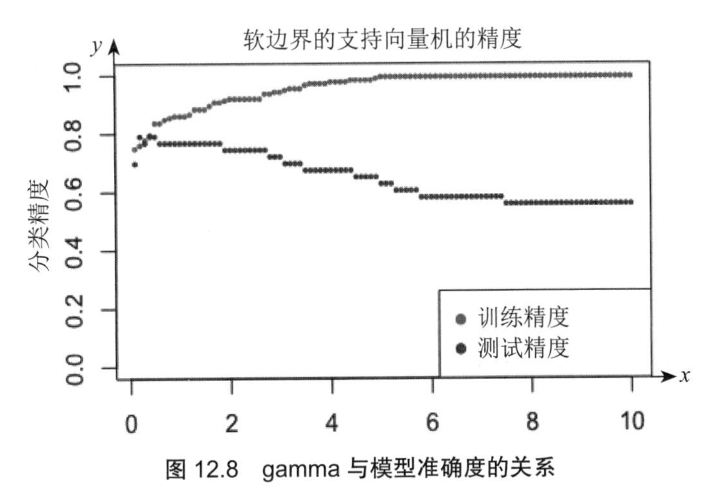

图 12.8 gamma 与模型准确度的关系

从图 12.8 中可以看到，随着 gamma 增加，训练数据的准确度不断升高，但是测试数据的准确度降低了，表示模型产生了过拟合问题。

12.3 总 结

支持向量机是机器学习中较重要的算法之一，其在分类及回归问题上都有非常不错的表现。想要充分发挥支持向量机的优势，需要对支持向量机的很多细节了解得很清楚，进行有效的参数调整。因此，往往使用支持向量机构建优秀的模型会更加困难。本章介绍了支持向量机的基本概念、实现方法及支持向量机的主要参数。

第13章 神经网络

神经网络模型是一种有监督模型，现在人们常常所说的深度学习本质上也是神经网络模型。数据分析项目对模型的精度有非常高的要求，并且所需数据量非常大，这个时候会用到神经网络。神经网络模型要求有充足的数据量，只有在数据量充足的时候，神经网络模型的效果才能充分地发挥出来；当数据量比较小时，神经网络模型的效果也许不如逻辑回归模型。因此，对于数据量不大的数据分析项目，用逻辑回归模型建模也许就够了。但是对于大数据，神经网络模型的效果就会远优于逻辑回归模型。

13.1 概　　述

在机器学习和认知科学中，人工神经网络（Artificial Neural Network，ANN）是一系列受生物神经网络（动物的中枢神经系统，特别是大脑）启发的统计学习模型，用于估计或近似函数。神经网络的基本单位是神经元，神经元之间相互连接，形成了神经网络。神经网络的结构非常复杂，神经网络模型通常有很糟糕的可解释性，但是其优势是模型的预测能力非常好，并且能够很好地描述数据间复杂的非线性关系。神经网络模型用于解决很多问题，如图像识别及语音识别，这些问题很难用传统的统计模型解决，但是，神经网络模型能很好地解决这类问题。

神经网络起源于1943年，沃伦·麦卡洛克和沃尔特·皮茨提出了一种基于神经网络的计算模型，神经网络开始应用于人工智能领域。但是由于神经网络结构复杂，需要估计的参数非常多，在很长一段时间没有合适的方法求解神经网络模型的参数，以及没有足够的计算能力计算出神经网络的参数。直到1975年，出现了一个关键算法——反向传播算法，这个算法解决了神经网络的参数求解问题。到了2000年，随着计算机计算能力的不断突破，深度学习算法出现。

直到现在，神经网络模型在图像识别和语音识别领域取得了巨大的成功。另外，现在常说的深度学习其实就是神经网络的一种，其本质上是多层神经网络。

典型的神经网络一般有以下几个部分组成：结构、激励函数、学习规则。其中，结构指的是神经网络中的拓扑关系，激励函数用于神经元输入的加权及输出，学习规则指的是神经网络求解的方法。简单来讲，神经网络的结构如图 13.1 所示。

（1）由具有许多互连节点的层组成（神经元）。

（2）主要包括有 3 个层次。

- 输入层。
- 隐藏层。
- 输出层。

（3）隐藏层可以是一个或多个。

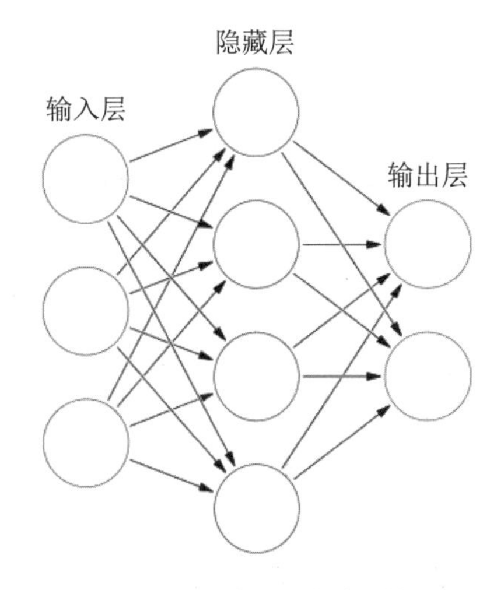

图 13.1　神经网络的结构

神经元是信息处理的基本单位，是神经网络运行的基础。神经元会接受输入，产生一个输出，神经网络的输出通过激活函数应用于神经元输入的加权和来产生输出。不同的激活函数有不同的功能。

- Heaviside：当输出为 0 或 1 时。
- Sigmoid（Logistic）：当输出在 0 和 1 之间连续时。
- Softmax（广义逻辑）：当输出介于 0 和 1 之间时，所有输出值的总和为 1。
- 双曲正切：当输出在 -1 和 1 之间连续时。

最常用的求解神经网络的算法是反向传播算法。神经网络一般分为以下两大类。

（1）依照学习策略，包括：

- 监督式学习网络（Supervised Learning Network）。
- 无监督式学习网络（Unsupervised Learning Network）。
- 混合式学习网络（Hybrid Learning Network）。
- 联想式学习网络（Associate Learning Network）。
- 最适化学习网络（Optimization Application Network）。

（2）依照网络架构，包括：

- 前馈神经网络（Feed Forward Network）。
- 递归神经网络（Recurrent Network）。
- 强化式神经网络（Reinforcement Network）。

本章节会介绍如何使用 R 语言实现普通监督式神经网络模型。

13.2 在 R 语言中实现神经网络

在 R 语言中有很多可以实现神经网络的包，如 nnet、RSNNS、neuralnet 等。本节介绍使用 neuralnet 构建神经网络模型。这里用到的数据集是 MASS 包的 shuttle 数据集，这是一个与航海有关的数据集。shuttle 数据集有 256 行 7 列，前 6 列是分类变量；第七列是标签。首先加载数据，然后简单地查看数据。

```
library(MASS)
library(caret)
## Loading required package: lattice
## Loading required package: ggplot2
library(neuralnet)
library(vcd)
## Loading required package: grid
data(shuttle)
head(shuttle)
##         stability error  sign wind   magn      vis  use
## 1      xstab    LX     pp head     Light       no  auto
## 2      xstab    LX     pp head     Medium  no  auto
## 3      xstab    LX     pp head     Strong    no   auto
## 4      xstab    LX     pp tail        Light        no    auto
```

```
## 5     xstab    LX     pp tail        Medium  no    auto
## 6     xstab    LX     pp tail       Strong      no    auto
```

可以看到，数据大多数为离散变量，其中数据的定义如下。

- stability：风向是否稳定（stab / xstab）。
- error：错误的大小（MM / SS / LX）。
- sign：信号是否错误，正面或负面（pp / nn）。
- wind：风标志（头 / 尾）。
- magn：这是风力强度（光 / 中 / 强 / 超出范围）。
- vis：能见度（是 / 否）。

数据的标签有两个级别，分别是 auto 和 noauto。进一步查看样本标签的比例，期望样本标签是相差不多的，否则会出现样本不平衡的问题。

```
table(shuttle$use)
##
##   auto    noauto
##    145    111
```

结果显示样本标签的比例还算比较平衡。下面划分数据集，进一步构建模型。神经网络准备数据非常重要，因为所有特征和标签都需要是数字的。因此，分类变量需要处理成哑变量。这里生成哑变量的函数是 dummyVars( )，这个函数需要传递一个公式，公式的左边是数据的标签，公式的右边是需要转换成哑变量的特征。dummyVars( ) 函数返回的结果是数据集的 dummyVars 对象。使用 predict( ) 函数，可以将原始数据转换成对应的哑变量。

```
dummies<-dummyVars(use~.,data = shuttle)
dummies
## Dummy Variable Object
##
## Formula: use ~ .
## 7 variables, 7 factors
## Variables and levels will be separated by '.'
## A less than full rank encoding is used
shuttle.2 <- as.data.frame(predict(dummies,newdata = shuttle))
## Warning in model.frame.default(Terms, newdata, na.action =
na.action, xlev
## = object$lvls): variable 'use' is not a factor
head(shuttle.2,3)
##   stability.stab stability.xstab error.LX error.MM error.SS error.XL
## 1              0               1        1        0        0        0
```

```
## 2              0              1      1       0       0       0
## 3              0              1      1       0       0       0
##    sign.nn sign.pp wind.head wind.tail magn.Light magn.Medium magn.
Out
## 1       0       1         1        0          1           0
0
## 2       0       1         1        0          0           1
0
## 3       0       1         1        0          0           0
0
##   magn.Strong vis.no vis.yes
## 1           0      1       0
## 2           0      1       0
## 3           1      1       0
```

从结果中可以发现，原先的离散特征现在全部变成了哑变量，现在有一个 10 个变量的输入特征空间。然后对标签进行处理：对于 use、noauto，记为 0；对于 auto ，记为 1。

可以使用 ifelse( ) 函数创建响应，其第一个参数是一个判断条件，如果是 True，则返回第二个参数，否则返回第三个参数。

```
shuttle.2$use <- ifelse(shuttle$use=="auto",1,0)
table (shuttle.2$use)
##
##   0   1
## 111 145
```

至此就将数据全部处理好了，接下来划分数据集，随机地将数据的 70% 划分为训练集，30% 划分为测试集。用于划分数据集的函数是 caret 包中的 createDataPartition( ) 函数，其可以根据样本标签的比例划分数据集，也就是说，如果原始数据集标签的比例是 1 ∶ 1，那么划分之后的训练集与测试集的样本标签都是 1 ∶ 1，这样保证了样本标签的一致性。createDataPartition( ) 的第一个参数是原始数据的标签，p 代表训练集的比例，list 指定返回的是否是列表，times 表示生成几个划分结果。

```
set.seed(123)
trainIndex <- createDataPartition(shuttle.2$use, p = 0.7, list = FALSE,
times = 1)
shuttleTrain <- shuttle.2[trainIndex,]
table(shuttleTrain$use)
##
##  0  1
## 81 99
```

```
shuttleTest <- shuttle.2[-trainIndex,]
table(shuttleTest$use)
##
##  0  1
## 30 46
```

到这里，训练集合与测试集合就划分好了，接下来开始构建神经网络模型。

13.2.1 构建神经网络模型

构建神经网络模型所使用的包是neuralnet，构建神经网络模型的函数也是neuralnet( )，neuralnet( )函数的第一个参数是模型的公式，如y~x1 + x2 + x3 + x4，data = df。在过去，可以使用y~.,代表将数据中的所有其他变量指定为输入。但是，神经网络并不适用这种情况。解决此限制的方法是使用as.formula( )函数。在首次创建变量名称的对象之后，将使用它作为输入。

```
n <- names(shuttleTrain)
form <- as.formula(paste("use~", paste(n[!n %in% "use"], collapse =
"+")))
form
## use ~ stability.stab + stability.xstab + error.LX + error.MM +
##     error.SS + error.XL + sign.nn + sign.pp + wind.head + wind.tail
+
##     magn.Light + magn.Medium + magn.Out + magn.Strong + vis.no +
##     vis.yes
```

这里生成好了模型的公式，接下来了解神经网络模型的参数。在Neuralnet包中，使用neuralnet( )构建神经网络模型。除了公式之外，还需要检查其他4个关键参数。

- hidden：这是每层隐藏神经元的数量，最多可达3层。默认值为1。
- act.fct：这是激活函数，默认logistic和tanh可用。
- err.fct：这是默认使用sse计算错误的函数；当我们处理二元结果时，我们将使用ce进行交叉熵。
- linear.output：一个逻辑值，如果act.fct不用于输出神经元，则将线性输出设置为TRUE，否则设置为FALSE。

其他参数还包括：

- lifesign：一个字符串，指定在计算神经网络期间函数的输出量。可以为none、

minimal 或 full。

- lifesign.step：一个整数，指定在完整生命周期模式下输出最小阈值的步长 。
- threshold：一个数值，指定误差函数的偏导数的阈值作为停止标准。
- stepmax：指定训练神经网络的最大步骤。达到这个最大值，神经网络的训练过程会停止。
- algorithm：包含算法类型的字符串，用于计算神经网络参数。默认情况下，神经网络模型使用的是反向传播算法。

这里将 err.fct 设定为 ce。

```
fit <- neuralnet(form,
                 data = shuttleTrain,
                 err.fct = "ce",
                 linear.output = FALSE
                 )


fit$result.matrix
##   [,1]
## error                          0.02627366
## reached.threshold              0.00948419
## steps                          196.00000000
## Intercept.to.1layhid1          0.90580015
## stability.stab.to.1layhid1     2.64367953
## stability.xstab.to.1layhid1    -5.52334870
## error.LX.to.1layhid1           -3.60891972
## error.MM.to.1layhid1           1.37684158
## error.SS.to.1layhid1           5.18183001
## error.XL.to.1layhid1           -3.21337321
## sign.nn.to.1layhid1            -0.46911290
## sign.pp.to.1layhid1            2.94218879
## wind.head.to.1layhid1          -0.89623719
## wind.tail.to.1layhid1          -1.23784503
## magn.Light.to.1layhid1         1.14394538
## magn.Medium.to.1layhid1        1.11579149
## magn.Out.to.1layhid1           -6.72831096
## magn.Strong.to.1layhid1        0.50054785
## vis.no.to.1layhid1             18.52337228
## vis.yes.to.1layhid1            -6.08187903
## Intercept.to.use               -9.30815245
## 1layhid1.to.use                19.11977348
plot(fit)
```

这就是所构建的神经网络，这个神经网络非常简单，只有一个隐藏层，并且隐藏层的节点只有一个。接下来就可以使用构建好的模型进行预测，然后进一步评价模型。

13.2.2 评估模型效果

下面使用新的数据对所构建的模型进行预测，然后对预测结果进行可视化，如图 13.2 所示。

```
shuttleTrain$Prob <- fit$net.result[[1]]
plot(density(shuttleTrain$Prob),main="Train Predict")
```

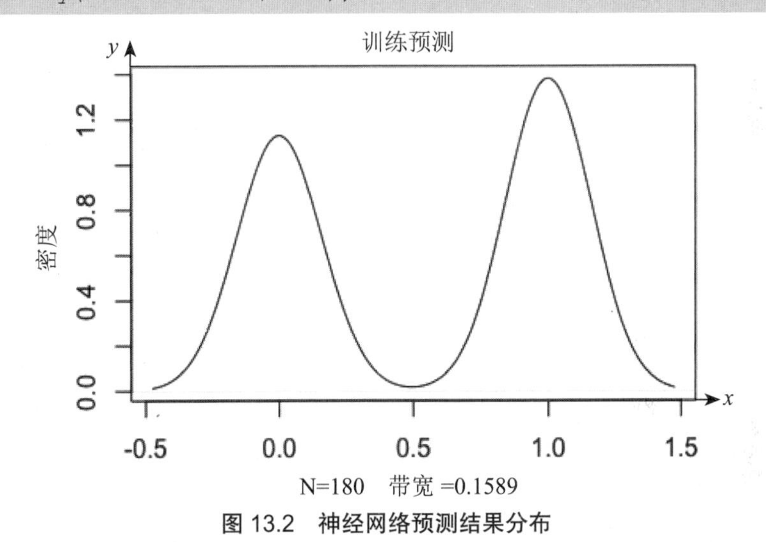

图 13.2　神经网络预测结果分布

在图 13.2 中，训练预测是这幅图的名称，表示这幅图展示了模型的预测结果。fit$net.result[[1]] 是训练数据集的预测结果，图 13.2 显示的是预测结果的密度直方图，这个密度直方图是双峰的，其分界线在 0.5 左右，说明模型有比较好的区分能力，预测概率大于 0.5 的样本可以判定为 1，预测概率小于 0.5 的样本判定为 0。

接下来绘制 ROC 曲线，查看模型的 AUC 值，这里使用了 scorecard 包中的 perf_eva( ) 函数来绘制 ROC 曲线，同时还绘制出了模型的 KS 曲线。perf_eva( ) 函数的第一个参数是模型的预测结果，第二个参数是数据集的真实结果。神经网络的预测结果如图 13.3 所示。

```
require(scorecard)
## Loading required package: scorecard
```

```
perf_eva(pred = fit$net.result[[1]],label = shuttleTrain$use)
## [INFO] The threshold of confusion matrix is 0.0017.
```

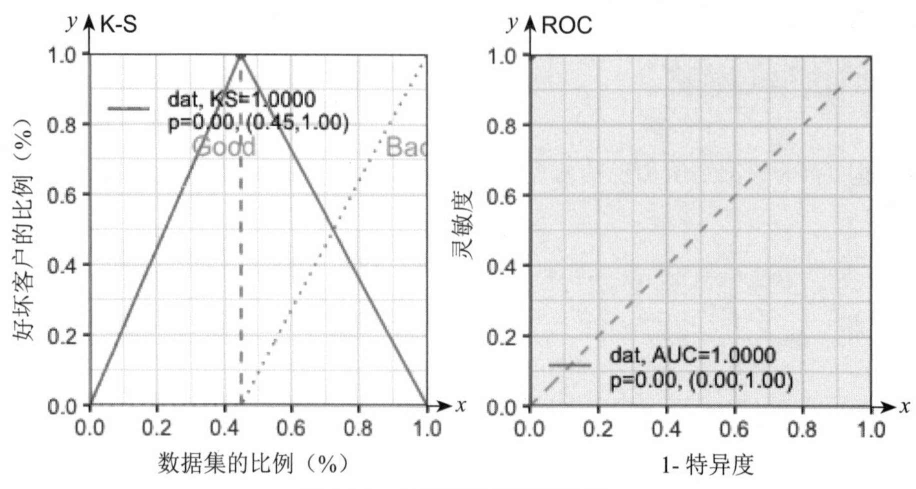

图 13.3　神经网络的预测结果

```
## $binomial_metric
## $binomial_metric$dat
##             MSE        RMSE      LogLoss        R2 KS AUC Gini
## 1: 7.41925e-08 0.000272383 0.0001459648 0.9999997  1   1    1
##
##
## $confusion_matrix
## $confusion_matrix$dat
##       label    pred_0 pred_1      error
## 1:   0          80       1 0.01234568
## 2:    1         NA      99          NA
## 3:   total      NA     100          NA
##
##
## $pic
## TableGrob (1 x 2) "arrange": 2 grobs
##   z     cells    name           grob
## 1 1 (1-1,1-1) arrange gtable[layout]
## 2 2 (1-1,2-2) arrange gtable[layout]
```

由图 13.3 可以看到，模型几乎完美，MSE 约为 0，RMSE 约为 0，LogLoss 约为 0，R2 为 0.9999997，KS 为 1，AUC 为 1。接下来使用测试数据集进行预测。使用 compute( ) 函数预测新的数据。计算完成后，使用 $ net.result 创建预测列表。模型的预测结果如图 13.4 所示。

```
res2 <- compute(fit, shuttleTest)
predTest <- res2$net.result

perf_eva(pred = predTest,label = shuttleTest$use)
## [INFO] The threshold of confusion matrix is 0.0043.
```

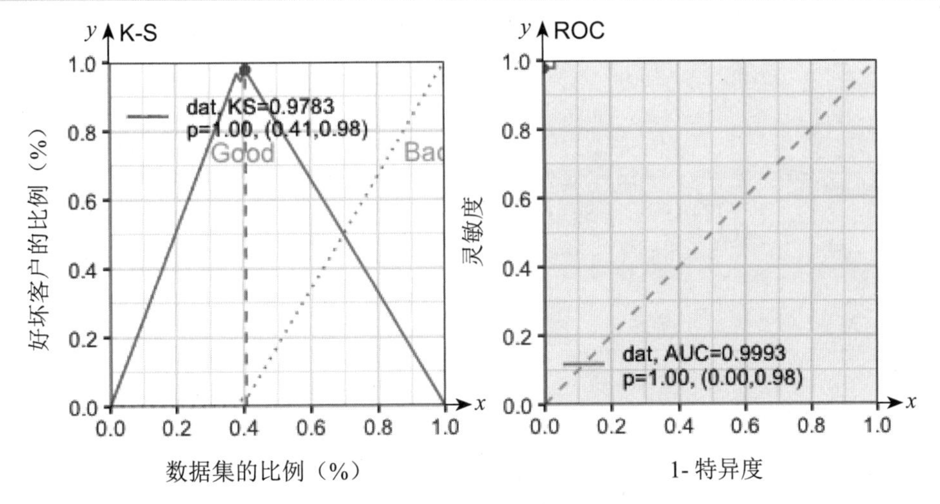

图 13.4 模型的预测结果

```
## $binomial_metric
## $binomial_metric$dat
##              MSE       RMSE     LogLoss          R2          KS         AUC
Gini
## 1: 0.01309433 0.1144305 0.07932439 0.9451936 0.9782609 0.9992754
0.9985507
##
##
## $confusion_matrix
## $confusion_matrix$dat
##    label pred_0 pred_1      error
## 1:     0     28      2 0.06666667
## 2:     1     NA     46         NA
## 3: total     NA     48         NA
##
##
## $pic
## TableGrob (1 x 2) "arrange": 2 grobs
##   z     cells    name           grob
## 1 1 (1-1,1-1) arrange gtable[layout]
## 2 2 (1-1,2-2) arrange gtable[layout]
```

由图 13.4 可以看到，测试数据的效果也非常好，但是其中还有两个误报。可以尝试改进这一结果并在测试结果中实现 100% 的准确度。

为此，添加一个隐藏层并且在隐藏层中添加更多的神经元，然后构建模型，其中 hidden = c(3,2) 表示有两个隐藏层，其中第一层为 3 个节点，第二层为 2 个节点。训练集的评价如图 13.5 所示，测试集的评价如图 13.6 所示。

```
fit2 = neuralnet(form,
                 data=shuttleTrain,
                 hidden=c(3,2),
                 err.fct="ce",
                 linear.output=FALSE
                 )
plot(fit2)
res <- compute (fit2, shuttleTrain[,-18])

perf_eva(pred = res$net.result,label = shuttleTrain$use)
## [INFO] The threshold of confusion matrix is 0.0001.
## $binomial_metric
## $binomial_metric$dat
##             MSE          RMSE      LogLoss R2 KS AUC Gini
## 1: 1.095568e-08 0.0001046694 0.0001041501  1  1   1    1
##
##
## $confusion_matrix
## $confusion_matrix$dat
##    label pred_0 pred_1      error
## 1:     0     80      1 0.01234568
## 2:     1     NA     99         NA
## 3: total     NA    100         NA
##
##
## $pic
## TableGrob (1 x 2) "arrange": 2 grobs
##   z     cells    name           grob
## 1 1 (1-1,1-1) arrange gtable[layout]
## 2 2 (1-1,2-2) arrange gtable[layout]
res2 <- compute (fit2, shuttleTest)
```

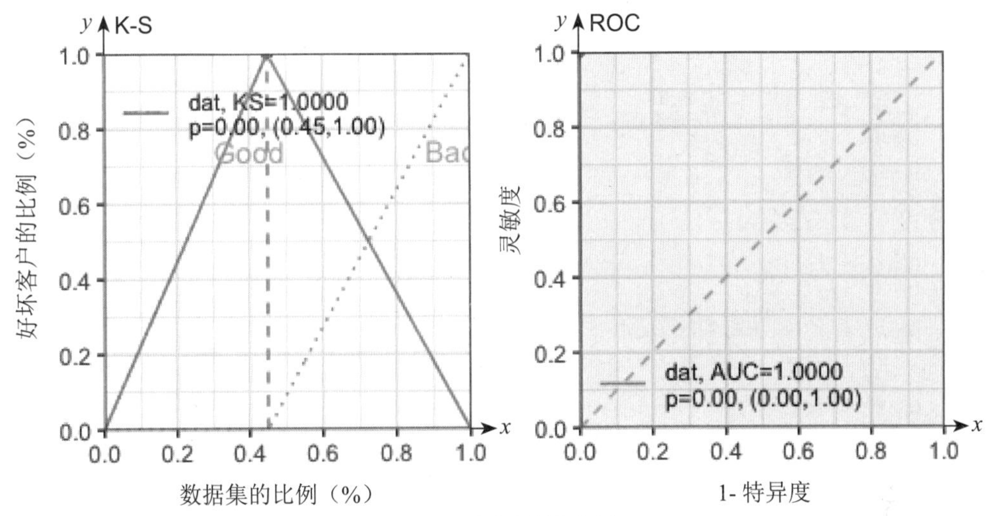

图 13.5　预测结果（1）

```
perf_eva(pred = res2$net.result,label = shuttleTest$use)
## [INFO] The threshold of confusion matrix is 0.0001.
## $binomial_metric
## $binomial_metric$dat
##             MSE      RMSE   LogLoss        R2         KS        AUC
Gini
## 1: 0.01315527 0.1146964 0.1212608 0.9449385 0.9666667 0.9985507
0.9971014
##
##
## $confusion_matrix
## $confusion_matrix$dat
##    label pred_0 pred_1      error
## 1:     0     28      2 0.06666667
## 2:     1     NA     46         NA
## 3: total     NA     48         NA
##
##
## $pic
## TableGrob (1 x 2) "arrange": 2 grobs
##   z     cells    name           grob
## 1 1 (1-1,1-1) arrange gtable[layout]
## 2 2 (1-1,2-2) arrange gtable[layout]
```

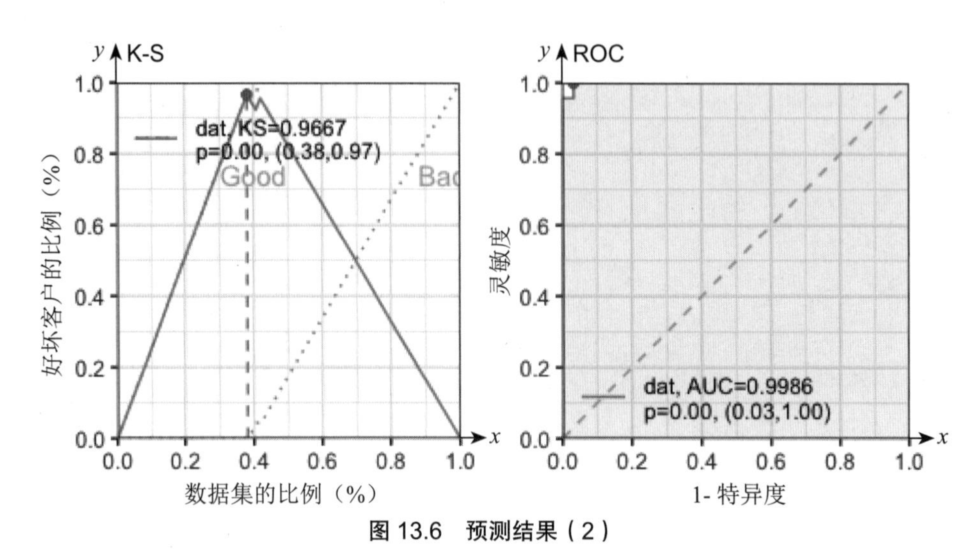

图 13.6　预测结果（2）

根据图 13.5、图 13.6 及预测结构的混淆矩阵可以看到，依然会有误判的情况。在这种情况下，增加复杂性并没有改善测试集的性能；因此，这有可能是数据质量的问题，也就是说，数据中存在矛盾的情况。但总的来说，模型的预测效果还是很不错的。

13.3　总　　结

神经网络模型从最初到现在已经发展很多年了，目前在很多领域都有非常好的应用，神经网络可以发现数据间复杂的非线性关系，有很好的预测能力。但是神经网络模型需要估计的参数非常多，因此复杂的神经网络训练的速度会比较慢，另外，神经网络是一个黑箱，训练出来的神经网络很难理解其内部结构，模型不具备可解释性。对于一些对模型的可解释性有要求的问题，神经网络就不是很合适了。但是，图像识别、语音识别这些问题，不需要理解模型，主要追求高的准确率，这个时候神经网络就很有优势。本章介绍了神经网络模型的基本概念，并介绍了如何在 R 语言中构建基础的神经网络模型，包括 neuralnet 包、神经网络的构建方法、神经网络的可视化，以及使用神经网络进行预测。

第 14 章　文本挖掘

如果数据分析任务涉及对文本的处理，就会用到本文挖掘的相关方法。文本挖掘的关键点是需要将文本数据转化为结构化数据，数据结构化之后才能进行进一步的分析处理。在现实生活中，大量的数据是以文本的形式进行存储的，因此文本数据有非常大的数据分析价值，文本挖掘也是数据分析中比较常见的任务。

14.1　概　　述

文本挖掘是指从文本数据中挖掘有价值的信息，并进一步构建模型解决问题的过程。文本挖掘最早出现在 20 世纪 80 年代，当时只能采用人工的方式分析文本信息，但是随着自然语言与机器学习技术的发展，文本挖掘已经得到广泛应用，应用领域包括商业智能、信息检索、安全领域等，比较多的应用包括：舆情分析、情感分析等。由于大多数据是以文本的形式进行储存的，所以文本挖掘具有非常大的商业价值。

一般而言，文本挖掘的过程主要有 3 个步骤，即文本数据的预处理、数据结构化、文本数据的分析。

（1）文本数据的预处理：这是文本挖掘的第一步，需要对所能使用的所有文本数据进行搜集，并进一步对文档进行过滤，对文档的类型进行分类。由于文本信息的时效性、隐私性，或者其他原因，有些文本数据本身没有使用价值，因此，在这一步，这一部分数据将被过滤掉。

（2）数据结构化：文本数据大多数是字符串组成的非结构化数据，这种数据类型并不能直接用于数据分析，需要转变为结构化数据（结构化数据是指由行和列组成的数据，行代表样本，列代表特征），一般而言，文本数据会被转换为词频矩阵或者 tfidf 矩阵。

（3）文本数据的分析：数据结构化之后就可以根据分析目的对数据进行

分析，构建模型。

本章将介绍文本挖掘的基本概念、R 语言中的文本挖掘包 text2vec，以及使用 R 语言实现文本挖掘。

14.2 text2vec 背景及其基本原理

text2vec 包是由 Dmitriy Selivanov 于 2016 年 10 月所写的 R 包。此包的主要作用是为文本分析和自然语言处理提供一个简单、高效的 API 框架。

由于其由 C++ 语言所写，同时许多部分（如 GloVe）都充分运用 RcppParallel 等包进行并行化操作，处理速度得到加速。采样流处理器可以不必把全部数据载入内存才进行分析，有效利用了内存，可以说该包充分考虑了 NLP 处理数据量庞大的现实。

text2vec 包是一个文本分析的生态系统，可以进行词向量化操作（Vectorization）、Word2Vec 的“升级版”GloVe 词嵌入表达、主题模型分析及相似性度量，功能非常强大，且实用性较强。

本文使用 R 语言进行文本挖掘的基本流程如下。

（1）构建一个文档—词频矩阵（Document-Term Matrix，DTM）或者词频共现矩阵（Term-Co occurrence Matrix，TCM），或者 TFIDF。

（2）在 DTM 基础上拟合模型，包括文本（情感）分类、主题模型、相似性度量等，并进行模型的调试和验证。

（3）最终在新的数据上运用拟合好的模型。

最重要的一步是将文本数字化。关于如何实现文本数字化，前面提到了几种方法，接下来会具体介绍。

14.3 DTM 与 TFIDF 的原理和实现

14.3.1 DTM和TFIDF的原理

DTM 可对文本数据进行结构化。假设有两个文档，分别为 D1、D2，这两个文档的

DTM 分别如图 14.1 和图 14.2 所示。

D1 = ' 我喜欢苹果 ';

D2 = ' 我不喜欢苹果 '。

	我	喜欢	不喜欢	苹果

图 14.1 DTM 的形式（1）

D1	1	1	0	1
D2	1	0	1	1

图 14.2 DTM 的形式（2）

DTM 是每个文档中每个单词（或是词汇表）出现的次数。这是一种非常直观地将本文句子转化为数字的方法。但是，如果计算每一个单词的频次，那么最后出现的矩阵会是一个非常大的稀疏矩阵。所以就有一个问题——是不是需要计算每一个单词的频次呢？有些单词出现次数太少了，统计出来没有意义；有些单词则出现很频繁，但是没有意义，如“的”“是”。于是就有了 TFIDF。

TFIDF 的原理如下：评估一个字词对于一个文件集或一个语料库中的重要程度。字词的重要性随着它在文件中出现的次数成正比增加，但同时会随着它在语料库中出现的频率成反比下降。

简单来说，如果一个词对一个文档很有代表作用，那么这个词在这个文档中肯定会出现很多次，但是这个词不会在其他文档也出现这么多次。

在一份给定的文件中，某一个给定的词语在该文件中出现的次数就是词频（Term Frequency，TF）。词频通常会被正规化，以防止它偏向长的文件，其计算公式如下：

$$tf_{i,j} = \frac{n_{i,j}}{\sum_k n_{k,j}}$$

式中，$n_{i,j}$ 是该词在文件 d_j 中的出现次数，$\sum_k n_{k,j}$ 是所有字词在文件 d_j 中的出现次数之和。

逆向文件频率（Inverse Document Frequency，IDF）是一个词语普遍重要性的度量。计算公式如下：

$$\mathrm{idf}_i = \log \frac{|D|}{\left|\{j : t_i \in d_j\}\right|}$$

式中，$|D|$ 表示语料库中的文件总数；$\left|\{j : t_i \in d_j\}\right|$ 表示含词语 t_i 的文件数目，如果该词语不在语料库中，则此项为零，因此一般情况下使用时会加 1。

对于 TFIDF，则有

$$tf_{i,j}df_{i,j} = tf_{i,j} \times idf_i$$

某一特定文件内的高词语频率及该词语在整个文件集合中的低文件频率，可以产生高权重的 TFIDF。因此，TFIDF 倾向于过滤掉常见的词语，保留重要的词语。这就是 DTM 和 TFIDF 的思想。

14.3.2 DTM的实现

在 R 语言中通过 text2vec 包实现 DTM 的步骤如下。

（1）设置分词迭代器。构造分词的迭代器是通过 itoken( ) 函数构造的，这个函数有若干关键参数：第一个参数是 iterable，用于指定所使用的文本，文本的格式是向量，向量中每一个元素代表一组文本数据；第二个参数是 preprocessor，用于设定数据预处理的方式；第三个参数是 tokenizer，用于指定拆分字符串的方式（word_tokenizer、char_tokenizer 和 space_tokenizer）。

（2）设置分词的消除停用词。有些词没有具体的含义，如语气词。

（3）进行分词。进行分词所使用的函数是 create_vocabulary( )，其第一个参数是第一步创建好的分词迭代器，第二个参数是 stopwords，即需要消除的停用词。

（4）对分词结果进行修剪。对分词结果进行修剪所使用的函数是 prune_vocabulary( )，其第一个参数是第三步所进行的分词，另外一些参数是用于指定具体的修剪规则，包括 term_count_min，表示词语在所有文件中出现的最少次数；term_count_max 表示词语在所有文件中出现的最多次数；doc_proportion_min 表示词语在所有文档中应包含的最小比例；doc_proportion_max 表示词语在所有文档中应包含的最大比例。

（5）构建语料库。使用 vocab_vectorizer( ) 函数，传入的参数是第三部的分词结果或者第四步修剪后的分词结果。

（6）构建 DTM 矩阵。使用 create_dtm( ) 函数，传入两个参数，包括第一步的分词迭代器和第五步构建好的语料库。

这里使用的数据集是 text2vec 自带的电影数据集——movie_review。首先准备数据，并将数据划分为训练集和预测集，方便后续的分析。

```
library(text2vec)
# 开始构建
prep_fun = tolower    # 转换大小写
#代表词语划分到什么程度
tok_fun = word_tokenizer    # 用于拆分字符串的工具
#步骤1.设置分词迭代器
it_train = itoken(train$review,      # 这个是语料
                  preprocessor = prep_fun,
                  tokenizer = tok_fun,
                  ids = train$id,    # 可以不设置id
                  progressbar = FALSE)
#然后设定对应的停用词
#步骤2.分词#消除停用词
stop_words = c("i", "me", "my", "myself", "we", "our", "ours",
"ourselves", "you", "your", "yours")
#停用词指定好之后，可以开始构建分词结果
#分词函数 : create_vocabulary ，传入一个分词迭代器和停用词
vocab = create_vocabulary(it_train, stopwords = stop_words)
head(vocab)
## Number of docs: 4000
## 11 stopwords: i, me, my, myself, we, our ...
## ngram_min = 1; ngram_max = 1
## Vocabulary:
##                           term term_count     doc_count
## 1:  injections            1                   1
## 2:     everone            1                   1
## 3:       argie            1                   1
## 4:   naturists            1                   1
## 5:         zag            1                   1
## 6: koenekamp's            1                   1
```

分词结果存在很多的低频词和很多超高频率的词语。进一步对分词结果进行修剪，修剪的条件如下：①词频不能低于 10 个；②词语在所有文档中出现的比例不能高于 50%，即最多有 49% 的文档包含该词；③词语在所有文档中出现的比例不能低于 0.1%。

```
#对低频词的修剪
pruned_vocab = prune_vocabulary(vocab,
                                term_count_min = 10,    #词频，低于10个均删掉
                                doc_proportion_max = 0.5,
```

```
                                    doc_proportion_min = 0.001)
head(pruned_vocab)
## Number of docs: 4000
## 11 stopwords: i, me, my, myself, we, our ...
## ngram_min = 1; ngram_max = 1
## Vocabulary:
##                             term term_count   doc_count
## 1: accompanying             10                10
## 2:        react             10                10
## 3:      pressed             10                10
## 4:        walsh             10                8
## 5:       unsure             10                10
## 6:        trace             10                10
```

这一步完成之后则可以生成语料库，以及构建 DTM。使用 create_dtm( ) 构建 DTM：

```
#步骤3.生成语料文件
vectorizer = vocab_vectorizer(pruned_vocab)
head(vectorizer)
##
## 1 function (iterator, grow_dtm, skip_grams_window_context, window_
size,
## 2     weights)
## 3 {
## 4          vocab_corpus_ptr = cpp_vocabulary_corpus_
create(vocabulary$term,
## 5          attr(vocabulary, "ngram")[[1]], attr(vocabulary, "ngram")
[[2]],
## 6             attr(vocabulary, "stopwords"), attr(vocabulary, "sep_
ngram"))
#步骤4.构建DTM，传入分词迭代器和语料文件
dtm_train = create_dtm(it_train, vectorizer)
head(dtm_train)
## [1] 0 0 0 0 0 0
```

其中比较重要的一点是语料库。有了语料库，就有了新数据，便可以直接转换成 DTM：

```
prep_fun = tolower    # 转换大小写
#代表词语划分到什么程度
tok_fun = word_tokenizer    # 用于拆分字符串的工具
#步骤1.设置分词迭代器
it_test = itoken(test$review,     # 这个是语料
                 preprocessor = prep_fun,
                 tokenizer = tok_fun,
                 progressbar = FALSE)
```

```
dtm_test = create_dtm(it_train, vectorizer)
head(dtm_test)
## [1] 0 0 0 0 0 0
```

这样对测试数据也构建好了 DTM。

14.3.3 TFIDF的实现

TFIDF 的构建是建立在 DTM 的基础之上的，步骤如下。

（1）设置 TFIDF 编译器 。

（2）转换成 TFIDF 格式。

Tfidf$new( ) 用于新创建一个 TFIDF 对象，然后使用 fit_transform( ) 将 DTM 转换为 TFIDF 矩阵。

```
tfidf = TfIdf$new()
tm_train_tfidf = fit_transform(dtm_train, tfidf)
head(tm_train_tfidf)
## [1] 0 0 0 0 0 0
# 构建测试集的TFIDF
prep_fun = tolower    # 转换大小写
#代表词语划分到什么程度
tok_fun = word_tokenizer   # 用于拆分字符串的工具
#步骤1.设置分词迭代器
it_test = itoken(test$review,     # 这个是语料
                 preprocessor = prep_fun,
                 tokenizer = tok_fun,
                 progressbar = FALSE)
#

dtm_test_tfidf   = create_dtm(it_test, vectorizer) %>%    fit_
transform(tfidf)
```

至此就构建好了 DTM 和 TFIDF 了，接下来可以进行各种建模。

14.4 情感分析

进行情感建模，首先要有一个标签，以标注某个文本所代表的情感，之前所用的数据已经包含了标签，其中 sentiment 所代表的就是该文本的情感标签。

```
train[1,]
##          id sentiment
## 1: 11912_2         0

    ## review
## 1: The story behind this movie is very interesting, and in general
the plot is not so bad... but the details: writing, directing,
continuity, pacing, action sequences, stunts, and use of CG all cheapen
and spoil the film.<br /><br />First off, action sequences. They are
all quite unexciting. Most consist of someone standing up and getting
shot, making no attempt to run, fight, dodge, or whatever, even though
they have all the time in the world. The sequences just seem bland for
something made in 2004.<br /><br />The CG features very nicely rendered
and animated effects, but they come off looking cheap because of how
they are used.<br /><br />Pacing: everything happens too quickly. For
example, \\"Elle\\" is trained to fight in a couple of hours, and from
the start can do back-flips, etc. Why is she so acrobatic? None of this
is explained in the movie. As Lilith, she wouldn't have needed to be
able to do back flips - maybe she couldn't, since she had wings.<br
/><br />Also, we have sequences like a woman getting run over by a
car, and getting up and just wandering off into a deserted room with
a sink and mirror, and then stabbing herself in the throat, all for
no apparent reason, and without any of the spectators really caring
that she just got hit by a car (and then felt the secondary effects
of another, exploding car)... \\"Are you okay?\\" asks the driver
\\"yes, I'm fine\\" she says, bloodied and disheveled.<br /><br />I
watched it all, though, because the introduction promised me that it
would be interesting... but in the end, the poor execution made me
wish for anything else: Blade, Vampire Hunter D, even that movie with
vampires where Jackie Chan was comic relief, because they managed to
suspend my disbelief, but this just made me want to shake the director
awake, and give the writer a good talking to.
```

可以看到，第一列是 ID；第二列 sentiment 用于表示文本的情感，有两个值，即 0 和 1。sentiment 就是情感分析模型的标签；第三列是情感分析的文本。情感模型本质上是分类模型，因此我们在构建好 DTM 或者 TFIDF 之后就可以建立情感模型，所以第一步就是建立 DTM 和 TFIDF。

1. 构建 DTM

根据上文构建 DTM 的方法根据原始的文本构建 DTM，上文的代码可以直接使用，修改对应的数据即可。

```
# 数据准备
```

```
data("movie_review")
setDT(movie_review)
setkey(movie_review, id)
set.seed(2016L)
all_ids = movie_review$id
train_ids = sample(all_ids, 4000)
test_ids = setdiff(all_ids, train_ids)
train = movie_review[J(train_ids)]
test = movie_review[J(test_ids)]

# 开始构建
prep_fun = tolower   # 转换大小写
#代表词语划分到什么程度
tok_fun = word_tokenizer   # 用于拆分字符串的工具
#步骤1.设置分词迭代器
it_train = itoken(train$review,    # 这个是语料
                  preprocessor = prep_fun,
                  tokenizer = tok_fun,
                  ids = train$id,   # 可以不设置id
                  progressbar = FALSE)

#步骤2.分词#消除停用词
stop_words = c("i", "me", "my", "myself", "we", "our", "ours",
"ourselves", "you", "your", "yours")

#分词函数 : create_vocabulary ，传入一个分词迭代器和停用词
vocab = create_vocabulary(it_train, stopwords = stop_words)
head(vocab)
## Number of docs: 4000
## 11 stopwords: i, me, my, myself, we, our ...
## ngram_min = 1; ngram_max = 1
## Vocabulary:
##                        term term_count  doc_count
## 1:  injections         1                1
## 2:     everone         1                1
## 3:       argie         1                1
## 4:   naturists         1                1
## 5:         zag         1                1
## 6: koenekamp's         1                1
#对低频词的修剪
pruned_vocab = prune_vocabulary(vocab,
                                term_count_min = 10,   #词频，低于10个均删掉
                                doc_proportion_max = 0.5,
                                doc_proportion_min = 0.001)
head(pruned_vocab)
## Number of docs: 4000
## 11 stopwords: i, me, my, myself, we, our ...
```

```
## ngram_min = 1; ngram_max = 1
## Vocabulary:
##              term        term_count    doc_count
## 1: accompanying          10            10
## 2:          react        10            10
## 3:        pressed        10            10
## 4:          walsh        10            8
## 5:         unsure        10            10
## 6:          trace        10            10
#步骤3.生成语料文件
vectorizer = vocab_vectorizer(pruned_vocab)
head(vectorizer)
##
## 1 function (iterator, grow_dtm, skip_grams_window_context, window_
size,
## 2     weights)
## 3 {
## 4         vocab_corpus_ptr = cpp_vocabulary_corpus_
create(vocabulary$term,
## 5          attr(vocabulary, "ngram")[[1]], attr(vocabulary, "ngram")
[[2]],
## 6              attr(vocabulary, "stopwords"), attr(vocabulary, "sep_
ngram"))
#步骤4.构建DTM，传入分词迭代器和语料文件
dtm_train = create_dtm(it_train, vectorizer)
head(dtm_train)
## [1] 0 0 0 0 0 0
prep_fun = tolower   # 转换大小写
#代表词语划分到什么程度
tok_fun = word_tokenizer   # 用于拆分字符串的工具
#步骤1.设置分词迭代器
it_test = itoken(test$review,    # 这个是语料
                 preprocessor = prep_fun,
                 tokenizer = tok_fun,
                ids = test$id,
                 progressbar = FALSE)

dtm_test = create_dtm(it_test, vectorizer)
head(dtm_test)
## [1] 0 0 0 0 0 0
```

通过上面这个步骤已经构建好了 DTM，这个时候可以开始构建模型。

2. 构建情感模型

这里使用逻辑回归模型作为情感模型。首先构建模型，然后进行验证。这里使用 cv.glmnet( ) 来构建逻辑回归模型，这个函数用于构建广义线性模型，其最主要的参数是 x，

表示模型所使用的特征。参数 y 表示模型的标签，family 用于指定构建什么广义线性模型（设置为 binomial 表示构建逻辑回归模型），nfilds 用于指定进行多少折交叉验证。构建好模型之后使用测试集进行预测，然后使用 auc( ) 函数计算 auc 值，并且将预测概率转换为分类结果，最后使用 confusionMatrix( ) 计算出预测结果的混淆矩阵以及其他指标。

```
library(glmnet)
## Loaded glmnet 2.0-16
NFOLDS = 4
glmnet_classifier = cv.glmnet(x = dtm_train, y = train[['sentiment']],fa
mily='binomial',
                                    # L1 penalty
                                    alpha = 1,
                                    # interested in the area under ROC
                                    curve
                                    type.measure = "auc",
                                    # 5-fold cross-validation
                                    nfolds = NFOLDS,
                                    # high value is less accurate, but
                                    has faster training
                                    thresh = 1e-3,
                                    # again lower number of iterations
                                    for faster training
                                    maxit = 1e3)
preds = predict(glmnet_classifier, dtm_test, type = 'response')[,1]
glmnet:::auc(test$sentiment, preds)
## [1] 0.917145
preds[preds<=0.5]=0
preds[preds>0.5]=1
preds <- as.integer(preds)
caret::confusionMatrix(table(preds,test$sentiment))
## Confusion Matrix and Statistics
##
##
##    preds     0     1
##        0   409    64
##        1    94   433
##
##                  Accuracy : 0.842
##                    95% CI : (0.8179, 0.8641)
##       No Information Rate : 0.503
##       P-Value [Acc > NIR] : < 2e-16
##
##                     Kappa : 0.6841
##    Mcnemar's Test P-Value : 0.02105
```

```
##
##             Sensitivity : 0.8131
##             Specificity : 0.8712
##          Pos Pred Value : 0.8647
##          Neg Pred Value : 0.8216
##              Prevalence : 0.5030
##          Detection Rate : 0.4090
##    Detection Prevalence : 0.4730
##       Balanced Accuracy : 0.8422
##
##        'Positive' Class : 0
##
```

从结果可以看出，测试数据集的 AUC 为 0.917145，Accuracy 为 0.842，说明这份数据所构建的情感模型的预测效果非常不错。

3. 构建 TFIDF

接下来将文本数据转换为 TFIDF 矩阵，并进一步分析结果。

```
tfidf = TfIdf$new()
tm_train_tfidf = fit_transform(dtm_train, tfidf)
# 构建测试集的TFIDF
prep_fun = tolower   # 转换大小写
#代表词语划分到什么程度
tok_fun = word_tokenizer   # 用于拆分字符串的工具
#步骤1.设置分词迭代器
it_test = itoken(test$review,    # 这个是语料
                 preprocessor = prep_fun,
                 tokenizer = tok_fun,
                 progressbar = FALSE)
dtm_test_tfidf  = create_dtm(it_test, vectorizer) %>%   fit_
transform(tfidf)
```

4. 利用 TFIDF 构建情感模型

这里构建模型的过程与之前使用 DTM 的结果构建模型是一样的，不一样的是这里所使用的数据集是文本数据转换成为 TFIDF 数据的结果。

```
library(glmnet)
NFOLDS = 4
glmnet_classifier = cv.glmnet(x = tm_train_tfidf, y = train[['sentiment']
],family='binomial',
                # L1 penalty
                alpha = 1,
                # interested in the area under ROC curve
```

```
                    type.measure = "auc",
                    # 5-fold cross-validation
                    nfolds = NFOLDS,
                    # high value is less accurate, but has faster training
                    thresh = 1e-3,
                    # again lower number of iterations for faster training
                    maxit = 1e3)
preds = predict(glmnet_classifier, dtm_test_tfidf, type = 'response')[,1]
glmnet:::auc(test$sentiment, preds)
## [1] 0.9111048
preds[preds<=0.5]=0
preds[preds>0.5]=1
preds <- as.integer(preds)
caret::confusionMatrix(table(preds,test$sentiment))
## Confusion Matrix and Statistics
##
##
##      preds    0       1
##      0            412  71
##      1            91    426
##
##                  Accuracy : 0.838
##                    95% CI : (0.8137, 0.8603)
##      No Information Rate : 0.503
##      P-Value [Acc > NIR] : <2e-16
##
##                     Kappa : 0.6761
##  Mcnemar's Test P-Value : 0.1355
##
##               Sensitivity : 0.8191
##               Specificity : 0.8571
##            Pos Pred Value : 0.8530
##            Neg Pred Value : 0.8240
##                Prevalence : 0.5030
##            Detection Rate : 0.4120
##      Detection Prevalence : 0.4830
##         Balanced Accuracy : 0.8381
##
##          'Positive' Class : 0
##
```

从结果中可以看出，使用 TFIDF 对原始数据结构化处理之后，所构建的情感模型测试数据集的 AUC 为 0.9111048，Accuracy 为 0.838，模型效果与上部分的结果相差无几。在这里再做一个简单的说明，对于文本挖掘一个很关键的步骤是对文本数据的结构化，一旦文本数据结构化之后，即可构建各种有监督或者非监督的模型。

14.5 LDA 主题模型及其实现

LDA 是一种非监督机器学习技术，可以用来识别大规模文档集（Document Collection）或语料库（Corpus）中潜藏的主题信息。它采用词袋（Bag of Words）的方法，这种方法将每一篇文档视为一个词频向量，从而将文本信息转化为易于建模的数字信息。

对于语料库中的每篇文档，LDA 定义了如下生成过程。

- 对文档进行聚类，即将文档根据不同的主题聚类起来。对每一篇文档，从主题分布中抽取一个主题。
- 从上述被抽到的主题所对应的单词分布中抽取一个单词。
- 重复上述过程直至遍历文档中的每一个单词。

构建 LDA 模型，首先需要将文本转化成为 DTM 或者 TFIDF 矩阵。

```
data("movie_review")
setDT(movie_review)
setkey(movie_review, id)
set.seed(2016L)
all_ids = movie_review$id
train_ids = sample(all_ids, 4000)
test_ids = setdiff(all_ids, train_ids)
train = movie_review[J(train_ids)]
test = movie_review[J(test_ids)]

# 开始构建
prep_fun = tolower   # 转换大小写
#代表词语划分到什么程度
tok_fun = word_tokenizer   # 用于拆分字符串的工具
#步骤1.设置分词迭代器
it_train = itoken(train$review,     # 这个是语料
                  preprocessor = prep_fun,
                  tokenizer = tok_fun,
                  ids = train$id,    # 可以不设置id
                  progressbar = FALSE)

#步骤2.分词#消除停用词
stop_words = c("i", "me", "my", "myself", "we", "our", "ours",
"ourselves", "you", "your", "yours")

#分词函数 : create_vocabulary ，传入一个分词迭代器和停用词
```

```
vocab = create_vocabulary(it_train, stopwords = stop_words)
#对低频词的修剪
pruned_vocab = prune_vocabulary(vocab,
                                term_count_min = 10,   #词频，低于10个均删掉
                                doc_proportion_max = 0.5,
                                doc_proportion_min = 0.001)
#步骤3.生成语料文件
vectorizer = vocab_vectorizer(pruned_vocab)
vectorizer
## function (iterator, grow_dtm, skip_grams_window_context, window_
size,
##     weights)
## {
##     vocab_corpus_ptr = cpp_vocabulary_corpus_create(vocabulary$term,
##           attr(vocabulary, "ngram")[[1]], attr(vocabulary, "ngram")
[[2]],
##             attr(vocabulary, "stopwords"), attr(vocabulary, "sep_
ngram"))
##     setattr(vocab_corpus_ptr, "ids", character(0))
##     setattr(vocab_corpus_ptr, "class", "VocabCorpus")
##      corpus_insert(vocab_corpus_ptr, iterator, grow_dtm, skip_grams_
window_context,
##          window_size, weights)
## }
## <bytecode: 0x7fd77dd59228>
## <environment: 0x7fd787a3cc98>
#步骤4.构建DTM，传入分词迭代器和语料文件
dtm_train = create_dtm(it_train, vectorizer)

prep_fun = tolower   # 转换大小写
#代表词语划分到什么程度
tok_fun = word_tokenizer   # 用于拆分字符串的工具
#步骤1.设置分词迭代器
it_test = itoken(test$review,    # 这个是语料
                 preprocessor = prep_fun,
                 tokenizer = tok_fun,
                ids = test$id,
                 progressbar = FALSE)

dtm_test = create_dtm(it_test, vectorizer)
```

至此构建好了 DTM，接下来构建主题模型。首先创建一个主题模型，LDA$new(n_topics = 10) 表示创建一个有 10 个主题的主题模型。创建好主题模型之后，拟合模型，使用的是创建好的 LDA 模型的一个对象；使用 fit_transform( ) 进行拟合，其第一个参数是构建好的 DTM 矩阵。

```
lda_model = LDA$new(n_topics = 10)
doc_topic_distr = lda_model$fit_transform(dtm_train, n_iter = 20)
doc_topic_distr
##              [,1]        [,2]        [,3]        [,4]
             [,5]
## 11912_2      0.150537634 0.080645161 0.048387097 0.134408602
             0.043010753
## 11507_10     0.144144144 0.117117117 0.072072072 0.117117117
             0.171171171
## 8194_9       0.071428571 0.142857143 0.061224490 0.010204082
             0.142857143
## 11426_10     0.044943820 0.101123596 0.067415730 0.089887640
             0.101123596
## 4043_3       0.047058824 0.094117647 0.058823529 0.070588235
             0.023529412
## 11287_3      0.046948357 0.145539906 0.187793427 0.079812207
             0.093896714
## attr(,"likelihood")
##     iter    loglikelihood
## 1   10      -3748833
## 2   20      -3635603
```

在结果中，每一行代表每一个文本是不同主题的概率，也就是说将所有的文本数据分成了 10 个大类别，这种方法类似于机器学习中的聚类算法。

14.6 构建自动问答系统

自动问答的关键在于衡量文本间的相似性，text2vec 提供了两套函数集，用于测量变量距离 / 相似性。其中，最常用的是 sim2( )。实现自动问答系统的第一步是构建 DTM 矩阵，这里可直接使用之前的 DTM 数据。

- sim2（x,y,method）：分别计算 *x y* 个相似性。
- psim2（x,x,method）：平行地求数据的相似性，*x* 个相似性。
- dist2（x,y,method）：跟 sim2 相反，分别计算 *xy* 个距离。
- pdist2（x,y,method）：平行地求数据的距离，*x* 个距离。

（1）Jaccard 相似度：

```
d1_d2_jac_sim = sim2(dtm_test, dtm_train, method = "jaccard", norm =
"none")
```

（2）余弦相似度：

```
d1_d2_cos_sim = sim2(dtm_train, dtm_test, method = "cosine", norm =
"l2")
```

接下来构建一个自动问答系统，基本思路如下：

（1）准备语料库。

（2）构建问题与答案的关系。

（3）构建 DTM。

（4）计算提问与目标问题的相似性。

（5）获取答案。

首先构建语料库，构建的语料库是与数学有关的。这个语料库分为两个部分：第一个部分是关于某个问题的关键词组，如关键词组子矩阵；第二个部分是对应关键词组的回答。

```
math = data.frame(c("子矩阵","线性方程组","线性变换","方阵","单位阵"),
                  c("子矩阵是在矩阵选取部分行、列所组成的新矩阵。它亦可用A(3;2)
表示，显示除掉第3行和第2列的余下矩阵。这两种方法比较常用，但还是没有标准的方法表示子
矩阵。","线性方程组是数学方程组的一种，它符合以下形式：其中的及等是已知的常数，
而等则是要求的未知数。如果用线性代数中的概念来表达，则线性方程组可以写成：这里的A
是m×n 矩阵，x是含有n个元素的列向量，b是含有m个元素的列向量。","在数学线性映
射是在两个向量空间之间的一种保持向量加法和标量乘法的特殊映射。线性映射从抽象代数角度
看是向量空间的同态，从范畴论角度看是在给定域上的向量空间所构成的范畴中的态射。","方
块矩阵，或简称方阵，是行数及列数皆相同的矩阵。由矩阵组成的集合，连同矩阵加法和矩阵乘
法，构成环。此环不是交换环。M(n, R)，即宝方块矩阵环，是个宝有单位的结合代数","单位
阵是单位矩阵的简称，它指的是主对角线上都是1，其余元素皆为0的矩阵。在矩阵的乘法中，有一
种矩阵起着特殊的作用，如同数的乘法中的1，我们称这种矩阵为单位矩阵，简称单位阵"))

names(math) <- c("V1","V2")

head(math,3)
##           V1
## 1     子矩阵
## 2 线性方程组
## 3   线性变换
##
V2
## 1  子矩阵是在矩阵选取分行、列所组成的新矩阵。它亦可用A(3;2)表示，显示除掉第3行和
第2列的余下矩阵。这两种方法比较常用，但还是没有标准的方法表示子矩阵。
##  2  线性方程组是数学方程组的一种，它如果用线性代数中的概念来表达，则线性方程组可以
写成：这里的A是m×n 矩阵，x是含有n个元素的列向量，b是含有m个元素的列向量。
```

```
## 3在数学中，线性映射是在两个向量空间之间的一种保持向量加法和标量乘法的特殊映射。线性映射从抽象代数角度看是向量空间的同态，从范畴论角度看是在给定域上的向量空间所构成的范畴中的态射。
```

这里构建了一个简单的语料数据，然后构建一个函数，用于构建自动问答系统，传入的参数包括两个，第一个参数是所提问的问题，第二个参数是对应的语料。先构建关键词组的 DTM 或者 TFIDF 矩阵，然后构建问题的 DTM，计算问题与关键词组的相似性，返回最相似的关键词组所对应的答案。

```
Automatic_question_answering=function(question,math){
 #首先创建语料库
 library(text2vec)
 math_sample = math
 it = itoken(as.character(math_sample[,1]),
             tokenizer = word_tokenizer)
 # Creates a vocabulary of unique terms
 v = create_vocabulary(it)

 #remove very common and uncommon words
 #这个功能可以过滤输入词汇，并抛出非常频繁且非常罕见的词汇。
 pruned_vocab = prune_vocabulary(v, term_count_min = 1,
            doc_proportion_max = 0.5, doc_proportion_min = 0.001)
 #该函数创建一个文本向量化函数，用于构建一个DTM/ TCM/语料库。
 vectorizer = vocab_vectorizer(pruned_vocab)
 # 创建语料数据的DTM
  it  =  itoken(as.character(math_sample$V1),  preprocess_function  =
tolower,
             tokenizer = word_tokenizer)
 #Document-term matrix construction
 dtm_raw = create_dtm(it, vectorizer)

 # 创建问题的DTM
 it = itoken(question, preprocess_function = tolower,
             tokenizer = word_tokenizer)
 #Document-term matrix construction
 dtm_question = create_dtm(it, vectorizer)

 # 找到最相近的问题
 n=which(as.matrix(sim2(dtm_raw,dtm_question))==max(sim2(dtm_raw,dtm_
question)))

 print(paste("你需要的回答是: ",math_sample$V2[n]))

}
```

这样就构建好了自动问答系统，然后就可以通过自动问答系统的函数来获取对应问题的答案了：

```
Automatic_question_answering("子矩阵是什么",math = math)
## [1] "你需要的回答是： 子矩阵是在矩阵选取部分行、列所组成的新矩阵。它亦可用A(3;2)表示，显示除掉第3行和第2列的余下矩阵。这两种方法比较常用，但还是没有标准的方法表示子矩阵。"
```

在这里可以了解到，构建一个强大的自然语言功能系统，算法是一方面，另外一方面是语料库。充足的文本数据对构建模型是至关重要的。

14.7 总　　结

本章介绍了文本挖掘的基本概念。文本挖掘最关键的步骤是要将原始的文本数据转变成结构化的数据。在此之后，可以构建各种算法。本章介绍了情感分析模型，情感分析模型本质上是分类模型的一种应用；然后介绍了主题模型，关于主题模型的一个合适的类比就是机器学习中的聚类算法，但是二者的原理有非常大的区别；最后构建了一个自动问答系统，这个自动问答系统可以根据提问自动地返回一个答案。

通过对本章的学习，可以快速地使用 R 语言进行文本挖掘。关于文本挖掘最关键的是要有充足的、高质量的数据，这是至关重要的，当然，这对其他数据分析任务同样重要。

第 15 章　社交网络分析

社交网络是一种由许多节点构建而成的社会结构。节点可以是人或者组织，线段表示关系，社交网络则是节点通过线段连接起来的一个网络。在互联网兴起之前，社交网络分析是社会学的一个重要的研究分支。随着互联网的兴起，社交网络的研究开始着重于线上的网络分析。本章将介绍社交网络分析的基本概念、在 R 语言中进行社交网络分析的 igraph 包，以及一个社交网络分析的例子。

15.1　社交网络概述

1. 社交网络的基本概念

社交网络通常使用图来描述，图可以非常直观地描述事物之间的关系。在图中，节点（Node）表示一个人，或者一个事物；边（Edge）代表人或者事物之间的关系。有向图用箭头表示事物之间的关系，无向图直接使用线段来描述。关于图，有几个重要的概念，具体如下。

- 度（Degree）：这个概念用来描述连接点（Vertices）的活跃性，指的是与点相连接的边的数目。在有向图中，度分为出度（Out Degree）和入度（In Degree）。出度指的是以某一个节点为起点指向另一个点的边的数目。入度指的是以某一个节点为终点的边的数目。有向图某个节点的度是出度和入度的和。
- 边（Edges）：边分为有向边和无向边。
- 图的密度（Density）：其计算公式是整个图的边数除以整个图可能的边数。

2. 社交网络的基本特性

（1）符合小世界原理。小世界原理是指地理位置比较遥远的人可能存在比较近的社交关系。比较著名的理论是六度分隔理论，意思是说，任意两个人可以通过其他 5 个人关联起来。小世界原理在社交网络得到了论证，Facebook 任意两个用户的平均路径长度约为 4.74，Twitter 为 4.67。也就是说，社交网络中的任意两个人可以通过 5 个人进行连接。

（2）具有无标度的特性。社交网络中存在一些节点，这些节点只有少量的边；同样存在一些节点，这些节点包含大量的边。这种存在节点不均衡的度分布的情况，称为无标度。分布特征为幂律分布。

3. 社交网络分析的应用场景

社交网络分析是一种无监督的机器学习方法，有一些类似于机器学习中的聚类算法，用于识别社交圈子。所谓“物以类聚，人以群分”，一旦我们可以将社交网络划分为不同的圈子，就可以有很多的应用。

（1）社交推荐。例如，微信和 QQ 是关于人与人之间的强关系网络，对微信和 QQ 的社交网络进行分析，可以识别出不同的网络圈，一个应用场景是朋友相互推荐。微博、豆瓣是社交网络中关注与被关注的弱关系网络，社交网络分析有助于消息和知识的传播、还可以对用户进行精准化营销，个性化推荐商品和服务。因为同一个社交网络中的人群是相似的，因此可以在同一个社交群体中推荐相同的产品或者服务。

（2）舆情分析。舆情分析在互联网兴起之前就已经被应用于政府、商业中，这时的分析主要还是从线下的一些新闻报纸进行分析。随着互联网的兴起，线上的媒体越来越多，信息的真实性偏低，并且传播速度非常快，难以控制。

（3）疾病传播研究。疾病传播网络属于社交网络的模型，因此对疾病传播网络进行分析可以识别关键节点，并且切断网络中的关键节点以阻止传染性疾病的传播。

另外，社交网络分析还可以帮助金融机构识别欺诈集团，进行反欺诈风控等。

15.2 igraph 简介

igraph 是一系列网络分析工具，它强调效率、便携性和易用性，不仅支持 C/C++ 直接调用，同而且提供了 R、Python、Ruby 等语言接口，其主要功能是提供无向图、有向图的算法，包含生成图、最短路径、生成最小树等经典算法，还包含了中介中心性、网络分析等算法。

igraph 库的主要目标是提供一组数据类型和函数，具有以下优点。

（1）高效实现图算法。

（2）快速处理大图，具有数百万个顶点和边。

（3）给其他语言提供接口，进行快速原型设计。

igraph 是免费开源的，其官网地址为 https：//igraph.org/R 语言可以通过 igraph 包来调用这个网络工具。

15.2.1 准备工作

首先需要安装好这个包，这里使用 install.packages("igraph") 进行安装，安装好了这个包之后进行加载。

```
install.packages("igraph")
library(igraph)
```

下面构建一个简单的网络。构造一个网络一般会使用两个函数：

graph( ) 和 graph.data.frame( )。

首先使用 graph( ) 构建网络，所构建的有向图如图 15.1 所示。

```
Myfristnetwork <- graph(edges =
c("Alice","Sam","Sam","Sam","Sam","David","David","Alice","Frank","Davi
d"),directed = TRUE)
# 进行绘图
plot(myfristnewwork)
myfristnewwork[]
## 4 x 4 sparse Matrix of class "dgCMatrix"
##        Alice Sam David Frank
## Alice      .   1     .     .
## Sam        .   1     1     .
## David     1    .     .     .
## Frank      .   .     1     .
```

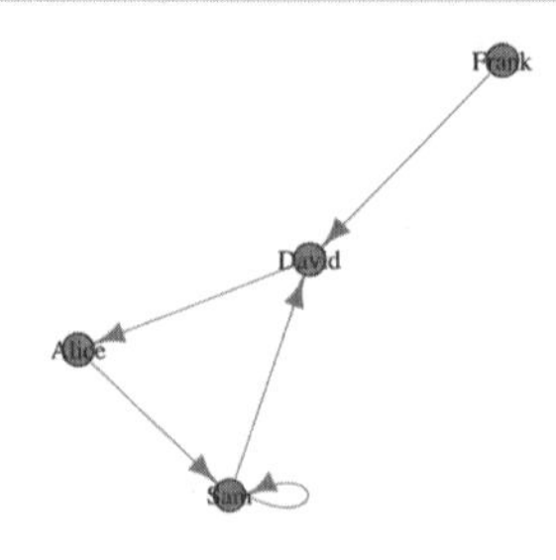

图 15.1　有向图（1）

directed 参数指定所构建的图是否是一个有向图。edges 传入一个向量，向量中的元素两两一组，构成一个连接。最后所输出的是网络图形对应的矩阵，行、列都代表节点的名称，存在连接就用 1 来表示。

然后使用 graph.data.frame( ) 这个函数来构建图，所构建的有向图如图 15.2 所示。

```
myfristnewwork
<- graph.data.frame(data.frame(c("Alice","Sam","Sam","David","Frank"),c
("Sam","Sam","David","Alice","David")))

plot(myfristnewwork)
```

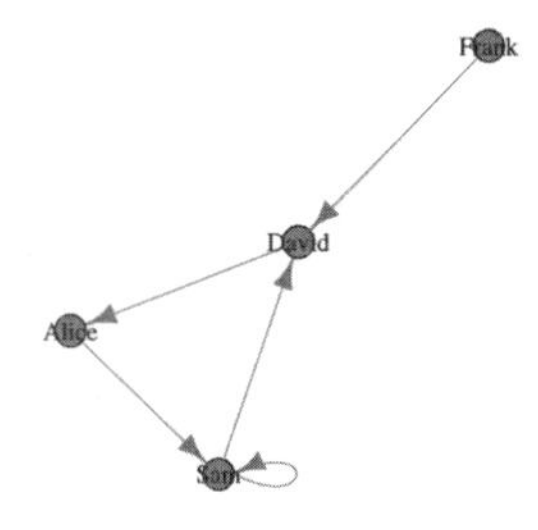

图 15.2　有向图（2）

使用 graph.data.frame( ) 函数来构建网络需要传递一个数据框，这个数据框有两列，这两列一一对应，构成网络，其中，默认 directed = TRUE，其表明所构建的图是有向图。

15.2.2　图的指标计算

1. 计算图的度

通过 degree( ) 函数可以查看有向图的度数：直接输入网络图，可以查看整个图的总度数。

使用 degree( ) 函数来查看一个网络的度：

```
degree(myfristnewwork)
## Alice   Sam David Frank
##     2     4     3     1
```

查看某一个节点的度数：

```
degree(myfristnewwork,v = "Alice")
## Alice
```

```
##      2
```

如果想知道网络图中有哪些节点，可以使用 V( ) 函数：

```
V(myfristnewwork)
## + 4/4 vertices, named, from b8a2fee:
## [1] Alice Sam   David Frank
```

计算出度与入度，这里依然使用的是 degree( ) 函数，其中 mode 参数用于指定所计算的是出度还是入度。

```
degree(myfristnewwork,mode = "in")
##       Alice    Sam  David  Frank
##     1          2       2          0
degree(myfristnewwork,mode = "out")
##       Alice    Sam  David  Frank
##     1          2       1          1
```

2. 计算图的顶点数和边数

计算定点所使用的函数是 vcount( )，计算边数所使用的函数是 ecount( )，代码如下。

```
vcount(myfristnewwork)
## [1] 4
ecount(myfristnewwork)
## [1] 5
```

3. 计算整个图的路径长度

diameter( ) 函数用于计算图的最长路径。

例如：

```
diameter(myfristnewwork,directed = F,weights = NA)
## [1] 2
```

由结果可以看到，该图的最长路径为 2。

4. 计算图的密度

edge_density( ) 函数用于计算图的密度。例如：

```
edge_density(myfristnewwork)
## [1] 0.4166667
```

图密度的计算公式是整个图的边数除以整个图得到的边数。例如：

```
ecount(myfristnewwork)
## [1] 5
ecount(myfristnewwork)/(vcount(myfristnewwork)*(vcount(myfristnewwo
rk)-1))
## [1] 0.4166667
```

这里通过顶点数量与边的数量计算了整个图的密度。

15.3　社交网络的常见结构

下面介绍几种特定的图形结构。

（1）空图：没有任何连接的图形，通过 make_empty_graph( ) 函数创建，如图 15.3 所示。

```
eg <- make_empty_graph(40)
plot(eg, vertex.size=10, vertex.label=NA)
```

（2）全连接图：所有节点与任意的其他节点相连接，通过 make_full_graph( ) 函数创建，如图 15.4 所示。

```
fg <- make_full_graph(40)
plot(fg, vertex.size=10, vertex.label=NA)
```

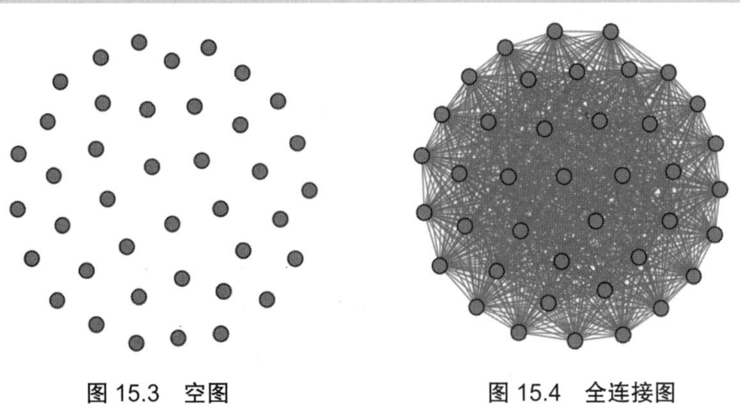

图 15.3　空图　　　图 15.4　全连接图

（3）星图：只有一个节点与其他节点相连接，其他节点全部不相连接，通过 make_

star( ) 函数创建，如图 15.5 所示。

```
st <- make_star(40)
plot(st, vertex.size=10, vertex.label=NA)
```

（4）树图：这种图类似于树的结构，只有不同层次的节点相连接，同层次的节点之间不会相连接，通过 make_tree( ) 函数创建，如图 15.6 所示。

```
tr <- make_tree(40, children = 3, mode = "undirected")
plot(tr, vertex.size=10, vertex.label=NA)
```

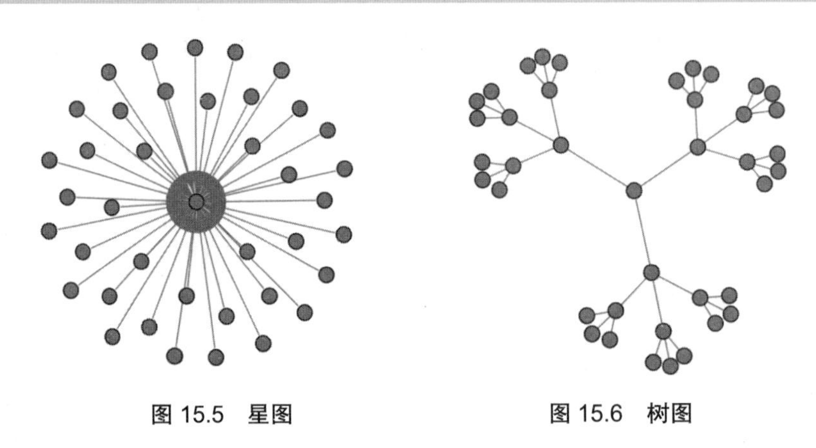

图 15.5　星图　　　图 15.6　树图

（5）环图：节点通过环的形状连接起来，通过 make_ring( ) 函数创建，如图 15.7 所示。

```
rn <- make_ring(40)
plot(rn, vertex.size=10, vertex.label=NA)
```

（6）Watts-Strogatz（瓦—斯托加茨）图：包含小世界网络属性（如群集和平均短路径长度）的随机图形，由大量邻近节点组成，这些邻近节点的连接是确定的。其通过 sample_smallworld( ) 函数创建，如图 15.8 所示。

```
sw <- sample_smallworld(dim=2, size=10, nei=1, p=0.1)
plot(sw, vertex.size=6, vertex.label=NA, layout=layout_in_circle)
```

这里使用 plot( ) 函数进行绘图，plot( ) 是范型函数，在这里调用 plot( ) 函数其实是调用 plot.graph，绘图参数如表 15.1 所示。

图 15.7　环图

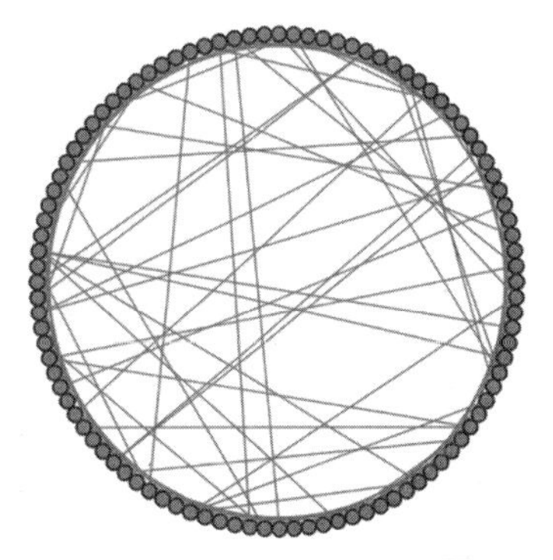

图 15.8　Watts-Strogatz 图

表 15.1　绘图参数

参数名	含　义
NODES	网络对象
vertex.color	节点颜色
vertex.frame.color	节点边框颜色
vertex.shape	“无”、“圆圈”、“方形”、“csquare”、“矩形”、“crectangle”、“vrectangle”、“pie”、“raster”或“sphere”之一
vertex.size	节点大小（默认为 15）
vertex.size2	节点的第二个大小（例如，对于矩形）
vertex.label	用于标记节点的字符向量
vertex.label.family	标签的字体系列（如 Times、Helvetica）
vertex.label.font	字体：1—普通字体，2—粗体，3—斜体，4—粗体斜体

表 15.1 列举了比较常用的一些参数，更多的参数参见 R 语言的帮助文档。假如我们想要修改颜色，那么需要对 vertex.color 参数进行修改，如图 15.9 所示。

```
plot(myfristnewwork,vertex.color="red")
```

修改节点的标识，则需要对 vertex.label 参数进行修改，如图 15.10 所示。

```
plot(myfristnewwork,vertex.color="red",vertex.label = c("a","b","c"))
```

要将有向图转化为无向图，最常用的方法是使用 as.undirected( ) 函数，如图 15.11 和图 15.12 所示，分别对应有向图与无向图。

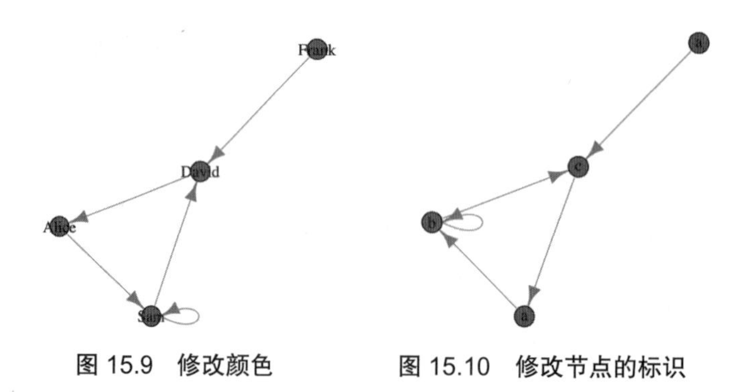

图 15.9　修改颜色　　　　图 15.10　修改节点的标识

```
myfristnewwork_undirected<- as.undirected(myfristnewwork)
plot(myfristnewwork)
plot(myfristnewwork_undirected)
```

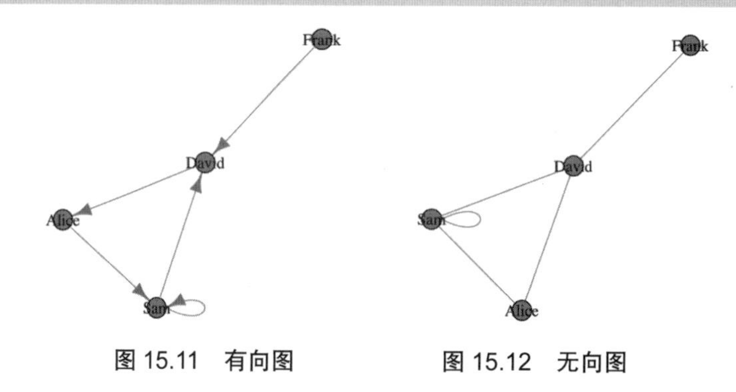

图 15.11　有向图　　　　图 15.12　无向图

另外一种方法就是在创建图的时候直接将其指定为无向图，即在 graph( ) 函数中指定 directed=False。

```
myfristnewwork1
<- graph(edges = c("Alice","Sam","Sam","Sam","Sam","David","David","Ali
ce","Frank","David"),directed = FALSE)
plot(myfristnewwork1)
```

15.4　社交网络分析算法

本节主要介绍的社交网络算法是社区检测，包括 Girvan-Newman、基于传播标签的社区检测、基于贪婪优化模块的社区检测及自旋转玻璃社群。

15.4.1 Girvan-Newman

Girvan-Newman 算法通过不断删除网络中的边来检测网络中的社区，在最终剩余的网络中的连通节点就是社区。Girvan-Newman 算法并不是去测量哪些边具有最高的中心度，而是关注哪些边最有可能连接着社区。

顶点介数是一种反映网络中顶点的中心度的指标。对于一个顶点 i，顶点介数是指网络中经过该顶点的所有最短路径的数量。

Girvan-Newman 算法将介数扩展到了边。类似地，一条边的边介数是指网络中经过该边的最短路径的数量。如果一个网络所包含的社区之间是由少量的边连接的，那么经由不同社区的最短路径都需要从这些边上经过，因此这些边的边介数会非常高。通过移除这些边，各个社区将会被分隔开来，从而可以发现这些社区。

Girvan-Newman 算法的步骤中。重新计算剩余每条边的边介数需要花费很多计算时间，然而，并没有较好的办法省去这些开销。当一条边被删除了之后，网络的结构发生了变化。举例来说，假设两个社区之间有不止一条边，那么并不是每条边都会有较高的边介数，我们只能逐渐地删除这些边，在这个过程中会发现至少有一条边会有较高的边介数。

Girvan-Newman 算法的结果是一个树状图。这个树状图自顶向下地描绘了社区的结构。树状图的叶子则是图的每个节点，首先创建一个树结构的图。使用 make_tree( ) 函数创建一个树结构网络，如图 15.13 所示。

```
g <- tr <- make_tree(40, children = 3, mode = "undirected")
 # 首先构造一个网络
plot(g)
```

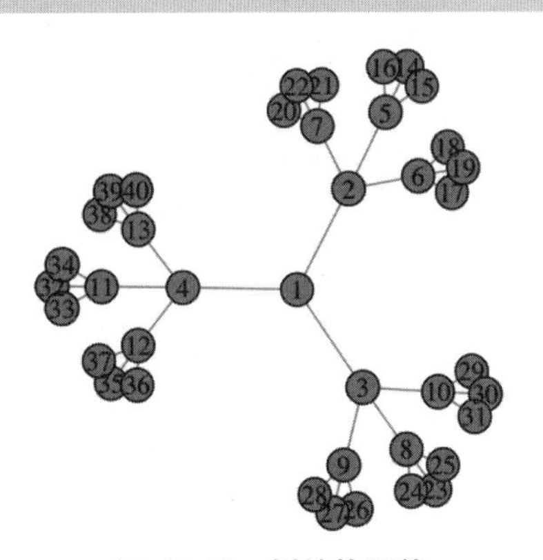

图 15.13　树结构网络

使用 cluster_edge_betweenness( ) 函数构建 Newman-Girvan 模型，并且进一步，可以将模型的结果可视化为层次聚类的结果，如图 15.14 所示。

```
ceb <- cluster_edge_betweenness(g) # 构造模型
dendPlot(ceb) # 可视化
```

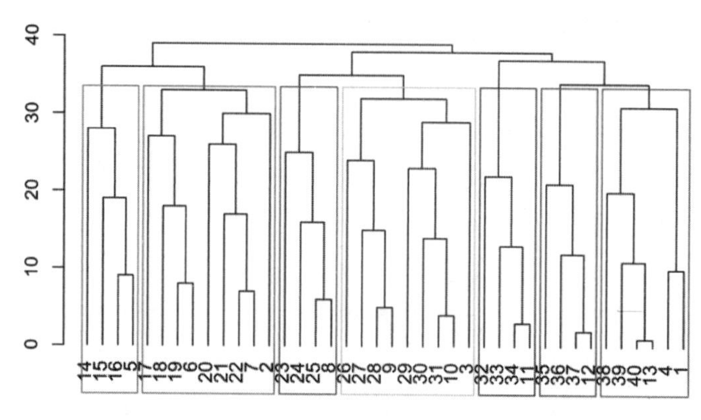

图 15.14　层次聚类的可视化

进一步查看社群分类的结果，如图 15.15 所示。

```
plot(ceb,g)
```

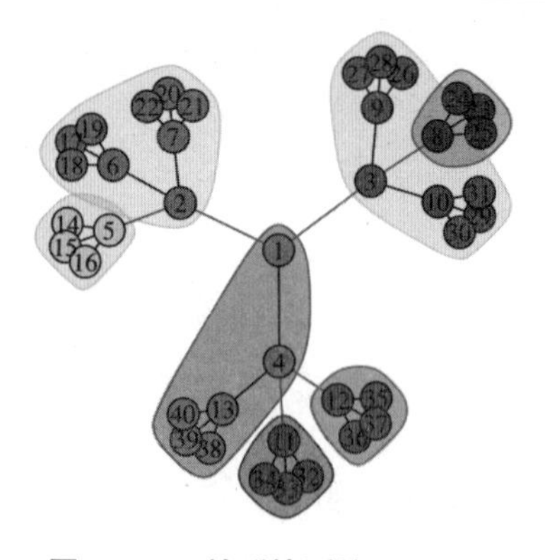

图 15.15　社群检测结果图

输出社群检测结果：

```
ceb
```

```
## IGRAPH clustering edge betweenness, groups: 7, mod: 0.68
## + groups:
##   $`1`
##   [1]  1  4 13 38 39 40
##
##   $`2`
##   [1]  2  6  7 17 18 19 20 21 22
##
##   $`3`
##   [1]  3  9 10 26 27 28 29 30 31
##
##   $`4`
##   + ... omitted several groups/vertices
```

可以看到，这里将网络划分为了 7 个社群。

15.4.2 基于传播标签的社区检测

这种方法的基本思想是，每一个节点的社群归属是由相邻的节点标签决定的，相邻节点中出现最多的那个标签就是该节点的标签，类似于机器学习中的 KNN 算法。

在最开始，每一个节点都有一个独特的标签，将密集连接的节点标签归为一类，然后进行不断的迭代，直到这些具有相同标签的节点组成一个社群。下面通过 cluster_label_prop( ) 函数构建模型，如图 15.16 所示。

```
clp <- cluster_label_prop(g)
plot(clp,g)
```

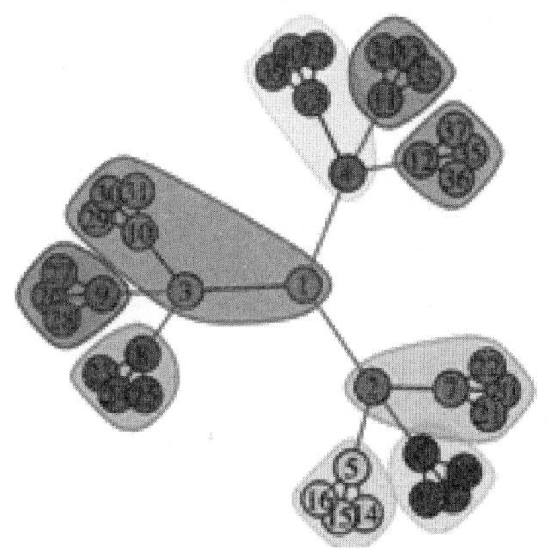

图 15.16　传播标签的社群检测

15.4.3 基于贪婪优化模块的社区检测

基于贪婪优化模块的社区检测是另一种分层方法，但它是自下而上进行分层的。最初，每个顶点属于一个单独的社区，并且迭代地合并社区，使得每个合并是局部最优的（即产生模块化的当前值的最大增加量）。当不可能再增加模块性（Modularity）时，算法停止执行，最后模型返回社群的分组和树形图。该方法的效率很高，并且它通常作为第一近似尝试的方法，因为它没有要调整的参数。然而，由于算法的限制，低于给定阈值的社区将与邻近社区合并。

```
cfg <- cluster_fast_greedy(g)
```

15.4.4 自旋转玻璃社群

自旋转玻璃这一概念源于物理学，它是某些特制的物理材料的一种无序状态。如果把关系网络看作一个随机网络场，网络中的某一节点与其他节点连接或者不连接可以看作磁性材料相互作用与反磁性相互作用，这两种相互作用形成一个能量函数，当能量函数小时，关系网络的层次结构被称为旋转配置，此时网络内部的社群可看作自旋转系统的状态，该过程类似于层次聚类。

下面使用 spinglass.community( ) 函数构建模型，如图 15.17 所示。

```
sping <- spinglass.community(g)
plot(sping,g)
```

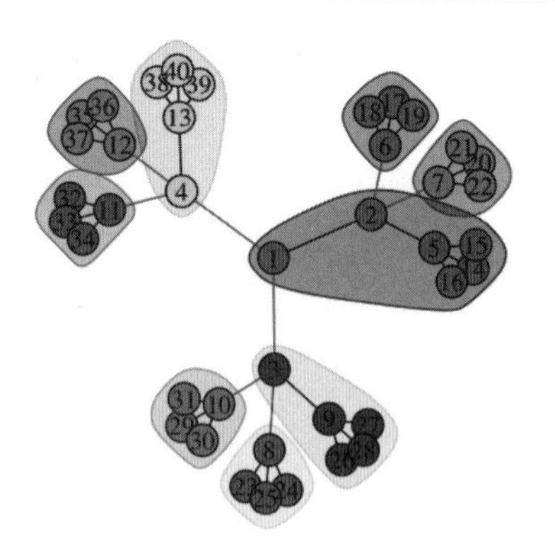

图 15.17 自旋转玻璃社群

15.5 微博社交群体分析

本节案例的数据来自于开放的微博数据。微博数据中存在一些用户数据——spammer，我们称这类用户为垃圾用户。数据已经有了部分标签。尝试对微博的用户数据进行社交网络分析，划分出不同的社交网络群体，进而识别出垃圾用户所在的群体。

首先需要读取数据，数据来自如下链接：https：//archive.ics.uci.edu/ml/machine-learning-databases/00323/。

```
require(tidyverse)
follower<- readr::read_csv("microblogPCU/follower_followee.csv")
post <- readr::read_csv("microblogPCU/post.csv")

user_post <- readr::read_csv("microblogPCU/user_post.csv")

weibo_user <- readr::read_csv("microblogPCU/weibo_user.csv")
dim(follower)
## [1] 142368     10
dim(post)
## [1] 35 11
dim(user_post)
## [1] 48813     9
dim(weibo_user)
## [1] 781  10
```

本节用到的数据集是 weibo_user 数据集。weibo_user 是关于微博用户信息的数据集，其包含了微博用户的基本信息、有多少粉丝等，其变量及其含义如表 15.2 所示。

表 15.2 weibo_user 变量及其含义

ID	变量含义
user_id	用户 ID
user_name	用户昵称
gender	male、female、other
class	账户级别
message	账户注册位置或其他个人信息
post_num	邮政编码
follower_num	follower 的数量
followee_num	followee 的数量
follow ratio	followee_num/follower_num
is_spammer	1 表示 spammer，0 表示 non-spammer

在 weibo 用户的数据中，部分数据是有标签的，is_spammer 字段为 1 表示该用户是垃圾用户。尝试对数据进行社群检测，将数据划分成不同的社群，大量包含垃圾用户的社群即为垃圾社群，社群中其他没标签的人可以认为是垃圾用户。

现在取出来一部分数据建立关系图，如图 15.18 所示。

```
library(igraph)
library(Hmisc)
follower <- follower %>% filter(follower_id %nin% id1)
follower_followee_part <- follower[1:1000,]
gg<-graph.data.frame(data.frame(er=follower_followee_part$follower_
id,ee=follower_followee_part$followee_id))
plot(gg,
     vertex.label=NA,        ##不显示标签
     edge.arrow.mode='-',    ##不使用箭头
     vertex.size = 5         ##设置节点圆的大小
)
```

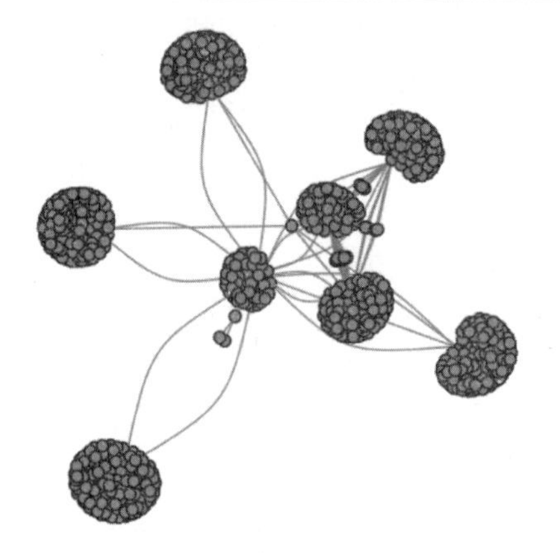

图 15.18　微博数据关系图

15.5.1　自旋转玻璃社群

首先利用自旋转玻璃社群的方法对数据进行建模，如图 15.19 所示。

```
sping <- spinglass.community(gg)
plot(sping,gg,vertex.label=NA,       ##不显示标签
     edge.arrow.mode='-',   ##不使用箭头
       vertex.size = 5 )        ##设置节点圆的大小
```

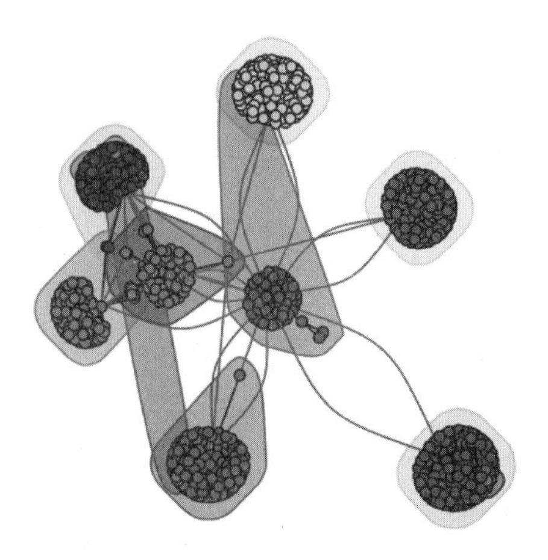

图 15.19 自旋转玻璃社群图

```
sping$membership
##   [1]  7 10  8  6  4  2  5 11 11 11 11 11 11 11 11 11 11 11 11 11 11
11 11
##  [24] 11 11 11 11 11 11  8 11 11 11 11 11 11 11 11 11 11 11 11 11 11
11 11
##  [47] 11 11 11 11 11 11 11 11 11 11 11 11 11 11 11 11 11 11 11 11 11
7  7
##  [70]  7  7  7  7  7  7  7  7  7  7  7  7  7  7  7  7  7  7  7  7  7
7  7
##  [93]  7  7  7  7  7  7  7  7  7  7  7  7  7  7  7  7  7 10 10 10 10
8  8
weibo_user$user_id <- as.character(weibo_user$user_id)
social <- data.frame(sping$names,sping$membership)
social$sping.names <- as.character(social$sping.names)
social  <-  social  %>%  left_join(weibo_user[,c(1,10)],by=c("sping.
names"="user_id"))
table(social$sping.membership,social$is_spammer,useNA = "always")
##
##              -1     1    <NA>
##    1          0     0       2
##    2          1     0      99
##    3          0     0       1
##    4          0     1     139
##    5          1     0     113
##    6          0     1     180
##    7          0     1     138
##    8          0     1     149
##    9          0     0       1
##    10         0     0      67
```

```
##    11          0   16      47
##    12          0    0       1
##    <NA>    0    0     0
```

可以看到，关系网络被划分成了12个群体。建立社群标签与是否是垃圾用户的标签列联表，可以发现，第11个群体包含比较多的垃圾用户，因此第11个群体是spammer群体。

15.5.2 社群检测

使用基于边缘中介的社区结构检测的方法进行建模，首先根据数据构建网络，然后使用cluster_edge_betweenness( )进行社群检测。

```
weibo_network=graph.data.frame(data.frame(er=follower_followee_
part$follower_id,ee=follower_followee_part$followee_id),directed = F)
clus <- cluster_edge_betweenness(weibo_network)
clus$membership
##    [1] 1 2 3 4 5 6 7 8 8 8 8 8 8 8 8 8 8 8 8 8 8 8 8 8 8 8 8 8 8 8 8 8 8 3 8
8 8 8 8
##   [36] 8 8 8 8 8 8 8 8 8 8 8 8 8 8 8 8 8 8 8 8 8 8 8 8 8 8 8 8 8 8 8 8 8 8 8
8 1 1 1
social <- data.frame(clus$names,clus$membership)
social$clus.names <- as.character(social$clus.names)
social  <-  social  %>%  left_join(weibo_user[,c(1,10)],by=c("clus.
names"="user_id"))


table(social$clus.membership,social$is_spammer,useNA = "always")
##
##                 -1      1     <NA>
##    1           0       1     138
##    2           0       0     67
##    3           0       1     150
##    4           0       1     181
##    5           0       1     140
##    6           1       0     95
##    7           1       0     120
##    8           0       16   46
##    <NA>    0       0     0
```

可以看到，关系网络被划分成了8个群体。垃圾用户主要集中在第8个群体，因此判断第8个群体是spammer群体。

15.6 总　　结

本章介绍了社交网络分析的基本概念，以及在R语言中进行社交网络分析的包igraph，还介绍了几种社群发现方法，并进一步对微博数据进行分析，在微博数据中利用社群发现的方法识别垃圾用户的社群。

第 16 章　H2O 机器学习

16.1　H2O 机器学习平台

H2O 是一个完全开源的分布式内存机器学习平台，具有线性可扩展性。H2O 支持广泛使用的统计和机器学习算法，包括梯度增强机器、广义线性模型、深度学习等。H2O 还具有业界领先的 AutoML 功能，可自动运行所有算法及其超参数，以生成最佳模型的排行榜。H2O 平台已被全球 14 000 多家组织使用，并且在 R & Python 社区中非常受欢迎。

H2O 机器学习平台的主要特征如下。

（1）具有领先的机器学习算法，如 GLM、GBM、XGBoost、GLRM、Word2Vec 等。

（2）可以很容易地使用 R 或者 H2OFlow，它是一种机器学习的交互式界面，不需要任何编码就可以构建机器学习模型。

（3）支持分布式内存处理、节点和集群之间的快速序列化，以支持海量数据集。大数据的分布式处理通过细粒度并行提供高达 100 倍的速度，实现最佳效率，而不会降低计算精度。

（4）方便部署，可以将模型保存为 POJO 和 MOJO 格式，在任何环境中部署模型都可以进行快速的预测。

本章将介绍机器学习的工具——H2O。使用 H2O 构建机器学习模型比直接使用 R 语言更有优势。例如，其可以以更快的速度处理更大量级的数据，并且可以通过交互式界面的方式构建机器学习模型。

16.2 在R语言中使用H2O

H2O机器学习平台可以通过很多方式进行调用，如Python、R。H2O本身也是一个大数据机器学习平台，提供了一个解决大数据问题的解决方案。接下来这一部分会介绍如何在R语言中使用H2O构建机器学习模型。

16.2.1 H2O的安装

第一次使用H2O需要进行安装，在R语言或者Rstudio中运行以下代码即可下载H2O。

```
# The following two commands remove any previously installed H2O
packages for R.
if ("package:h2o" %in% search()) { detach("package:h2o", unload=TRUE) }
if ("h2o" %in% rownames(installed.packages())) { remove.packages("h2o")
}

# Next, we download packages that H2O depends on.
pkgs <- c("RCurl","jsonlite")
for (pkg in pkgs) {
if (! (pkg %in% rownames(installed.packages()))) { install.
packages(pkg) }
}

# Now we download, install and initialize the H2O package for R.
install.packages("h2o", type="source", repos="http://h2o-release.
s3.amazonaws.com/h2o/rel-xu/3/R")
```

16.2.2 案例应用

接下来通过一个简单的例子来说明在R语言中H2O是如何工作的。这里使用的数据集是iris数据集，首先加载H2O包。

```
library(h2o)
```

然后初始化H2O，使用h2o.init( )函数实现：

```
h2o.init()
##  Connection successful!
##
## R is connected to the H2O cluster:
##     H2O cluster uptime:         1 days 3 hours
##     H2O cluster timezone:       Asia/Shanghai
##     H2O data parsing timezone:  UTC
##     H2O cluster version:        3.20.0.8
##     H2O cluster version age:    4 months and 22 days !!!
##     H2O cluster name:           H2O_started_from_R_milin_qtp673
##     H2O cluster total nodes:    1
##     H2O cluster total memory:   1.61 GB
##     H2O cluster total cores:    4
##     H2O cluster allowed cores:  4
##     H2O cluster healthy:        TRUE
##     H2O Connection ip:          localhost
##     H2O Connection port:        54321
##     H2O Connection proxy:       NA
##     H2O Internal Security:      FALSE
##      H2O API Extensions:            XGBoost, Algos, AutoML, Core V3,
Core V4
##     R Version:                  R version 3.4.3 (2017-11-30)
```

看到以上信息则说明初始化成功了，然后将数据集加载到 H2O 平台。使用 as.h2o ( ) 函数将 R 语言工作空间的数据加载到 H2O 平台。

```
iris_h2o <- as.h2o(iris)
##
  |=================================================================| 100%
```

然后使用 h2o.randomForest( ) 函数构建随机森林模型：

```
h2o_ran <- h2o.randomForest(x = setdiff(names(iris),names(iris)[5]),y =
names(iris)[5]
                           ,training_frame = iris_h2o)
  |=================================================================| 100%
```

查看模型的输出结果：

```
h2o_ran
## Model Details:
## ==============
##
## H2OMultinomialModel: drf
```

```
## Model ID:  DRF_model_R_1549896359989_4
## Model Summary:
##   number_of_trees number_of_internal_trees model_size_in_bytes min_
depth
## 1              50                      150               21241        1
##   max_depth mean_depth min_leaves max_leaves mean_leaves
## 1         9    3.80000          2         14     6.31333
##
##
## H2OMultinomialMetrics: drf
## ** Reported on training data. **
## ** Metrics reported on Out-Of-Bag training samples **
##
## Training Set Metrics:
## =====================
##
## Extract training frame with `h2o.getFrame("iris")`
## MSE: (Extract with `h2o.mse`) 0.03630175
## RMSE: (Extract with `h2o.rmse`) 0.1905302
## Logloss: (Extract with `h2o.logloss`) 0.1167547
## Mean Per-Class Error: 0.04666667
## Confusion Matrix: Extract with `h2o.confusionMatrix(<model>,train =
TRUE)`)
## ===============================================================
=====
## Confusion Matrix: Row labels: Actual class; Column labels: Predicted
class
##            setosa versicolor virginica  Error      Rate
## setosa         50          0         0 0.0000 =  0 / 50
## versicolor      0         47         3 0.0600 =  3 / 50
## virginica       0          4        46 0.0800 =  4 / 50
## Totals         50         51        49 0.0467 = 7 / 150
##
## Hit Ratio Table: Extract with `h2o.hit_ratio_table(<model>,train =
TRUE)`
## ===============================================================
===
## Top-3 Hit Ratios:
##   k hit_ratio
## 1 1  0.953333
## 2 2  1.000000
## 3 3  1.000000
```

模型的信息很多，从结果中可以看到，MSE 约为 0.036，RMSE 约为 0.19，Logloss 约为 0.117。模型还输出了混淆矩阵及其他信息。

下面使用 h2o.predict( ) 函数预测新的数据集：

```
pre <- h2o.predict(h2o_ran,iris_h2o)
##
  |
  |                                                                      |
0%
  |
  |======================================================================|
100%
pre
##   predict    setosa versicolor   virginica
## 1  setosa 0.9987384          0 0.001261564
## 2  setosa 0.9987384          0 0.001261564
## 3  setosa 0.9987384          0 0.001261564
## 4  setosa 0.9987384          0 0.001261564
## 5  setosa 0.9987384          0 0.001261564
## 6  setosa 0.9987384          0 0.001261564
##
## [150 rows x 4 columns]
```

上面的例子使用了自带的数据集合 iris，在 H2O 机器学习平台中构建了一个随机森林模型，并进行了预测。

16.2.3　H2O常用API

H2O 学习平台比较常用到的 API 如下。

（1）读取 / 写出数据。H2O 数据读取 / 写出操作的函数如表 16.1 所示。

表 16.1　H2O 数据读取 / 写出操作的函数

函 数 名	函 数 作 用
h2o.importFile	从本地读取一个文件进入 H2O
as.h2o	将一个 R 对象（如 dataframe）转换成 H2O 的数据结构
h2o.loadModel	加载一个已经训练好的模型
h2o.download_pojo	保存一个训练好的模型
h2o.exportFile	将 H2O 平台上的文件写入本地
h2o.saveModel	保存一个训练好的模型

（2）数据划分。例如，将数据划分成训练集与测试集会使用 h2o.splitFrame ，这个函数的第一个参数是数据集，第二个参数 ratios 表示数据划分的比例。

（3）H2O 中的机器学习模型很多，比较常用的函数如表 16.2 所示。

表 16.2 H2O 机器学习常用函数

函 数 名	函数作用
h2o.deeplearning	构建深度学习模型
h2o.gbm	构建 Gradient Boost 模型
h2o.glm	构建广义线性模型
h2o.naiveBayes	构建朴素贝叶斯模型
h2o.randomForest	构建随机森林模型
h2o.xgboost	构建 Xgboost 模型
h2o.prcomp	进行主成分分析
h2o.kmeans	进行 *K* 均值聚类

16.2.4 模型的通用参数

因为不同的模型有不同的模型参数需要调整，因此这里不针对某一模型的参数调整进行具体介绍，只针对所有模型的通用参数进行介绍。

（1）stopping_metric：用于指定用什么指标来衡量模型是否提前停止，对于回归模型而言，默认参数是 MSE，对于分类模型而言，默认参数是 Logloss。

（2）x：自变量的名称（或者列数）。

（3）y：因变量的名称（或者列数）。

（4）training_frame：训练模型的数据集。

（5）ignore_const_cols： 是否去除掉固定值的列。

（6）validation_frame：评估模型的数据集。

（7）stopping_tolerance：评估误差达到什么水平，模型停止训练。

（8）max_runtime_secs：最大的模型训练时间。

（9）model_id：指定模型的名称。

（10）nfolds：进行几折交叉验证。

（11）fold_assignment：划分训练数据集，可以为 Random 或 Modulo。

16.2.5 参数调整

下面讲解通用参数的设置方法，以及模型的评估，所用到的数据依然是 iris 数据集。首先划分数据集，其中训练集占比 80%，测试集占比 20%。

```
tmp <- h2o.splitFrame(data = iris_h2o, ratios = 0.8)
# 划分数据集

iris_h2o.train <- tmp[[1]]
iris_h2o.test <- tmp[[2]]
```

然后构建随机森林模型，指定相关参数，nfolds = 10 表示进行十折交叉验证，validation_frame 指定了验证数据集，stopping_metric 指定为 AUC，stopping_tolerance 指定为 0.001。

```
h2o_ran <- h2o.randomForest(
  x = setdiff(names(iris),
              names(iris)[5]),
  y = names(iris)[5],
  training_frame = iris_h2o,
  model_id = 'frist model',
  nfolds = 10,
   validation_frame = iris_h2o.test,stopping_metric = 'AUC',stopping_
tolerance = 0.001
)
## Warning in .h2o.startModelJob(algo, params, h2oRestApiVersion):
Stopping metric is ignored for _stopping_rounds=0..
##
  |
  |                                                                      |
0%
  |
  |===                                                                   |
4%
  |
  |=================================================================|
100%
```

构建好模型之后进行预测，并进一步使用测试数据集评价模型的好坏：

```
pre <- h2o.predict(h2o_ran,newdata = iris_h2o.test)
##
  |
  |                                                                      |
0%
  |
  |=====================================================================|
100%
```

```
pre
##     predict    setosa versicolor   virginica
## 1   setosa 0.9977802          0 0.002219758
## 2   setosa 0.9977802          0 0.002219758
## 3   setosa 0.9977802          0 0.002219758
## 4   setosa 0.9977802          0 0.002219758
## 5   setosa 0.9977802          0 0.002219758
## 6   setosa 0.9977802          0 0.002219758
##
## [32 rows x 4 columns]
```

使用 h2o.performance 评价模型，第一个参数是构建好的模型，第二个参数是测试的数据集。

```
h2o.performance(h2o_ran,iris_h2o.test)
## H2OMultinomialMetrics: drf
##
## Test Set Metrics:
## =====================
##
## MSE: (Extract with `h2o.mse`) 0.009922785
## RMSE: (Extract with `h2o.rmse`) 0.09961318
## Logloss: (Extract with `h2o.logloss`) 0.04358814
## Mean Per-Class Error: 0
## Confusion Matrix: Extract with `h2o.confusionMatrix(<model>,
<data>)`)
## =========================================================================
=====
## Confusion Matrix: Row labels: Actual class; Column labels: Predicted
class
##            setosa versicolor virginica  Error     Rate
## setosa          8          0         0 0.0000 =  0 / 8
## versicolor      0          8         0 0.0000 =  0 / 8
## virginica       0          0        16 0.0000 = 0 / 16
## Totals          8          8        16 0.0000 = 0 / 32
##
## Hit Ratio Table: Extract with `h2o.hit_ratio_table(<model>, <data>)`
## =========================================================================
===
## Top-3 Hit Ratios:
##   k hit_ratio
## 1 1  1.000000
## 2 2  1.000000
## 3 3  1.000000
```

从结果中可以看到，MSE 为 0.009922785，RMSE 为 0.09961318，Logloss 为 0.04358814。

到这里为止，使用 H2O 构建机器学习模型与 R 语言中其他构建模型的方式并无多大差别。

16.3 H2O Flow

H2O Flow 是 H2O 的开源用户界面。它是一个基于 Web 的交互式环境。

H2O Flow 允许用户以交互方式使用 H2O 导入文件，构建模型并迭代地改进它们。根据模型，可以进行预测，所有这些都在 H2O Flow 的基于浏览器的环境中实现。

H2O Flow 的混合用户界面将命令行计算与现代图形用户界面无缝融合。但是，H2O Flow 不是将输出显示为纯文本，而是为每个 H2O 操作提供点击式用户界面。它允许用户以组织良好的表格数据的形式访问任何 H2O 对象。

H2O Flow 将命令作为可执行单元序列发送到 H2O，可以修改、重新排列单元格或将其保存到库中。每个单元格都包含一个输入字段，允许输入命令、定义函数、调用其他函数及访问页面上的其他单元格或对象。执行单元格时，输出是一个图形对象，可以检查该对象以查看其他详细信息。

虽然 H2O Flow 支持 R 脚本，但运行 H2O Flow 无须编程经验。用户可以使用鼠标操作的方式构建模型，而无须编写任何代码。H2O Flow 旨在通过提供输入提示、交互式帮助和示例流程来指导用户的每一步。

16.3.1 H2O Flow的安装

如果在 Rstudio 中已经安装了 H2O，则直接在 Rstudio 中输入：

```
library(h2o)
h2o.init()
```

然后打开浏览器，输入“http：//127.0.0.1：54321”，这样就打开了 H2O Flow。

如果使用的是服务器，则不需要下载 Rstudio，直接安装：

```
apt-get   http://h2o-release.s3.amazonaws.com/h2o/rel-xu/3/h2o-
3.22.1.3.zip
```

然后从终端运行：

```
cd~ / Downloads
unzip h2o-3.22.1.3.zip
cd h2o-3.22.1.3
java -jar h2o.jar
```

从任意浏览器打开：

```
http: // 服务器ip: 54321
```

就可以看到H2O Flow的操作界面，如图16.1所示。

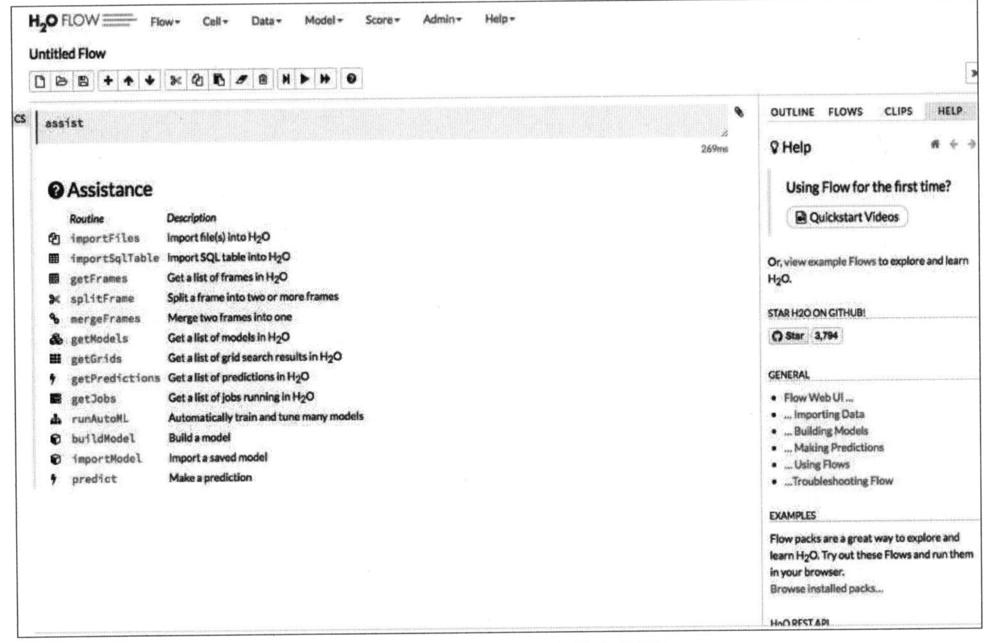

图16.1 H2O Flow的操作界面

16.3.2 H2O Flow的基本使用方法

首先导入数据。导入数据非常简单，单击importFiles，就会出现数据导入界面，输入数据链接（数据链接为https：//raw.githubusercontent.com/leestott/IrisData/master/irisTrainData.txt），单击import即可导入数据，如图16.2所示。

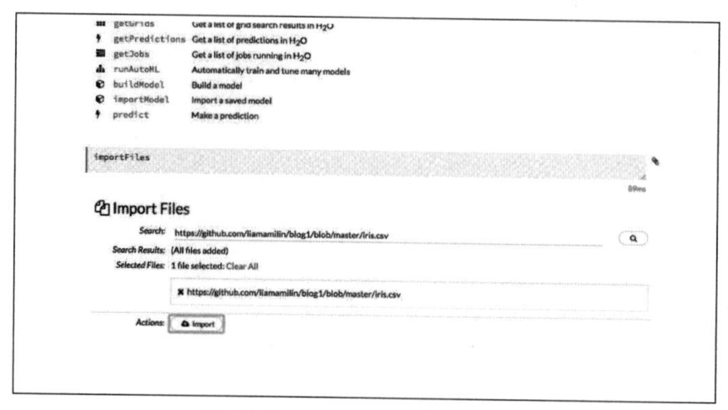

图 16.2　H2O Flow 数据导入

导入数据之后，需要查看一下具体的数据，单击导入的数据集，即可查看导入的数据，如图 16.3 所示。

irisTrainData2.hex

DATA

← Previous 20 Columns　→ Next 20 Columns

Row	C1	C2	C3	C4	C5	C6	C7
1	5.1000	3.5000	1.4000	0.2000	1.0	0	0
2	4.9000	3.0	1.4000	0.2000	1.0	0	0
3	4.7000	3.2000	1.3000	0.2000	1.0	0	0
4	4.6000	3.1000	1.5000	0.2000	1.0	0	0
5	5.0	3.6000	1.4000	0.2000	1.0	0	0
6	5.4000	3.9000	1.7000	0.4000	1.0	0	0
7	4.6000	3.4000	1.4000	0.3000	1.0	0	0
8	5.0	3.4000	1.5000	0.2000	1.0	0	0
9	4.4000	2.9000	1.4000	0.2000	1.0	0	0
10	4.9000	3.1000	1.5000	0.1000	1.0	0	0
11	5.4000	3.7000	1.5000	0.2000	1.0	0	0
12	4.8000	3.4000	1.6000	0.2000	1.0	0	0
13	4.8000	3.0	1.4000	0.1000	1.0	0	0
14	4.3000	3.0	1.1000	0.1000	1.0	0	0
15	5.8000	4.0	1.2000	0.2000	1.0	0	0
16	5.7000	4.4000	1.5000	0.4000	1.0	0	0
17	5.4000	3.9000	1.3000	0.4000	1.0	0	0
18	5.1000	3.5000	1.4000	0.3000	1.0	0	0
19	5.7000	3.8000	1.7000	0.3000	1.0	0	0
20	5.1000	3.8000	1.5000	0.3000	1.0	0	0

图 16.3　H2O Flow 查看数据集

接下来划分数据集，为构建模型做准备。单击 Split Frame，对导入数据进行划分，可以指定划分的比例，设置好之后单击 Create，即可划分数据集，如图 16.4 所示。

CS
assist splitFrame, "irisTrainData2.hex"
Split Frame
Frame: irisTrainData2.hex
Splits: Ratio Key
0.75 frame_0.750
0.250 frame_0.250
Add a new split
Seed: 871516
Create

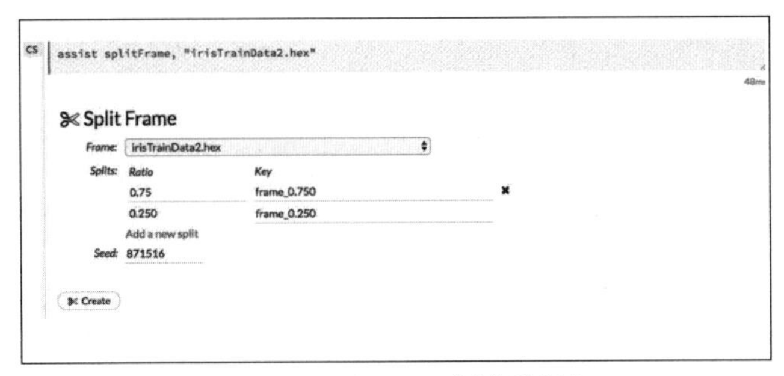

图 16.4　H2O Flow 划分数据集

划分好数据集之后，就可以建立模型，单击 Build a Model，然后选择需要构建的模型，如图 16.5 所示。

CS
assist buildModel, null, training_frame: "frame_0.750"
Build a Model
Select an algorithm
(Algorithm)
Aggregator
Cox Proportional Hazards
Deep Learning
Distributed Random Forest
Gradient Boosting Machine
Generalized Linear Modeling
Generalized Low Rank Modeling
Build Model
Ready

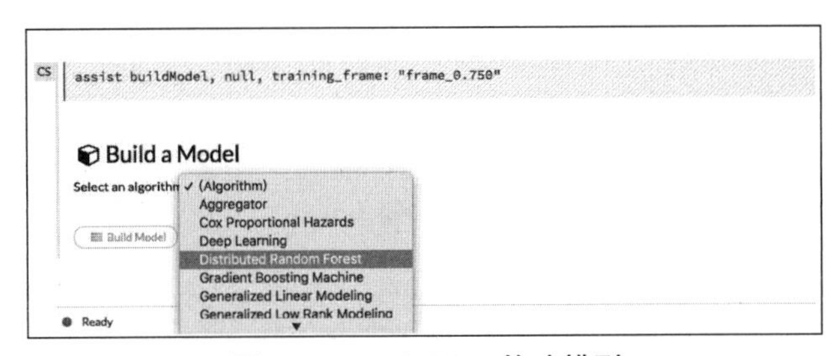

图 16.5　H2O Flow 构建模型

选择好模型之后，可以设置参数，如图 16.6 所示。

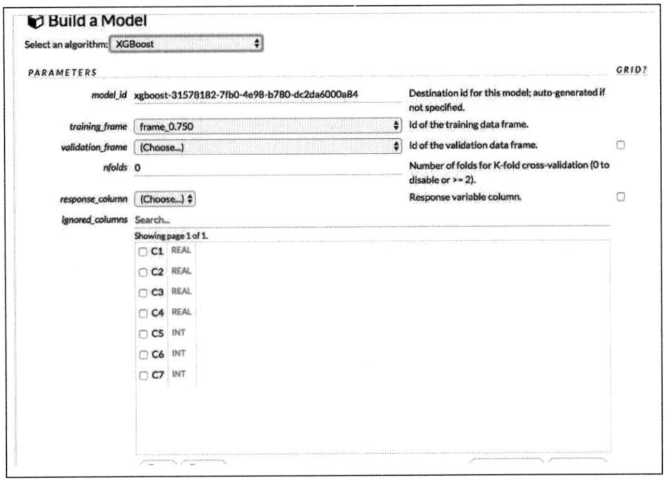

Build a Model
Select an algorithm: XGBoost
PARAMETERS
GRID?
model_id xgboost-31578182-7fb0-4e98-b780-dc2da6000a84
Destination id for this model; auto-generated if not specified.
training_frame frame_0.750
Id of the training data frame.
validation_frame (Choose...)
Id of the validation data frame.
nfolds 0
Number of folds for K-fold cross-validation (0 to disable or >= 2).
response_column (Choose...)
Response variable column.
ignored_columns Search...
Showing page 1 of 1.
C1 REAL
C2 REAL
C3 REAL
C4 REAL
C5 INT
C6 INT
C7 INT

图 16.6　H2O Flow 设置参数

设置好参数之后，就可以开始创建模型。模型构建成功后，单击 View 查看模型，模型的输出内容非常丰富，如图 16.7 和图 16.8 所示。

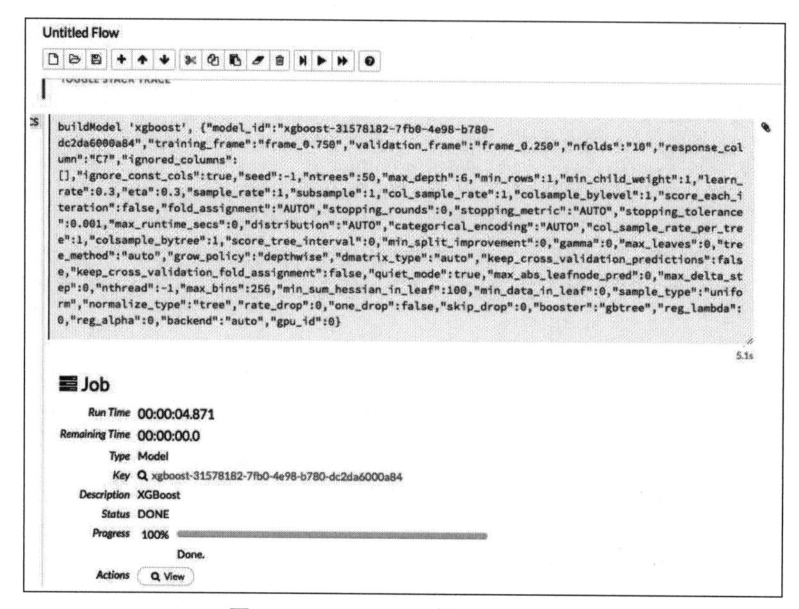

图 16.7 H2O Flow 模型构建完成

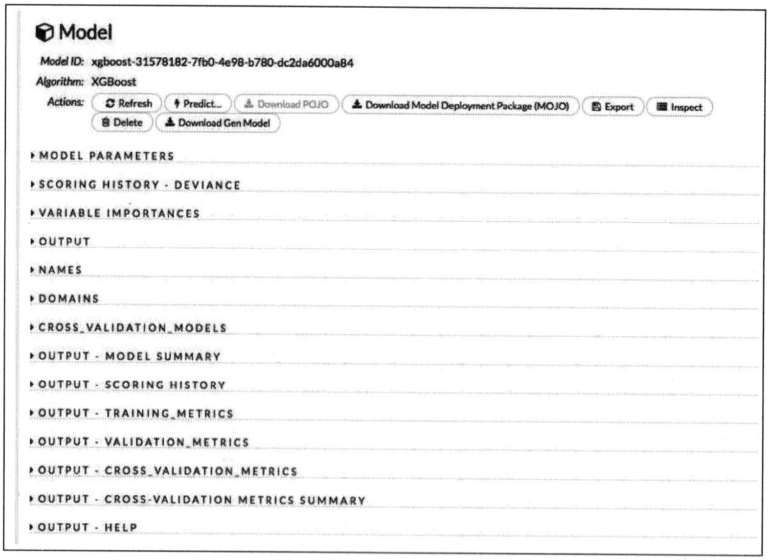

Model

Model ID: xgboost-31578182-7fb0-4e98-b780-dc2da6000a84

Algorithm: XGBoost

Actions: Refresh | Predict... | Download POJO | Download Model Deployment Package (MOJO) | Export | Inspect | Delete | Download Gen Model

- MODEL PARAMETERS
- SCORING HISTORY - DEVIANCE
- VARIABLE IMPORTANCES
- OUTPUT
- NAMES
- DOMAINS
- CROSS_VALIDATION_MODELS
- OUTPUT - MODEL SUMMARY
- OUTPUT - SCORING HISTORY
- OUTPUT - TRAINING_METRICS
- OUTPUT - VALIDATION_METRICS
- OUTPUT - CROSS_VALIDATION_METRICS
- OUTPUT - CROSS-VALIDATION METRICS SUMMARY
- OUTPUT - HELP

图 16.8 H2O Flow 模型结果

构建好模型进行预测，单击 Predict，出现 Predict 界面，选择需要预测的模型和数据集，单击 Predict，即可进行预测，如图 16.9 所示。

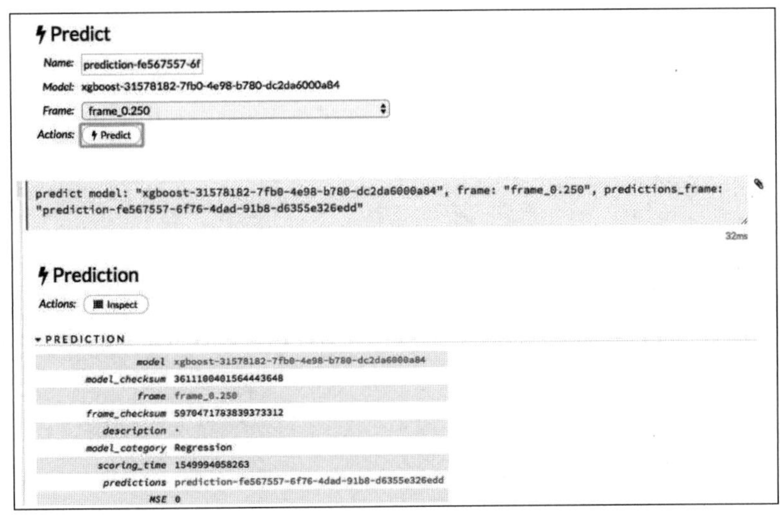

图 16.9　H2O Flow 进行预测

预测完成之后，查看预测结果，如图 16.10 所示。

▾ DATA

← Previous 20 Columns　→ Next 20 Columns

Row	predict	C1	C2	C3	C4	C5	C6	C7
1	0.0001	4.9000	3.0	1.4000	0.2000	1.0	0	0
2	0.0001	5.0	3.6000	1.4000	0.2000	1.0	0	0
3	0.0001	4.4000	2.9000	1.4000	0.2000	1.0	0	0
4	0.0001	5.4000	3.9000	1.3000	0.4000	1.0	0	0
5	0.0001	4.6000	3.6000	1.0	0.2000	1.0	0	0
6	0.0001	5.1000	3.3000	1.7000	0.5000	1.0	0	0
7	0.0001	5.2000	3.5000	1.5000	0.2000	1.0	0	0
8	0.0001	5.5000	4.2000	1.4000	0.2000	1.0	0	0
9	0.0001	5.1000	3.4000	1.5000	0.2000	1.0	0	0
10	0.0001	6.5000	2.8000	4.6000	1.5000	0	1.0	0
11	0.0001	5.9000	3.0	4.2000	1.5000	0	1.0	0
12	0.0001	5.6000	2.9000	3.6000	1.3000	0	1.0	0
13	0.0001	5.6000	2.5000	3.9000	1.1000	0	1.0	0
14	0.0001	6.4000	2.9000	4.3000	1.3000	0	1.0	0
15	0.0001	5.5000	2.4000	3.7000	1.0	0	1.0	0
16	0.0003	6.0	2.7000	5.1000	1.6000	0	1.0	0
17	0.0001	5.4000	3.0	4.5000	1.5000	0	1.0	0
18	0.0001	5.5000	2.5000	4.0	1.3000	0	1.0	0
19	0.9999	6.3000	3.3000	6.0	2.5000	0	0	1.0
20	0.9999	5.8000	2.7000	5.1000	1.9000	0	0	1.0

图 16.10　H2O Flow 的预测结果

以上就是使用 H2O Flow 构建机器学习模型的基本步骤。使用 H2O Flow 构建模型并不需要任何代码经验，并且，H2O Flow 可以作为一个机器学习平台供团队使用，团队成员可以通过浏览器访问这个机器学习平台，具有非常好的协作能力。需要注意的一点是，H2O Flow 并不能对数据进行灵活的操作。因此，关于数据处理、数据探索的工作，还需要在 R 语言中处理。

16.4 总　结

H2O 是一个完全开源的分布式内存机器学习平台，具有线性可扩展性，可以通过很多语言接口调用，如 R、Python 等，支持广泛使用的统计和机器学习算法，包括梯度增强机器、广义线性模型、深度学习等；可以解决 R 语言在处理大数据时存在的糟糕问题。

本章介绍了机器学习工具 H2O，它是一个非常强大的工具，能够快速地构建机器学习模型，并且能够处理更大量级的数据。本章还介绍了 H2O Flow，其是一个交互式的机器学习界面，无须编写代码，即可快速地构建机器学习模型。另外，部署好的 H2O Flow 可以通过浏览器在任何地方进行访问，具有很强的便携性和协作能力。

第17章　R语言爬虫

随着互联网的出现，网络成为一个承载信息的巨大载体。在这种情况下，数据的量级已经远远超过了人脑能够承受的范围。如何有效地利用网络数据是一个巨大的挑战。从另外一个角度来讲，互联网数据的规模巨大，而掌握爬虫技术，则能够从这宝库中获取巨大的价值。爬虫技术是一种从网页中获取数据的方式，是按照一定规则，自动地抓取网页数据的程序或者脚本。其实R语言并不适合开发一个专业的爬虫工具，因此对于开发爬虫软件或者其他相关的工作，R语言并不是一个好的选择。对R语言用户而言，如果仅仅想快速地获取网页上的某些信息，然后在R语言中进行分析，那么使用R语言来编写爬虫代码绝对是一个好的选择。本章将介绍使用R语言爬取网页的数据。使用到的包是rvest。

17.1　快速爬取网页数据

在数据分析项目中，处理的数据大多数是结构化数据，即由行和列组成，但是网页数据往往是非结构化的，这就需要对数据进行转换。网页的非结构化数据可以通过网页源代码看到，如图17.1所示。

图17.1　网页源代码

图 17.1 显示了一个招聘网站的源代码，而招聘信息就散落在网页源代码中，这样的数据没有办法使用。这个时候就需要将网页数据爬取下载，并将其转换成结构化数据。

在爬取数据之前需要做一些准备工作。首先下载相关的 R 包，并进行加载：

```
install.packages("rvest")
library(rvest)
```

然后安装 Google Chrome 浏览器。要爬取网页数据，首先要知道网页数据处于网页的什么位置。那么如何描述数据在网页中的位置？一般而言，可采用两种方式，即 XPath 和 Selector。

图 17.2 显示了 XPath 和 Selector 是如何描述数据在网页中的位置的。

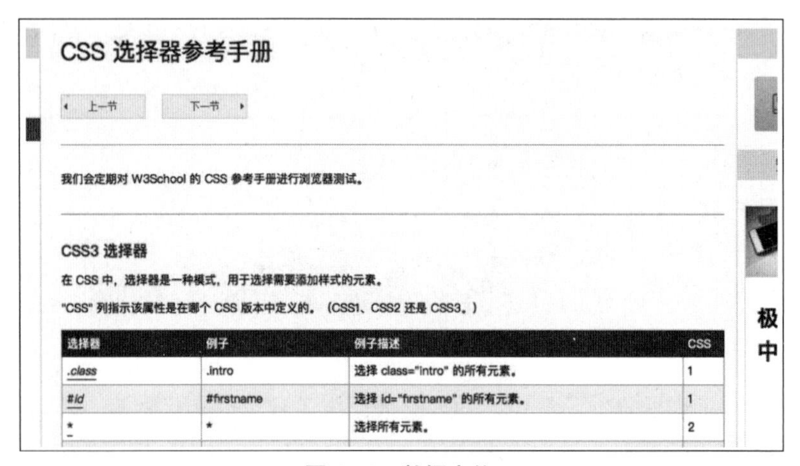

图 17.2　数据定位

在图 17.2 中，“CSS 选择器参考手册”这个标题在网页中的位置的描述如下。

- Selector: #main > h2 > font > font。
- XPath://*[@id="main"]/h2/font/font。

网页数据的位置本质上可以通过观察网页的结构，然后结合 Selector 和 XPath 的语法规则得出来（限于篇幅，Selector 和 XPath 的语法规则在本节就不进行介绍了）。另外，使用 Google Chrome 也能够快速地获取网页数据的位置。获取的方式是右击想要获取的数据，在弹出的快捷菜单中选择“检查”命令，这时界面会显示网页数据在网页代码中对应的位置，如图 17.3 所示。

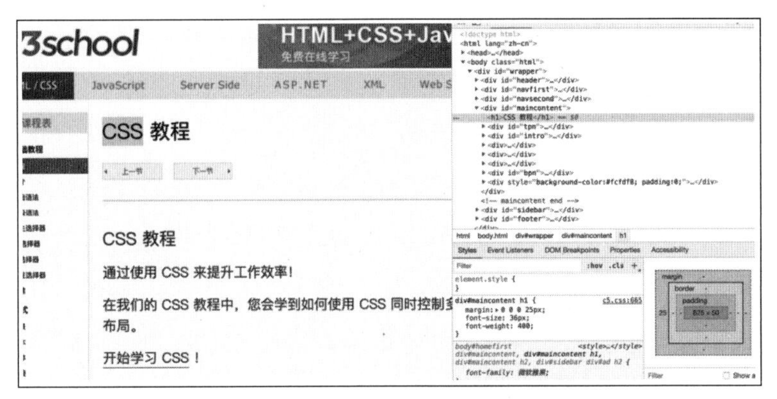

图 17.3　数据位置

右击对应位置的代码，在弹出的快捷菜单中选择 Copy → Copy selector 命令，如图 17.4 所示。

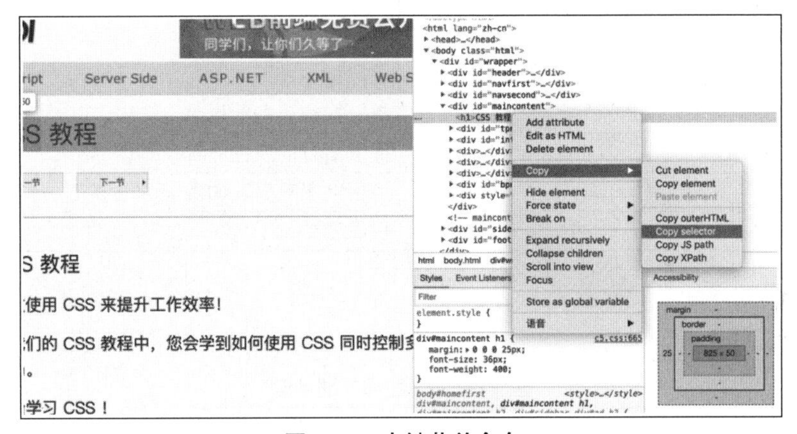

图 17.4　右键菜单命令

这样即可获取数据对应的位置。至此，关于爬虫的准备工作已经完成。

17.2　rvest 简介

rvest 是 R 用户使用得最多的爬虫包，它简洁的语法可以解决大部分的爬虫问题。它的基本使用方法如下。

- 使用 read_html( ) 读取网页。
- 通过 CSS 或 XPath 获取所需要的节点，并使用 html_nodes( ) 读取节点内容，再使用 html_text( ) 提取对应节点的文本。
- 结合 stringr 包对数据进行清理。

17.2.1 rvest API

下面对 rvest 包的 API 进行一个简单总结。

（1）读取与提取。这一部分主要涉及对网页进行操作的基本函数，如表 17.1 所示。

表 17.1　网页数据提取

函　数　名	作　　用
read_html( )	读取 HTML 文档
html_nodes( )	选择提取文档中指定元素的部分
html_name( )	提取标签名称
html_text( )	提取标签内的文本
html_attr( )	提取指定属性的内容
html_attrs( )	提取所有的属性名称及其内容
html_table( )	解析网页数据表的数据到 R 的数据框中
html_form( )	提取表单

（2）乱码处理。当爬取的数据存在乱码时，一般情况下是编码的问题。乱码处理函数如表 17.2 所示。

表 17.2　乱码处理函数

函　数　名	作　　用
guess_encoding( )	用来探测文档的编码，方便我们在读入 HTML 文档时设置正确的编码格式
repair_encoding( )	用来修复 HTML 文档读入后的乱码问题

（3）行为模拟。当爬取一些网页需要用户进行操作时，如需要输入账号、密码，就需要用到行为模拟。行为模拟相关函数如表 17.3 所示。

表 17.3　行为模拟的相关函数

函　数　名	作　　用
set_values( )	修改表单
submit_form( )	提交表单
html_session( )	模拟 HTML 浏览器会话

续表

函 数 名	作 用
jump_to( )	得到相对链接或绝对链接
follow_link( )	通过表达式找到当前页面下的链接
session_history( )	历史记录导航工具

17.2.2 rvest API 详解

下面对几个关键 rvest API 进行比较详细的介绍。

1. read_html( ) 函数

read_html ( ) 函数的主要参数如下。

- x 可以是 URL、本地路径、包含 HTML 的字符串，或者来自 HTTP 的请求。如果 x 是 URL，则参数就传递给 GET( )。
- encoding 用于指定文档的编码形式。使用 iconvlist( ) 函数可以查看完整的编码列表。如果编码方式不能确定，则可以尝试使用 stri_enc_detect ( ) 函数来获取 HTML 数据。

下面举一个简单的例子，使用到的网页链接是 https：//hz.fang.anjuke.com/?from=navigation。首先加载包，然后使用 read_html( ) 读取网页。

```
require(rvest)
HTML <- read_html(x = "https://hz.fang.anjuke.com/?from=navigation")
HTML
## {xml_document}
## <html>
##  [1] <head>\n<meta http-equiv="Content-Type" content="text/html;
charset= ...
## [2] <body>\n<div id="header">\n  <div class="top-banner">\n    ...
```

从结果可以看到，我们获取了网址的 HTML 网页数据。

2. html_nodes ( ) 函数和 html_node ( ) 函数

html_nodes ( ) 与 html_node ( ) 适用于获取对应的节点数据，其参数如下。

- x：一个 xml_document 数据。
- css、xpath：要收集的节点。在 html_nodes( ) 函数和 html_node( ) 函数中传入 XPath 或者 Selector，也可以使用浏览器 Google Chrome 辅助获取网页数据的 XPath 或者 Selector。

仍以前一部分使用的连接为例子，尝试获取其中的部分数据，如图 17.5 所示。

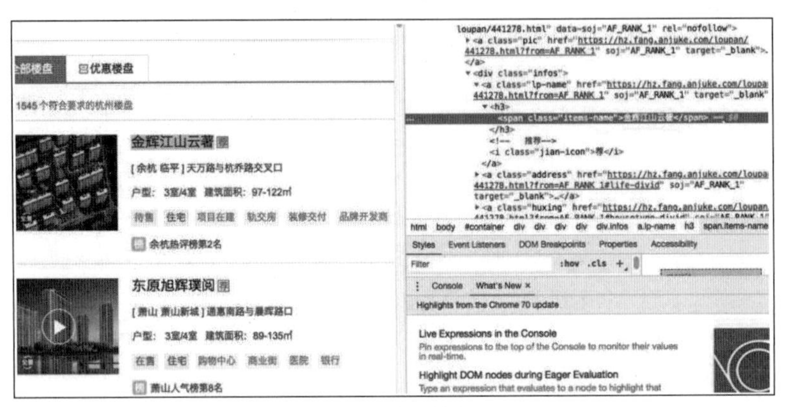

图 17.5　招聘网页

如图 17.5 所示，如果我们想获取楼盘“东原旭辉璞阅”这个位置的数据，可利用 html_node( ) 函数。

```
NAME <- HTML %>% html_nodes("#container > div.list-contents > div.list-results > div.key-list.imglazyload > div:nth-child(1) > div > a.lp-name > h3 > span")
NAME
## {xml_nodeset (1)}
## [1] <span class="items-name">东原旭辉璞阅</span>
```

这样我们就获得了对应位置的节点。

若想要得到对应节点的数据，可使用 html_text( ) 函数。

```
NAME %>% html_text()
## [1] "东原旭辉璞阅"
```

至此，就可以使用 rvest 爬取简单的数据了。

17.3　爬取 BOSS 直聘数据

本节尝试爬取 BOSS 直聘数据，网页的链接为 https：//www.zhipin.com/job_detail/?query=%E6%95%B0%E6%8D%AE%E5%88%86%E6%9E%90&scity=101210100&industry=&posit

ion=。

具体的网页如图 17.6 所示。

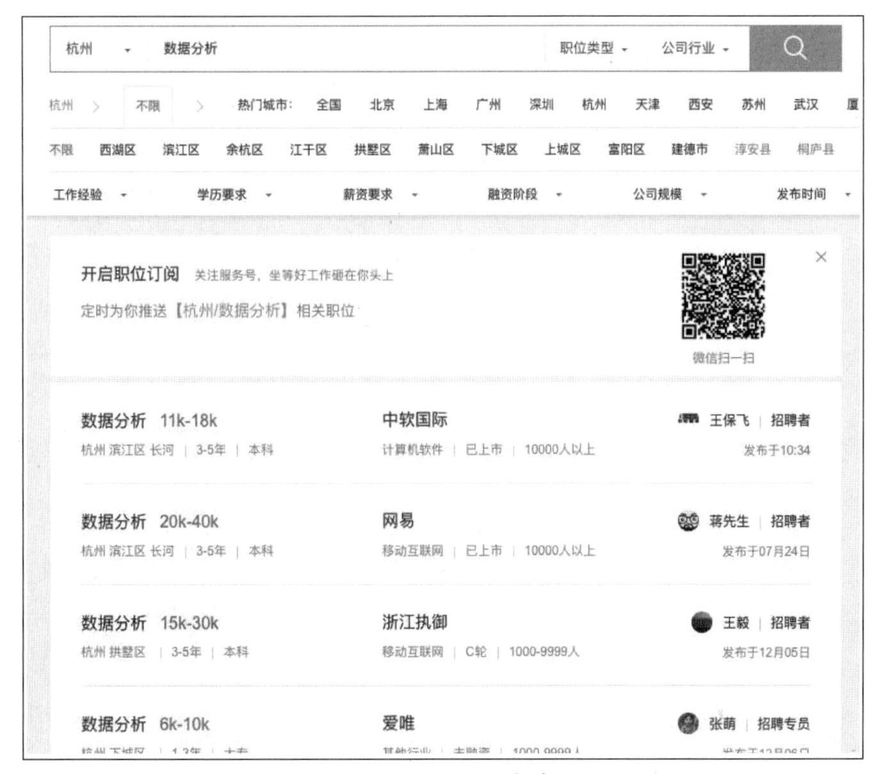

图 17.6 BOSS 直聘

在这个案例中，主要爬取 4 个字段：职位名称、公司名称、薪资范围，以及地址、年限等信息。

爬取此网页的信息，首先要获取一个页面中所有数据的路径，进而获取这个页面的数据，获取下来之后，将数据合并成一个数据框。

```
# 网页网址
url <-
"https://www.zhipin.com/
job_detail
/?query=%E6%95%B0%E6%8D%AE%E5%88%86%E6%9E%90&scity=101210100&industry=&
position="
# 获取网址
```

```
HTML <- read_html(url)

HTML
## {xml_document}
## <html class="standard">
## [1] <head>\n<meta http-equiv="Content-Type" content="text/html;
charset= ...
## [2] <body>\n<div id="wrap" class="search-job-list-wrap">\n<script>\n
...
JobName <- HTML %>% html_nodes('#main > div > div.job-list > ul > li >
div > div.info-primary > h3 > a > div.job-title') %>% html_text()

CompanyName <- HTML %>% html_nodes('#main > div > div.job-list > ul >
li > div > div.info-company > div > h3 > a') %>% html_text()

Salary <- HTML %>% html_nodes('#main > div > div.job-list > ul > li >
div > div.info-primary > h3 > a > span') %>% html_text()

Description <- HTML %>% html_nodes('#main > div > div.job-list > ul >
li > div > div.info-primary > p') %>% html_text()

Result <- data.frame(JobName,CompanyName,Salary,Description)

head(Result)
##      JobName        CompanyName    Salary           Description
## 1    数据分析         中软国际         10k-15k          杭州   3-5年本科
## 2    数据分析师       同盾科技         10k-20k          杭州 余杭区 仓前3-5年硕士
## 3    数据分析         爱唯             6k-10k           杭州   1-3年大专
## 4    数据分析         边锋             13k-20k 杭州     西湖区 文一路3-5年本科
## 5    数据分析         银江研究院       8k-16k           杭州 西湖区 三墩1-3年本科
## 6    数据分析专家     网易杭州         10k-20k          杭州 滨江区 长河3-5年本科
```

到这里，就已经爬取了一个页面的数据，并且将数据结构化了。然后，爬取翻页后的其他数据，这时就需要观察翻页之后网址的变化：

第一页的网址：https：//www.zhipin.comjob_detail/?query=%E6%95%B0%E6%8D%AE%E5%88%86%E6%9E%90&scity=101210100&industry=&position=。

第二页的网址：https：//www.zhipin.com/c101210100/?query=%E6%95%B0%E6%8D%AE%E5%88%86%E6%9E%90&page=2&ka=page-next。

观察发现，只需要修改页码就可以获取对应的页面。于是，编写一个循环语句，修改页码即可。

```
for (i in 2:10) {
```

```
  url <- paste('https://www.zhipin.com/c101210100/?query=%E6%95%B0%E6%8D%AE%E5%88%86%E6%9E%90&page=',i,'&ka=page-next',sep = "")

  url <- "https://www.zhipin.com/job_detail/?query=%E6%95%B0%E6%8D%AE%E5%88%86%E6%9E%90&scity=101210100&industry=&position="

HTML <- read_html(url)

HTML

JobName <- HTML %>% html_nodes('#main > div > div.job-list > ul > li > div > div.info-primary > h3 > a > div.job-title') %>% html_text()

CompanyName <- HTML %>% html_nodes('#main > div > div.job-list > ul > li > div > div.info-company > div > h3 > a') %>% html_text()

Salary <- HTML %>% html_nodes('#main > div > div.job-list > ul > li > div > div.info-primary > h3 > a > span') %>% html_text()

Description <- HTML %>% html_nodes('#main > div > div.job-list > ul > li > div > div.info-primary > p') %>% html_text()

Result1 <- data.frame(JobName,CompanyName,Salary,Description)

Result <- rbind(Result,Result1)
}

dim(Result)
## [1] 300   4
head(Result)
##      JobName        CompanyName    Salary       Description
## 1    数据分析       中软国际       10k-15k      杭州 3-5年本科
## 2    数据分析师     同盾科技       10k-20k      杭州 余杭区 仓前3-5年硕士
## 3    数据分析       爱唯           6k-10k       杭州  1-3年大专
## 4    数据分析       边锋           13k-20k      杭州 西湖区 文一路3-5年本科
## 5    数据分析       银江研究院     8k-16k       杭州 西湖区 三墩1-3年本科
## 6    数据分析专家   网易杭州       10k-20k      杭州 滨江区 长河3-5年本科
```

可以看到，这里一共爬取了 300 条数据。通过这种方式，网页中对应页面的数据就被爬取下来了。

17.4 模拟登录

很多爬取的网页是需要先登录的，所以需要在爬取网页数据之前模拟登录，然后进行数据的爬取。模拟登录案例的网址为 https://login.medscape.com/login/sso/getlogin?ac=401&urlCache=aHR0cHM6Ly93d3cubWVkc2NhcGUuY29tL3ZpZXdhcnRpY2xlLzg4NDY3Ng==。其对应的页面如图 17.7 所示。

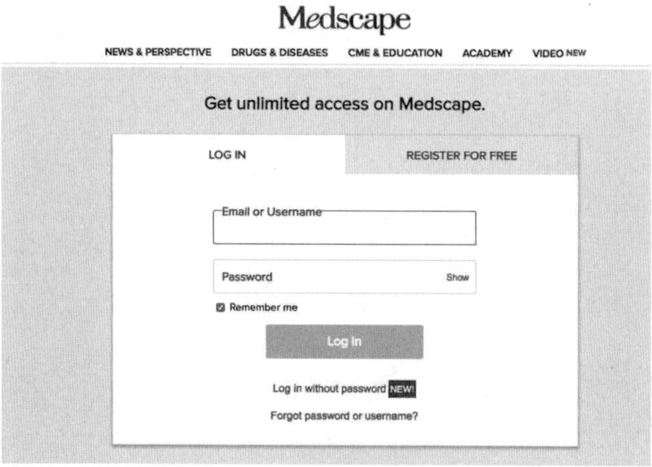

图 17.7　对应的页面

模拟登录的第一步是模拟对话。通过 html_session( ) 函数模拟与服务器的会话，然后使用 html_form( ) 来解析网页的表单，希望从中找到 username 和 password 的数据位置。

```
library(xml2)
library(rvest)

# 取地址，用html_session模拟会话
url <- 'https://login.medscape.com/login/sso/getlogin?ac=401&urlCache=a
HR0cHM6Ly93d3cubWVkc2NhcGUuY29tL3ZpZXdhcnRpY2xlLzg4NDY3Ng=='

pgsession <- html_session(url)

pgsession
## <session> https://login.medscape.com/login/sso/getlogin?urlCache=aHR
0cHM6Ly93d3cubWVkc2NhcGUuY29tL3ZpZXdhcnRpY2xlLzg4NDY3Ng==&ac=401
##   Status: 200
```

```
##    Type:    text/html;charset=UTF-8
##    Size:    50574
# 使用html_form 来解析网页的表单
pgform <- html_form(pgsession) # 在这里找，列表的第几个元素包含了username、password
pgform
## [[1]]
## <form> 'search-form-header' (GET javascript:subsearchheadertrack('en');)
##   <input hidden> 'searchSrc': news
##   <input text> 'q':
##   <button submit> '<unnamed>
##   <button button> '<unnamed>
##
## [[2]]
## <form> 'search-form-header' (GET javascript:subsearchheadertrack('en');)
##   <input hidden> 'searchSrc': news
##   <input text> 'q':
##   <button submit> '<unnamed>
##
## [[3]]
## <form> 'loginRequest' (POST /login/sso/login)
##   <input hidden> 'urlCache': aHR0cHM6Ly93d3cubWVkc2NhcGUuY29tL3ZpZXdhcnRpY2xlLzg4NDY3Ng==
##   <input hidden> 'spa':
##   <input hidden> 'stepUp': false
##   <input hidden> 'facilitatedUrl':
##   <input text> 'userId':
##   <input password> 'password':
##   <input hidden> 'remember': on
##   <input submit> 'loginbtn': Log In
pgform1 <- pgform[[3]] # 这里提取对应的列表，第三个
```

在上面一步的代码中，使用 html_session( ) 传入需要登录的页面，然后使用 html_form ( ) 解析网页的表单，再在解析的表单中找到 username、password 在解析结果列表中的位置，最后提取对应列表的解析结果。这样做的目的是找到填写账号、密码的表单。如上面的结果所示，账号、密码对应着第三个列表。

接下来填写账号与密码。使用 set_values( ) 来填写表单中的账号、密码，然后通过 submit_form( ) 进行提交。

```
filled_form <- set_values(pgform1,
                          'userId'='15527504293@163.com',
```

```
                              'password'='h89paAybMt8ecku')
# 提交
sbmt <- submit_form(pgsession,filled_form)
## Submitting with 'loginbtn'
sbmt
## <session> https://www.medscape.com/viewarticle/884676
##   Status: 200
##   Type:   text/html;charset=UTF-8
##   Size:   102961
```

set_values ( ) 用于设置账号和密码，submit_form ( ) 用于提交账号和密码。如果提交完成之后登录成功，就会看类似这样的登录信息：

```
  · http://www.medscape.com/viewarticle/884676 Status: 200 Type: text/
html;charset=UTF-8 Size: 86339 ·
```

Status 200 表示请求顺利。

登录成功之后的页面如图 17.8 所示。

图 17.8　登录成功之后的页面

登录成功之后，即可爬取网页。爬取网页数据的方法就与之前讲解的一样。例如，爬取文章：

```
Text <- sbmt%>%html_nodes('div.article-content-wrapper div p')%>%html_
text(trim = T)
```

```
head(Text)
## [1] "Nothing seemed to help the patient — and hospice staff didn't know why."
## [2] "They sent home more painkillers for weeks. But the elderly woman, who had severe dementia and incurable breast cancer, kept calling out in pain."
## [3] "The answer came when the woman's daughter, who was taking care of her at home, showed up in the emergency room with a life-threatening overdose of morphine and oxycodone. It turned out she was high on her mother's medications, stolen from the hospice-issued stash."
## [4] "Dr. Leslie Blackhall handled that case and two others at the University of Virginia's palliative care clinic, and uncovered a wider problem: As more people die at home on hospice, some of the powerful, addictive drugs they are prescribed are ending up in the wrong hands."
## [5] "Hospices have largely been exempt from the national crackdown on opioid prescriptions because dying people may need high doses of opioids. But as the nation's opioid epidemic continues, some experts say hospices aren't doing enough to identify families and staff who might be stealing pills. And now, amid urgent cries for action over rising overdose deaths, several states have passed laws giving hospice staff the power to destroy leftover pills after patients die."
## [6] "Blackhall first sounded the alarm about drug diversion in 2013, when she found that most Virginia hospices she surveyed didn't have mandatory training and policies on the misuse and theft of drugs. Her study spurred the Virginia Association for Hospices and Palliative Care to create new guidelines, and prompted national discussion."
```

这样，就完成了登录的模型，并可以进一步爬取数据。

17.5 总　　结

网络是获取数据的一个重要渠道，但是如果想要获取网页中的数据，那么就必须掌握爬虫这门工具，以便从网页中爬取数据。虽然R语言是进行数据分析的优秀工具，但是R语言并不是专业开发爬虫软件的工具，这并不妨碍使用R语言编写爬虫代码、爬取数据。当需要快速爬取网页数据，并进行分析时，R语言是一个非常好的选择。使用R语言能够非常快速地完成爬虫和数据分析的工作。本章介绍了如何使用R语言爬取网络数据，如何爬取多网页的数据，以及行为模拟。当然，很多关于爬虫的内容在本章没有涉及，但是对于想要快速爬取数据的R用户而言，这些已经足够了，因为绝大部分情况下可以使用这样的方式来获取网页数据。